王贵军◎著

GeoGebra
与数学实验

U0230071

清华大学出版社
北京

内 容 简 介

本书分两部分,第一部分详细介绍动态工具 GeoGebra 的基本操作方法;第二部分是基于 GeoGebra 平台的数学实验,即运用该平台将数学的内容及相关问题从几何、代数两个方面呈现出来,运用技术手段描述数学问题,理解数学问题,解决数学问题,探究数学问题,揭示数学本质,展示数学智慧,体会数学价值,享受数学之美,了解数学艺术。GeoGebra 平台能直观呈现小学、初中、高中乃至大学的所有数学基本内容,是发展学生数学素养的智慧平台。

本书详细介绍了该软件平台在数学教学、数学学习和数学研究上的使用方法,同时也介绍了数学教学中课件的制作方法,实验案例主要涵盖了初中、高中的大部分内容。本书通过大量动态案例的呈现,展现了 GeoGebra 的强大功能,努力使其成为数学学习的助手、教学的平台和模型的工具,是小学、初中和高中学生及教师学习和教学的必备工具书之一,同时也是一本实用性很强的专业教材。

图书在版编目(CIP)数据

GeoGebra 与数学实验 / 王贵军著. —北京:清华大学出版社,2017(2024.8重印)
ISBN 978-7-302-48270-3

Ⅰ.①G… Ⅱ.①王… Ⅲ.①数学教学—计算机辅助教学—应用软件 Ⅳ.①O1-39

中国版本图书馆 CIP 数据核字(2017)第 209840 号

责任编辑:邓 艳
封面设计:刘 超
版式设计:楠竹文化
责任校对:赵丽杰
责任印制:丛怀宇

出版发行:清华大学出版社
 网　　址:https://www.tup.com.cn,https://www.wqxuetang.com
 地　　址:北京清华大学学研大厦 A 座　邮　　编:100084
 社 总 机:010-83470000　邮　　购:010-62786544
 投稿与读者服务:010-62776969,c-service@tup.tsinghua.edu.cn
 质量反馈:010-62772015,zhiliang@tup.tsinghua.edu.cn
印 装 者:三河市铭诚印务有限公司
经　　销:全国新华书店
开　　本:185mm×260mm　印　　张:22.75　字　　数:535 千字
版　　次:2017 年 9 月第 1 版　印　　次:2024 年 8 月第 13 次印刷
定　　价:118.00 元

产品编号:075274-02

序　言

　　GeoGebra 是数学教授 Markus Hohenwarter 于 2002 年创建的动态教学软件,并通过开源的方式不断地更新、完善和推广,从仅绘制平面图形到绘制 3D 图形,从仅支持英、德两种语言到支持包括汉语在内的 69 种语言,从只依赖计算机运行到可以在平板电脑和手机等移动设备上运行。GeoGebra 不需要使用者学会程序设计和编程技巧,只需掌握计算机的基本操作,并有一定的数学知识和思维基础,就能够很容易地掌握。GeoGebra 将几何、代数、表格、作图、统计、微积分以直观、易用的方式集于一休,其功能强大、操作简单、资源丰富,能够进行动态交互,可脱机、可在线,能跨平台使用,且占用空间极小,在欧美等国家已获数十项相关领域的大奖,不仅广泛应用于数学教学中,还被应用于化学、物理等学科领域。

　　2011 年初识 GeoGebra 时就被其优良的品质所吸引,遂介绍给我的北京市级学科带头人及骨干工作室,后来坚持使用的老师寥寥无几,因为工作室的老师都会"几何画板",往往觉得这对教学来说已经基本够用了,不愿再去接触新的工具。但值得指出的是,与"几何画板"相比,GeoGebra 主要有四大优势:开源免费;具有 3D 功能;不仅是"动态几何",而且是"动态数学";"身材"更加轻盈。

　　2013 年,北京市第八十中学的特级教师王贵军津津有味地向我讲述他应用 GeoGebra制作的 500 多个教学课件,非常感慨。因为知道王老师将信息技术与学科整合得很好,2012年我还请他在骨干培训项目中就"Excel、几何画板与数学教学"做了专题讲座。问王老师为什么将 GeoGebra"玩"得如此深入,他说:"这个软件有意思,数学味道更浓,操作更简便。"北京市第八十中学数学教研组的老师说,他们有技术和专业问题都找王老师。2014 年我在全国中小学教师继续教育网开发了一门课程——GeoGebra 与中学数学,特邀王老师参与,他不仅奉献了一堂基于 GeoGebra 的整合课,还介绍了 GeoGebra 5(当时是试验版)的 3D 功能在中学数学的应用。2016 年,有幸见到了王老师撰写的《GeoGebra 与数学实验》,拜读书稿,令我震撼。透过数百个精美课件的制作,仿佛看见王老师不辞辛苦、挑灯夜战的背影,感受到他对 GeoGebra 的分享精神,王贵军老师不愧为北京市首批中学正高级教师。

　　目前,GeoGebra 的应用在我国中小学教师中悄然兴起,但是有关中文的学习资料还很少,国内还没有相关的书籍。网上论坛有一些介绍,但是都不系统。王贵军老师经多年研究撰写的《GeoGebra 与数学实验》正填补了这一空白。该书第一部分以图文并茂的方式,通过 13 章的内容介绍了 GeoGebra 的基本操作方法,书中配备大量直观的彩色图解,可方便读者快速、轻松地掌握 GeoGebra 的基本功能。

　　经过多年的教师培训和调查发现,对 GeoGebra 的开发和使用与其他教学软件基本类似,大部分教师是用于重点、难点问题的启发和演示上,以及用其他教具说不清的问题的解决上。注重为教师的"教"而设计,很少为帮助学生的"学"而设计,忽视了软件的"交互性"。其实,GeoGebra 除了配合其他设备如大屏幕投影仪、液晶投影板、白板等,精确、动态地演示数学问题以外,还可以通过 GeoGebra 的复原、重复,隐藏、显示,拖动、运动和动画,进行交流、反馈、学习和探索。《GeoGebra 与数学实验》一书的第二部分包括 13 章,详细介绍了 GeoGebra 在数学教学中课件的制作方法,实验案例涵盖了初中、高中的大部分内容。通过第二部分的学习和实践,读者不仅能巩固 GeoGebra 的基本功能,而且还能将 GeoGebra 作为学生认知、探究的工具,有一定的启发作用。

　　《GeoGebra 与数学实验》不仅可供初学者参考使用,也为进一步深入学习 GeoGebra 的读者提供了大量素材。随着 GeoGebra 的不断完善,相信一定会成为小学、初中、高中、大学和其他相关学科师生进行教学及研究的主流平台。

伍春兰

北京教育学院数学系

前　　言

GeoGebra 是国际上非常流行的数学教学平台,其功能十分强大,可以作为小学、初中、高中和大学数学教师进行教学、学习和研究的工具。目前在我国小学、初中和高中教师中正在兴起使用 GeoGebra 的热潮,一大批数学教师正在使用该软件平台进行数学学习、教学和研究。但是,有关 GeoGebra 的学习材料很少,国内还没有相关的书籍或相关方面的教学案例,网上论坛有一些介绍,但是都不系统。本人通过多年的实践和研究,撰写了《GeoGebra与数学实验》一书,本书详细介绍了动态工具 GeoGebra 的基本操作方法和基于 GeoGebra平台的大量数学实验。通过大量动态案例的呈现,展现了 GeoGebra 的强大功能,努力使其成为数学学习的助手、教学的平台和建立数学模型的工具。通过本书的学习和研究,可以帮助您很好地感受数学的魅力,启迪数学思维,分享数学智慧,开发您的数学抽象思维、逻辑推理、数学建模、数学运算、直观想象、数据分析等核心能力和素养。该书配有大量直观的彩色图解,实用性强,阅读方便,操作简捷。

GeoGebra 平台可以带您走向以模型为中心的数学学习与数学教学,建立一个学习与理解数学的理论框架。在建立数学模型解决现实世界问题的过程中,GeoGebra 可以作为概念分析工具。使用动态几何工具 GeoGebra 可以把真实世界带进课堂,动态 GeoGebra 插图可使问题可视化,可以透过现象看本质,让您的教学更加丰富多彩。GeoGebra 是计算工具,是教学工具,是认知工具,是数学教学变革的工具。随着信息技术与数学学科整合的发展,GeoGebra 一定会成为小学、初中、高中、大学和其他相关学科教师进行教学及研究学习的主流平台。

本书对 GeoGebra 平台功能的操作方法分“几何输入”和“代数输入”两种方式。若想快速掌握 GeoGebra 的基本操作方法,只需要掌握 GeoGebra 平台各项功能的“几何输入”方法;若想成为 GeoGebra 平台操作的高手,还需要掌握“代数输入”的方法。另外,由于GeoGebra平台的功能在不断优化和更新,在本书中介绍的操作方法,难免在个别地方与新版本功能略有差异(例如,旧版本指令语法的内容只能括在中括号内,新版本指令语法的内容可以括在小括号内),请注意不同版本的区别。第 12 章至第 26 章中的实验案例文件可到http://www.tup.com.cn下载。

本书在出版的过程中得到了北京市第八十中学田树林校长的大力支持,在初稿的校对过程中,徐红老师、王坤老师、赵存宇老师提出了很多宝贵的意见,做了大量细致的工作,在此一并表示感谢。

王贵军

北京市第八十中学

目　　录

第一部分　GeoGebra 的基本操作

第二部分　基于 GeoGebra 的数学实验

——第一部分　GeoGebra的基本操作

第 1 章　GeoGebra 概述

1.1　GeoGebra 是什么？它能做什么？

GeoGebra＝Geometry＋Algebra，即几何＋代数，也就是同时拥有处理几何绘图与代数运算的能力。GeoGebra 最早是由一位年轻的奥地利数学家 Markus Hohenwarter 设计的一款开放源代码的动态几何免费软件（其结合几何、代数与微积分、统计学和 3D 数学丁一体）。目前，GeoGebra 由众多的跨国团队共同开发，并且拥有数百名翻译志愿者将其译成多国语言，至今，GeoGebra 已被译为 69 种语言。

GeoGebra 是为了从小学到大学各学段的教学而设计的动态数学软件，是进行数学教学、数学学习和数学研究的有力工具。该软件功能强大、使用简单、交互性强，可以利用其自带的几何工具直接画点、线段、直线、平面、多边形、圆锥曲线、向量和空间几何体等几何对象，也可以直接通过代数输入点的坐标、函数解析式、多元函数、曲线方程和曲面方程等绘制几何对象，还可以通过内置的命令绘制区间函数、分段函数、参数曲线和参数曲面等对象，具有处理集合、微积分、矩阵、统计与概率等运算分析功能，从小学到大学的几乎所有数学基本知识都可以用它直观地展示出来，并且每个对象都可以改变其属性。另外，还可以利用它开发创作出许多数学艺术作品，特别是利用它可以揭示数学本质，品味数学内涵，体会数学魅力，从而提高学生的学习兴趣。该软件是数学学习的助手、数学教学的平台、构建数学模型的工具。

1.2　GeoGebra 的优点

GeoGebra 功能强大，绘图工具齐全，使用简单，交互性强，易操作，同时具备很多软件没有的字母运算、微积分和统计概率等功能。

GeoGebra 的优点归纳如下。

（1）完全免费。

（2）程序思路非常清晰，几乎不用帮助就可以完成大部分的简单操作，很容易上手。

（3）可以进行复数及其运算、向量运算、集合运算、字母运算、逻辑运算、矩阵运算、概率运算和微积分运算，绘图工具齐全，能进行统计分析。

（4）几何体属性较多，从颜色到线型，再到样式都有很多设置选项。

（5）内置了圆锥曲线（同时会给出方程）、极线（反演）、切线（可以是圆、圆锥曲线或函数）、函数的求导和统计概率等功能。

（6）有输入框，支持中文指令，可以直接输入各种命令和函数等。

（7）有动态性文本，文本随图形变化而变化。

（8）可以自定义工具，即可以在绘图的时候指定输入及输出对象，在工具栏上建立自己的绘图工具。另外，在该网站的 wiki 中，还可以看到不少好看的图案和别人贡献的工具。

（9）网站的 wiki 代表了一种开放式的思想，可以有更多的人参与其中。

（10）GeoGebra 是直接基于 Java 程序编写的，因此其动态网页的输出效果非常好。

（11）适用于小学、中学和大学的学习、教学和研究。

GeoGebra 平台的功能不断更新，现已升级到 GeoGebra 5 版本，该版本的主要特点是比 GeoGebra 4 版本增加了 3D 功能，可以快速绘制立体图形。

1.3　GeoGebra 5 版本与其安装方法

GeoGebra 是利用 Java 设计开发的工具，所以它是一个跨平台软件，不仅可以在 Chtome App、Windows XP、Windows 7、Windows 8、Macosx 和 Linux 等平台上运行，而且还可以在 iPad 和 Android 等平板电脑及手机上运行，只不过是功能有一定的限制而已。

GeoGebra 5 的安装方法如下。

第 1 步：在 GeoGebra 官网上下载该软件，地址：http://www.geogebra.org/download，打开该网页，如图 1-1 所示。

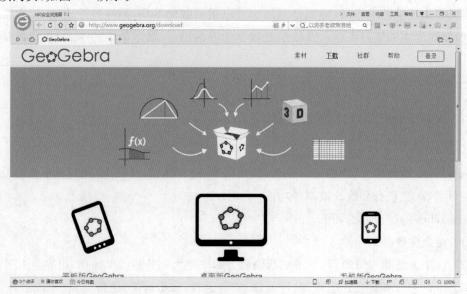

图 1-1

第 2 步：向下滑动窗口右侧的下拉滚动条（或滚动鼠标滚轮），如图 1-2 所示。

图 1-2

第 3 步：选择适合自己计算机平台的安装软件进行下载，以 Windows 平台为例，单击
"桌面版 GeoGebra"中的 Windows 按钮，则弹出如图 1-3 所示的对话框。

图 1-3

第 4 步：单击"下载"按钮后，将下载安装文件 GeoGebra-Windows-Installer-5-0-
134-0.exe。

第 5 步：双击下载的安装文件图标，弹出如图 1-4 所示的对话框。

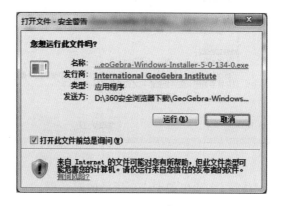

图 1-4

第 6 步：单击"运行"按钮，弹出如图 1-5 所示的对话框。

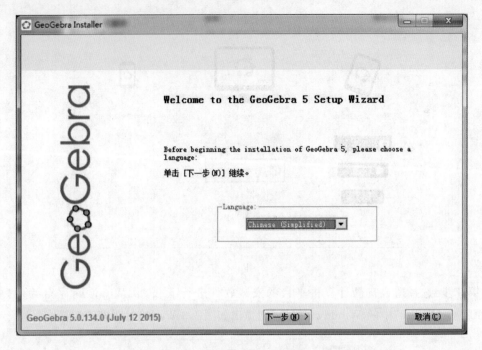

图 1-5

第 7 步：单击"下一步"按钮，将弹出如图 1-6 所示的对话框。

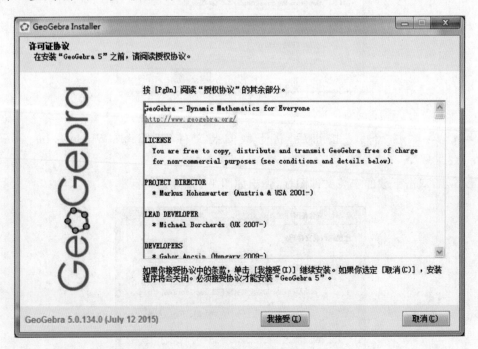

图 1-6

第 8 步：单击"我接受"按钮，将弹出如图 1-7 所示的对话框。

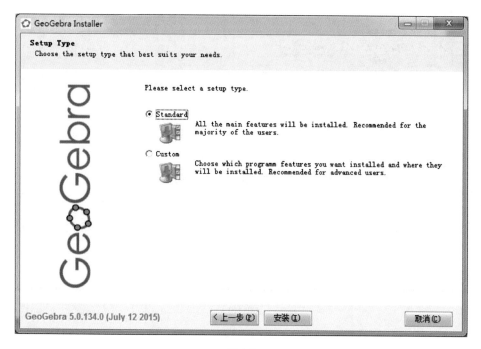

图 1-7

第 9 步：单击"安装"按钮，将弹出如图 1-8 所示的对话框。

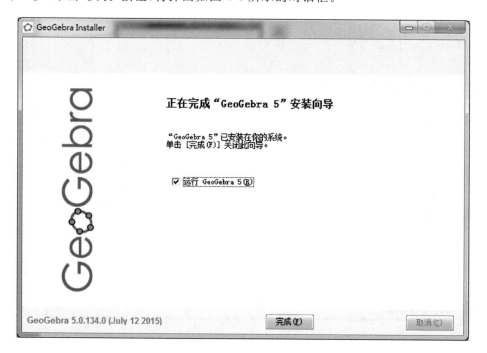

图 1-8

第 10 步：单击"完成"按钮后，桌面出现了 GeoGebra 5 的图标，双击打开该软件，默认的界面如图 1-9 所示。

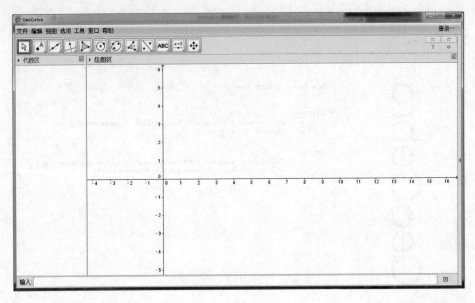

图 1-9

1.4　GeoGebra 5 界面简介

GeoGebra 5 的界面布局如图 1-10 所示。

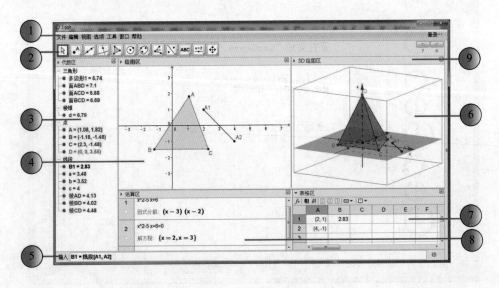

图 1-10

注：①菜单栏；②工具栏；③代数区；④绘图区；⑤指令栏；⑥3D 绘图区；⑦表格区；⑧运算区；⑨3D 绘图区标题栏(其他几个区也有相应的标题栏)。各区的窗口可在视图菜单中打开或关闭。

1.4.1　菜单栏

菜单栏主要包括"文件""编辑""选项""工具""窗口""帮助"等菜单。"文件"菜单中有"新建窗口""新建""打开""打开 GeoGebraTube""打开近期文件""保存""另存为""分享""导出""打印预览""关闭"命令；"编辑"菜单中有"撤销""重做""复制""粘贴""截图""插图像""属性""全选"命令，可以对数学对象进行编辑；"视图"菜单中有"代数区""表格区""运算区""绘图区""绘图区Ⅱ""3D绘图区""作图过程""概率统计""虚拟键盘""指令""布局""刷新""重新计算"命令，可以显示或隐藏各个区的视图窗口；"选项"菜单中有"代数描述""精确度""标签""字号""语言""高级""保存设置""恢复预设"命令，可以对 GeoGebra 功能进行设置；工具菜单中有"定制工具""新建工具""管理工具"命令，可以自制 GeoGebra 工具；"窗口"菜单中有"新建窗口"命令，可以新建 GeoGebra 窗口；"帮助"菜单中有"教程""手册""GeoGebra论坛""报告错误""关于/版权"命令，可以帮助了解 GeoGebra 的相关功能，以学习其使用技巧。

1.4.2　工具栏

GeoGebra 的工具栏如图 1-11 所示。

图 1-11

工具栏中的每一个图标代表一个工具盒，包含一些类似的绘图工具，可以单击图标右下角的小三角箭头打开工具盒。工具栏中的每个工具都是绘图的得力助手，当某个工具被激活时，在工具栏右边会显示关于这个工具的使用帮助，若没有显示，可以在"视图"菜单的"布局"对话框中设置其显示工具的帮助信息。

1.4.3　代数区

我们所画的每一个数学对象，不管是主动帮它取的名称，还是 GeoGebra 自动帮它取的名称，都会出现在代数区中。除了对象名称会出现在这里之外，它们所内含的数值、方程式、定义也会出现在这里。数学对象的排序方式包括依赖关系、对象的类型、图层和作图顺序。例如，对象的依赖关系是将数学对象分成"自由对象""派生对象""辅助对象"，如果生成的一个对象没有使用任何已有的对象，那么这个对象即称为"自由对象"，相反，如果新生成的对象是依赖已有的对象，则被称为"派生对象"。在默认设置下，"辅助对象"不显示在代数区中。在代数区中，选中某个对象，右击，选择"属性"命令，在属性对话框的"常规"选项卡中选中"辅助对象"复选框，该对象便会成为"辅助对象"。GeoGebra 中的数学对象是可以被修改的,在代数区中双击要修改的数学对象即可修改表达式,修改完成后,按 Enter 键即可;或者选择移动工具,在绘图区中双击要修改的数学对象,随即弹出"重新定义"对话框,修改表达式后单击"确定"按钮即可。

GeoGebra 的代数区如图 1-12 所示。

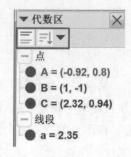

图 1-12

(1)单击 按钮可切换是否在代数区显示辅助对象;也可以在代数区空白处右击,在弹出的快捷菜单中选择辅助对象进行辅助对象显示/隐藏切换。

(2)单击 按钮将依照不同标准来排序对象清单,可以按照依赖关系、对象类型、图层和作图顺序进行排序。

●依赖关系:对象分成自由对象和派生对象两类。

●对象类型:在默认情况下,对象会依照对象类别进行分类(例如,角度、直线和点),且会以字母顺序排序。

●图层:对象依照它们所在的图层进行分类。在 GeoGebra 中,用户可以同时选择或拖动同一层的多个对象,共有 10 个图层(编号为 0~9),编号高的层在编号低的层的上方。默认情况下,所有的物体都画在第 0 层,这是基本图形视图的背景层。使用对象属性对话框中的"高级"选项卡,可以更改某个对象的层(层从 0 到 9),一旦将至少一个对象的层号进行更改(例如 3 层),那么此后的所有新对象都将被绘制在该图层上。注意,在选择任何一个对象时,可以选择与该对象同层的所有对象,只需在"编辑"菜单中选择当前图层(或使用快捷键 Ctrl+L)即可。

1.4.4 绘图区

绘图区位于视窗的上方,"撤销"和"重做"按钮(和)位于绘图区的右上角。绘图区是 GeoGebra 的核心区域,对象的图形皆会显示于绘图区,可以用工具栏中的工具配合鼠标在绘图区内画点、线和圆等几何对象,如图 1-13 所示。从工具栏中选择一种绘图工具,当鼠标指针放在此工具上时,会显示该工具的说明信息,从而了解绘图工具的使用方法。任何在绘图区所产生的数学对象,在代数区都会有一个代数表达式。绘图区含有各种不同的格线与坐标轴(直角坐标、极坐标等)。另外,也可以根据自己的需求来调整 GeoGebra 界面的外观。如果同时开启绘图区和绘图区Ⅱ,此时只能在其中之一编辑对象,激活的绘图区标题为粗体,且通过指令建立的对象会显示在该绘图区。还可以在对象属性对话框的"高级"选项卡中设定该对象要显示在哪个绘图区。

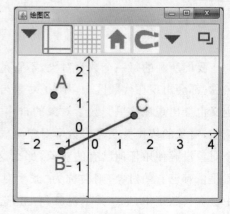

图 1-13

1. 绘图区坐标系样式栏

选择移动工具 ▷（箭头工具），在绘图区空白处单击，再单击绘图区标题栏前面的小三角按钮 ▶ ，打开绘图区样式栏，如图 1-14 所示，其中包含了以下选项：

● 显示/隐藏坐标轴 ⊞ ：点选即可切换。

● 显示/隐藏格线 ▦ ：点选即可切换是否要显示格线。在线上版或平板版中可选择不同类型的格线。

● 回预设位置 ⌂ ：若曾经移动过绘图区，此按钮可使坐标原点回到预设位置。

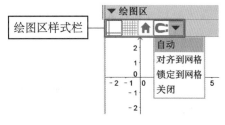

图 1-14

● 选择吸附模式 C▼ ：可选择"自动""对齐到网格""锁定到网格""关闭"等不同模式。

当绘制新点时，如果此点靠近格线，那么此按钮可以用来控制是否将此点吸附到格线上。

自动：当打开坐标轴或网格线时才会吸附。

对齐到网格：不管坐标轴或网格线是否打开，只要单击足够接近网格线的交叉点，就会吸附。

锁定到网格：不管坐标轴或网格线是否打开，所画的点均放置在网格线的交叉点上。

关闭：没有任何吸附。

2. 绘图区工具和对象的样式栏

选择移动工具 ▷（箭头工具），在绘图区的一个数学对象上单击，再单击绘图区标题栏前面的小三角按钮，打开绘图区的对象样式栏，如图 1-15 所示。

图 1-15

根据所选取的工具或对象，样式栏上会显示相对应的一组按钮，这些按钮可用来更改对象的以下属性：

● 选择点样式 ● ：可以选择不同的点样式（例如，圆点 ●、十字 ✚、三角形 ▼ 和菱形 ◆ 等）并且可以通过滑杆设定点的大小。

● 选择线样式 ▬ ：可以选择不同的线样式（例如，虚线 ▬▬▬、点线 ⋯⋯ 等）并通过滑杆设定线的粗细。

● 选择颜色 ▢▼ ：可以为所选对象设定不同的颜色。

● 选择颜色与透明度 ▢ :可以为所选对象选择颜色和填充的透明度。

● 文字样式 T :可以设定文字对象的文字颜色 $\boxed{\mathsf{A}}$ ▼ 、背景色 $\boxtimes$ ▼ 、文字样式 $\boxed{粗\,\mathit{斜}}$ 以及文字大小 $\boxed{小}$ ▼ 。

● 选择标签模式 $\boxed{\mathsf{AA}}$:可选择以下标签模式。

隐藏:不显示标签。

名称:仅显示对象名称(例如,A)。

名称与数值:显示对象名称及其数值(例如,A=(1,1))。

数值:仅显示对象数值(例如,(1,1))。

标题:若对象的标签或数值不能很好地表示该对象,可通过对象属性设置对象的标题。选择标题模式仅显示对象标题。

● 标签文字 $\boxed{\mathsf{AA}}$:除了对象的名称和数值之外,可以在对象属性对话框进行设定,以显示自定义的标签文字(例如,多个对象皆显示相同的标签)。

● 屏幕上的绝对位置 ▨ :可以在屏幕上固定某个对象(例如,文字对象),则此对象不受"移动(3D)绘图区"或"屏幕缩放"的影响(仅适用于桌机版)。

● 锁定对象位置 ▢ :可以在屏幕上锁定某个对象(例如,文字对象),则此对象不能移动。

● 角度范围 ▨ :可以设定角的范围。

1.4.5 指令栏

在默认情况下,指令栏位于页面的最下方,如图 1-16 所示。GeoGebra 支持在指令栏中直接输入代数表达式,输入完成后按 Enter 键,所输入的代数表达式即可在代数区中显示,同时相应的几何图形也会在绘图区出现。高手可以连一个工具按钮都不用,完全通过指令来绘图。GeoGebra 提供了很多指令,并且支持中文指令,可以单击指令栏右侧的小三角箭头 ▣ 打开 GeoGebra 的指令选项,选择需要的指令,在语言为英文状态时,选择指令后,可以按 F1 键获得相应的语法帮助。只要在指令栏开始输入指令名称,GeoGebra 就会跳出指令清单供选择。

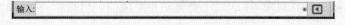

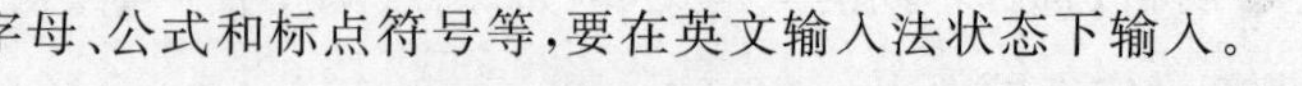

图 1-16

注意:数值、字母、公式和标点符号等,要在英文输入法状态下输入。

在代数区,可通过指令栏输入或修改对象的代数式(例如,数值、坐标和方程式),从而建立或重新定义对象。

范例:输入"f(x)=x^2"会在代数区建立函数 f,且函数图形会同时显示在绘图区。

备注:①在指令栏输入完成后,记得要按 Enter 键。

②可通过输入指令来建立新对象或处理现有对象。

　　例如,输入"A=(1,1)"并按 Enter 键,将建立坐标为(1,1)的自由点 A。以相同的方式建立另一点 B=(3,4),接着输入"直线[A,B]",即可建立一条经过 A 点和 B 点的直线。

　　③在绘图区作图时,随时可以按 Enter 键将光标切换到指令栏,然后直接输入代数式或指令,而不用通过鼠标先在指令栏中单击一下。

1.4.6　3D 绘图区

　　在 3D 绘图区中,可直接用鼠标绘制点、线、面、棱柱、棱锥、棱台、圆柱、圆锥、圆台和球等简单的几何体,还可以通过指令栏输入 GeoGebra 指令来绘制空间曲线和空间曲面,3D 绘图区如图 1-17 所示。

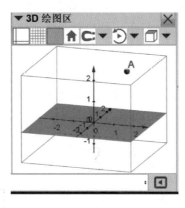

图 1-17

3D 绘图区的样式栏如图 1-18 所示。

图 1-18

　　选择移动工具 ,在 3D 绘图区的空白处单击,再单击 3D 绘图区标题栏前面的小三角按钮,切换到 3D 绘图样式栏,其中包含了以下选项:

- 显示/隐藏坐标轴 ![]:单击即可切换是否显示坐标轴。
- 显示/隐藏格线 ![]:单击即可切换是否要显示 xy 平面上的格线。
- 显示/隐藏 xy 平面 ![]:单击即可切换是否要显示坐标平面 xy。
- 回预设位置 ![]:若曾经移动过坐标系,单击此按钮可让坐标系回到预设位置。
- 选择吸附模式 ![]:可以选择"自动""对齐到网格""锁定到网格""关闭"等不同模式。
- 开始/停止自动旋转立体视窗 ![]:可以使 3D 绘图区自动旋转,并设定旋转的方向和速度。
- 调整视线方向 ![]:可以选择视线面向 xy 平面 ![]、面向 xz 平面 ![]、面向 yz 平面 ![],

还是转回预设的视角🏠)。

● 显示裁切边界⊞:单击即可切换显示裁切边界,单击其旁边的小三角形按钮▼,则可通过鼠标拖动滑杆来调节裁切边界的大小。

● 选择立体投射法▢:可以选择平行法▢、透视法▢、3D 眼镜👓或斜角法▢。

1.4.7 表格区

在表格区中,每个单元格都有相应的名称,通过名称可指定此单元格的具体位置,如在第一行第一列的单元格称为 A1,这与 Excel 电子表格类似,如图 1-19 所示。在相关表达式中,可以用单元格的位置名称来代替单元格中的数据。在 GeoGebra 表格区里的单元格中,不但可以输入数值,还可以输入 GeoGebra 可执行的数学对象,如坐标、点、线、圆、函数、矩阵和 GeoGebra 命令等。简单地说,GeoGebra 能画什么,在单元格中就能存放什么,在单元格中输入的数学对象,GeoGebra 会在绘图区画出相应的图像,并用单元格的位置名称为该图像命名。在默认情况下,表格区的对象归为代数区的辅助对象。

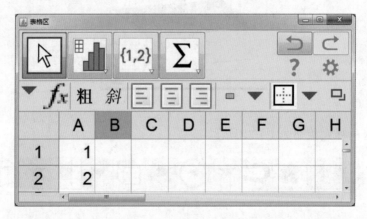

图 1-19

表格区样式栏如图 1-20 所示。

图 1-20

单击表格区标题栏前面的小三角按钮▶,切换到表格区的样式栏,其中包含了以下选项:

● 显示指令栏f_x:单击即可切换是否要在表格区上方显示指令栏。

● 粗、斜体 粗 斜:设定文字样式为粗体或斜体。

● 文字对齐方式☰:设定文字的对齐方式为靠左对齐☰、居中对齐☰或靠右对齐☰。

- 选择背景色 [ ] :更改某个储存格的背景色。
- 选择边框 [ ] :更改储存格边框的样式。

1.4.8　运算区

运算区主要包括字母运算、数值的精确计算、数值估算、表达式检查、因式分解、多项式展开、代数式的值、方程或方程组精确求解、方程或方程组近似求解、积分、导数、统计概率等数学运算,几乎数学的所有运算都能在这里运行,如图 1-21 所示。

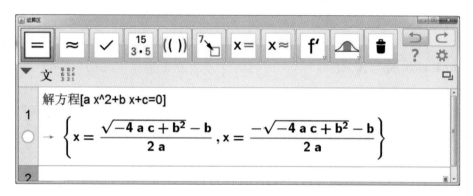

图 1-21

运算区样式栏如图 1-22 所示。

单击运算区标题栏前面的小三角按钮 ▶ ,即可开启运算区样式栏,其中包含了以下选项:

图 1-22

- 文字格式 文 :单击此按钮可更改文字颜色 A ▼ ,且样式可设定为 粗 斜 (粗体或斜体)。
- 虚拟键盘 :显示虚拟键盘,可以用虚拟键盘进行编辑。

第2章　GeoGebra 5 视窗的基本操作

2.1　视窗的操作

2.1.1　开启与关闭

在功能区中选择"视图"菜单,可以打开"代数区""表格区""运算区""绘图区""绘图区Ⅱ""3D 绘图区""作图过程""概率统计""虚拟键盘""指令栏""布局""刷新""重新计算"等功能区窗口,如图 2-1 所示。还可以在 GeoGebra 窗口右边框中间的小三角上单击,在出现的快捷菜单中选择要切换的视窗。例如,选择功能区中的"视图"菜单,选择"3D 绘图区"命令,可打开 3D 绘图区。再次选择"视图"菜单,选择"3D 绘图区"命令,即可关闭 3D 绘图区,还可以单击 3D 绘图区标题栏右边的关闭按钮⊠,关闭 3D 绘图区视窗。双击 3D 绘图区的标题栏,可以全屏显示 3D 绘图区,再次双击 3D 绘图区标题栏,可回到主绘图区。也可以将鼠标移到 3D 绘图区的标题栏,此时在 3D 绘图区标题栏的右边会出现全屏按钮 ⬜,单击它,该窗口可在新窗口和主窗口中进行切换,其他视窗同理。

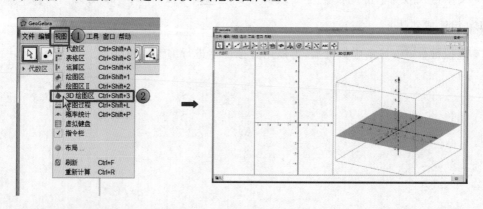

图 2-1

2.1.2　排列打开的窗口

在打开的视窗中,用鼠标左键拖曳视窗的标题栏到相应的位置,然后释放鼠标左键,可以排列视图窗口。还可以用鼠标拖曳视窗的边界来调整视窗的显示大小,如图 2-2 所示。

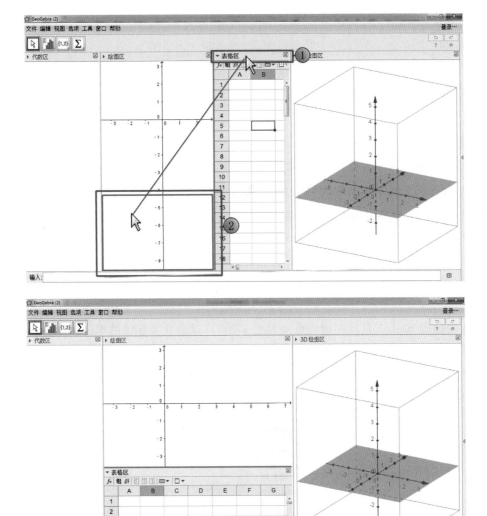

图 2-2

2.2　平移绘图区

平移绘图区的方法如下:

方法 1:在绘图区的空白处按住鼠标左键并拖曳,可以移动坐标系;

方法 2:先在工具栏中选中平移视图按钮 ✛,然后在绘图区的空白处按住鼠标左键并拖曳,可以移动坐标系。

2.3 放大和缩小

2.3.1 缩放坐标系

缩放坐标系的方法如下：

方法 1：滚动鼠标的滚轮，可以以光标为中心对坐标系进行缩放；

方法 2：先在工具中选中放大 🔍 或缩小 🔍 工具，然后在绘图区的空白处按住鼠标左键，可以以鼠标光标为中心对坐标系进行放大或缩小；

方法 3：利用快捷键"Ctrl＋"或"Ctrl－"可以以光标为中心对坐标系进行缩放。

2.3.2 缩放坐标轴

按住快捷键 Shift＋鼠标左键拖曳 x 轴或 y 轴，可以改变坐标轴的单位长度。

在默认情况下，两个坐标轴的单位长度比为 1：1，当改变坐标轴的比例或位置，但事后又想回到默认的比例时，只要在绘图区的空白处右击，在弹出的快捷菜单中选择"标准比例（1：1）"命令，坐标系即可恢复到默认比例及默认位置，如图 2-3 所示。

图 2-3

2.4 数学对象的操作方式

2.4.1 创建数学对象

(1)几何尺规作图。几何尺规作图最简单的方法就是利用工具栏中的工具，直接在绘图区中创建数学对象，如图 2-4 所示。

图 2-4

（2）输入代数指令。利用 GeoGebra 中的内置数学命令，在指令栏中输入指令，如图 2-5 所示，然后按 Enter 键，即可产生数学对象。

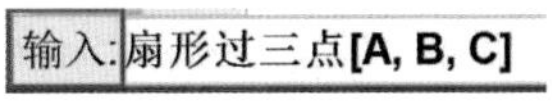

输入:扇形过三点**[A, B, C]**

图 2-5

2.4.2　选取数学对象

GeoGebra 在对数学对象执行某项操作时，必须先选取该数学对象。选取对象的主要方式如下：

选取一个数学对象：先选择工具栏中的移动工具 (箭头工具)，然后用鼠标左键选取数学对象。

一次选取多个数学对象：选择工具栏中的移动工具 (箭头工具)，按住鼠标右键在绘图区中拉出一个矩形方框，然后释放鼠标右键，则所有方框内的数学对象都将被选中。

分别选取多个数学对象：使用快捷键 Ctrl＋箭头工具可以在绘图区、代数区、对象属性视窗和表格区中分别点选要选择的对象。

块状选择多个数学对象：在代数区、对象属性视窗和表格区中，使用快捷键 Shift＋箭头工具先选择第一个对象，再选择最后一个对象，则在这两个对象之间的所有对象都将被选中。也可以用单击代数区中某类对象的名称，即可选择该类的所有对象，此方法不能用于绘图区。

选取子对象：先用鼠标左键选取父对象，然后按键盘快捷键 Ctrl＋Shift＋J 或在"编辑"菜单中选择"子对象"命令，即可选取依附在所选对象上的所有子对象。

选取父对象：先用鼠标左键选取一个子对象，然后按键盘快捷键 Ctrl＋J 或在"编辑"菜单中选择"父对象"命令，即可选取所选对象的所有父对象。

反向选取：先用鼠标左键选取一些对象，然后按键盘快捷键 Ctrl＋I 或在"编辑"菜单中选择"反向选择"命令，即可取消选取"已选对象"并选取"所有未选对象"。

全选对象：先激活绘图区移动工具，再按键盘快捷键 Ctrl＋A 或在"编辑"菜单中选择"全选"命令，即可选取所有对象。

2.4.3　移动数学对象

先选择工具栏中的移动工具 ，然后用鼠标左键拖动数学对象，即可移动数学对象。

2.4.4　删除数学对象

删除数学对象的方法有如下 4 种。

(1)右击数学对象(可在绘图区选择对象,也可在代数区中选择对象),在弹出的快捷菜单中选择"删除"命令,如图 2-6 所示。

(2)先选中工具栏中的删除工具 🗑 ,然后单击数学对象,即可删除该数学对象,此时如果按住鼠标左键,其功能相当于橡皮擦。

(3)先选中要删除的数学对象,然后按 Delete 键,也可以删除该数学对象。

(4)若对象被锁定,不能直接删除,则需要在对象属性的"常规"栏中解除锁定才可进行删除。

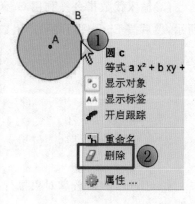

图 2-6

2.4.5　撤销与重做

绘图时,如果需要撤销所执行的操作,只需单击工具栏右边的"撤销"按钮 ↶ 即可。若要恢复撤销操作,只需单击工具栏右边的"重做"按钮 ↷ 即可。

在作图的过程中,如果出现了一些错误,只需按 Ctrl+Z 快捷键,就可以恢复至上一级的操作。

撤销后,再按 Ctrl+Y 快捷键,即可恢复对象撤销的操作。

2.4.6　复制与粘贴

选取数学对象,按 Ctrl+C 快捷键即可进行复制操作。

复制完成后,按 Ctrl+V 快捷键即可将所选的对象粘贴到指定位置。

通过键盘快捷键 Ctrl+C 和 Ctrl+V(Mac 系统:Cmd+C 和 Cmd+V)可复制与粘贴所选对象(附着在坐标轴上的对象除外)至同一窗口或其他窗口。

备注:复制与粘贴功能也会复制所选对象的父对象,但会隐藏它们(如果在复制前没有框选到这些父对象的话)。

范例:若复制一个数值滑杆的子对象到另一个窗口,滑杆也会被复制过去,且为隐藏状态(注:复制到同一个窗口时,不会产生新的数值滑杆)。

执行完快捷键后,会发现被复制的对象跟着鼠标光标移动,在绘图区选好要粘贴的位置并单击,可在该处粘贴被复制的对象。若被复制的对象本身依附于至少一点,则在复制时光标可吸附至画面上已存在的点(但只跟着鼠标的那个点才有吸附功能)。

2.4.7　显示隐藏对象

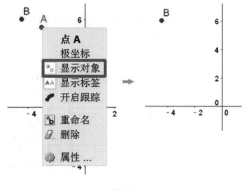

图 2-7

　　若想隐藏对象,只需右击该对象,在弹出的快捷菜单中选择"显示对象"命令,即可隐藏数学对象,如图 2-7 所示。

　　也可以先选择对象,然后在"编辑"菜单中选择"显示/隐藏对象"命令,即可隐藏对象,或用快捷键 Ctrl+G 切换显示/隐藏对象,还可以在对象属性的"常规"栏中设置显示或隐藏对象。

　　另外,还可以单击代数区数学对象前面的小圆点来切换显示和隐藏,实心圆点表示显示,空心圆点表示隐藏,如图 2-8 所示。

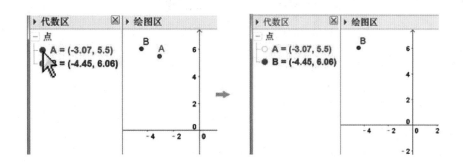

图 2-8

2.4.8　显示/隐藏标签

　　若想显示或隐藏对象标签,可以右击对象,在弹出的快捷菜单中选择"显示标签"命令,即可切换显示或隐藏,如图 2-9 所示。

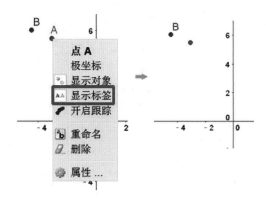

图 2-9

也可以先选择对象,然后在"编辑"菜单中选择"显示/隐藏标签"命令,即可切换为显示或隐藏对象标签,还可以在对象属性的"常规"栏中设置显示或隐藏对象标签。

还可以显示或隐藏某类数学对象,例如,在代数区的类标题"点"上右击,在弹出的快捷菜单中选择"显示标签"命令,可以显示或隐藏所有点的标签,如图 2-10 所示。

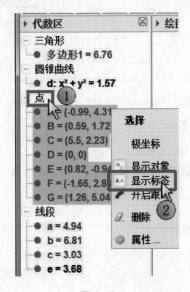

图 2-10

也可使用快捷键 Shift+箭头工具,即先选择第一个对象,再选择最后一个对象,这时在这两个对象之间的所有对象都将被选中。然后在其上右击,在弹出的快捷菜单中选择"显示标签"命令,即可显示或隐藏所有点的标签。

另外,可以在"选项"菜单的"标签"中设置新建对象以何种方式显示标签,可以选择"自动""显示新对象标签""隐藏新对象标签""只显示新点标签"命令。若保存设置,则下次使用 GeoGebra 平台时,将默认此标签设置,也可恢复预设,只需选择"选项"菜单中的"恢复预设"命令即可,如图 2-11 所示。

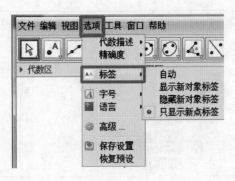

图 2-11

2.4.9　字号设置

若想改变字号的大小，可以在"选项"菜单下的"字号"中设置窗口字号的大小，如图 2-12所示。

图 2-12

第3章　代数输入的基本操作

3.1　数学常数、数值及角度

3.1.1　数学常数的输入方法

圆周率 π、欧拉数 e 和虚数单位 i 的输入方法如下。

1. 利用快捷键输入三个常数

具体快捷键和其说明如表 3-1 所示。

表 3-1

常数	快捷键	说明
圆周率 π	Alt＋P(Pi)	$\pi = 3.1415926\cdots$
欧拉数(自然常数)e	Alt＋E	$e = 2.71828\cdots$
虚数单位 i	Alt＋I	$i^2 = -1$

2. 利用指令栏右侧的隐藏式选单输入三个常数

当把鼠标光标点移到指令栏时,在指令栏右面会出现一个小按钮 α,单击这个按钮就会出现隐藏式选单,选单里面就有圆周率 π、欧拉数 e 和虚数单位 i,如图 3-1 所示。

图 3-1

注意:①在进行 GeoGebra 的对象操作过程中,如果 e 这个名称(无论是自动命名还是主动命名)没有被使用过,那么第一次使用它时,例如在指令栏输入"a＝2＋e",这时 e 会被当作欧拉数;但是如果在指令栏输入"e＝7",这时 e 就不会被视为欧拉数,而只是一般的数值。虚数单位 i 与 e 有类似的特征。

②利用快捷键或隐藏选单打出来的"*e*"和"ⅰ",其外观和利用键盘打出来的"e"和"i"略有不同。

③利用快捷键或隐藏选单打出来的"*e*"和"ⅰ"始终代表欧拉数和虚数单位,所以不会与通过键盘输入的"e"和"i"的原有值混淆。

3.1.2　数值的输入方法

(1)可以用指令栏建立一个数值,例如,输入数值 3,GeoGebra 系统将会指定一个小写字母作为该数值的名称。若想要给数值指定一个名称,则可先输入名称,再输入等号及数值等,例如,t＝3.2,单击代数区中的数字 t＝3.2 前面的小圆点,可以在绘图区显示或隐藏数值滑杆 t(实心为显示,空心为隐藏)。

(2)可以用工具栏中的数值滑杆工具,在绘图区的空白处单击,就会产生一个自由变数。

3.1.3　角度的输入方法

(1)利用快捷键输入角度符号,如表 3-2 所示。

表 3-2

名称	快捷键	范例
角度符号°	Alt＋O	30Alt＋O＝30°

(2)用指令栏右边的隐藏选单输入角度符号,与 e 隐藏选单的输入方法相同。

(3)利用工具栏中的数值滑杆 工具,可产生数值、角度和整数三种变数,当指定为角度型时,就会产生一个角度变数。

(4)可在指令栏中直接输入角度变数,例如 $\alpha＝60°$。

(5)若 $\alpha＝60°$,在指令栏中输入"b＝α/°",按 Enter 键,可得到 b＝60。

3.1.4　算术平方根的输入方法

(1)用快捷键输入算术平方根符号,如表 3-3 所示。

表 3-3

名称	快捷键	范例
算术平方根	Alt＋R(根号√)	Alt＋R2＝$\sqrt{2}$

(2)利用算术平方根函数 sqrt(x)方法,例如 sqrt(2)＝$\sqrt{2}$。

3.2 希腊字母与角标的输入方法

3.2.1 希腊字母与数学符号的输入方法

(1)用快捷键输入常用的希腊字母,如表 3-4 所示。

表 3-4

希腊字母	快捷键	希腊字母	快捷键
α	Alt+A	λ	Alt+L
β	Alt+B	μ	Alt+M
γ	Alt+G	φ	Alt+F
δ	Alt+D	ω	Alt+W
θ	Alt+T	σ	Alt+S
∞	Alt+U	Δ	Shift+Alt+D
Ω	Shift+Alt+W	Π	Shift+Alt+P
Θ	Shift+Alt+T	Σ	Shift+Alt+S
Ø	Shift+Alt+F	Γ	Shift+Alt+G
⊗	Shift+Alt+8	⊕	Alt+=
⩽	Shift+Alt+<	⩾	Shift+Alt+>
0~9 次方	Alt+0~9		

(2)将光标移到指令栏,然后单击指令栏右边的隐藏选单按钮 α,即可输入希腊字母,如图 3-2 所示。

图 3-2

3.2.2 字母角标的输入方法

(1)字母下角标的输入方法。若数学对象的名称包含下标,可以使用下划线建立下角标,例如,输入"A_1"或"S_{△ABC}",可以得到 A_1 或 $S_{\triangle ABC}$。

(2)字母上角标的输入方法。使用快捷键输入上角标,例如输入字母"m",然后按快捷键 Alt+5,可以得到"m^5",也可以使用乘方运算符号"^"输入上角标。

3.3　数学对象的命名规则

新增数学对象的时候,如果没有主动为对象命名,系统会自动按英文字母的顺序为其命名。数学对象(如点坐标、数值、方程和函数)的名称都会显示在代数区中,若要建立或更改数学对象,可通过 GeoGebra 视窗底部的指令栏来直接输入代数式,输入结束后必须按Enter键确认。另外,任何时候按 Enter 键都可以快速将光标切换到指令栏与绘图区。

3.3.1　点的命名规则

点是用大写字母(首字母大写)命名的,只要在点的坐标前面加上对象的名称与等号即可。

　　范例:①直角坐标点:在指令栏中输入"A＝(2,3)"。

②极坐标点:在指令栏中输入"Br＝(4;60°)",注意坐标中的两个数字要用分号";"隔开。

③复数对应的点:在指令栏中输入"M＝2＋i"。

3.3.2　向量的命名规则

向量是用小写字母命名的,只要在向量的坐标前面加上对象的名称与等号即可。

　　范例:①直角坐标向量:在指令栏中输入"u＝(2,−1)"。

②极坐标向量:在指令栏中输入"v＝(5;30°)"。

3.3.3　函数的命名规则

函数的命名规则通常与函数的书写规则相同。

　　范例:在指令栏中输入"f(x)＝3 ∗ x−2""g(m)＝m^2""trm(x)＝sin(x)"。

若在指令栏中输入"y＝x^3",系统会自动按字母顺序对其函数命名,如 h(x)＝x^3。

　　注意:①函数的自变量不一定要用 x,可以是任意的字母。

②若输入函数"g(m)＝m^2"前,已经有数值 m＝6,那么函数 g(m)中的变量 m 与 m＝6没有任何关系。

3.3.4　直线、圆锥曲线与不等式的命名规则

直线、圆锥曲线与不等式的命名规则是在方程式前面加上名称与冒号。

范例：①直线：在指令栏中输入"a:y＝x－2"。

②圆：在指令栏中输入"c:(x－1)^2＋(y－2)^2＝1"。

③椭圆：在指令栏中输入"tuo:x^2/9＋y^2/4＝1"。

④不等式：在指令栏中输入"d:x－2＊y≥＝1"。

3.4 重新命名

如果要想更改数学对象的名称，可以在此对象上右击，在弹出的快捷菜单中选择"重新命名"命令，然后输入新的名称就可以了。还可以在此对象上右击，选择"属性"命令，在属性对话框的"名称"栏中将原来的名称改为新的名称，然后关闭对话框即可。

注意：①若数学对象被锁定，则无法重新定义，也无法删除，只要在对象的属性中取消锁定对象的勾选，就可以重新定义或删除了。

②当改变对象的定义时，可能会影响对象在作图过程中的顺序，重新定义的对象只能相依在此步骤之前的对象，因此可能需要先到作图过程中调整作图顺序。

3.5 重新定义

利用"重新定义对象"来修改构图是一个很通用的方式，自由对象可以任意更改其数值，因为派生对象是由自由对象产生的子对象，所以不能自由更改其数值，它是由产生它的自由对象值来决定的。在 GeoGebra 中，可使用不同的方式重新定义同一个对象。

3.5.1 在代数区定义对象

双击代数区的数学对象，可以编辑数学对象的数值或定义，然后按 Enter 键即可。若是自由对象，对象名称会变成可编辑字段，直接修改对象的代数式，修改完成后，按 Enter 键才能套用变更；若是派生对象，将会开启对话框，重新定义对象，例如，将 t＝2 改为 t＝6，只需在指令栏中输入"t＝6"，并按 Enter 键即可。

3.5.2 在绘图区定义对象

单击移动工具 ⟲ ，并在绘图区的任意对象上双击，将会开启对话框，可重新定义对象。在"文字字段"输入对象的名称以及新的定义，即可更改对象。例如，在空白的绘图区上，利用新点工具 •ᴬ 建立一个自由点 A，在另一处用直线（过两点）工具 ✐ 建立一条穿过 B、C 两点的直线 a。若要将 A 点附着在直线 a 上，必须先在 A 点双击开启"重新定义"对话窗，接着在"文字字段"内更改定义为"描点[a]"并按 Enter 键;若要将 A 点从直线 a 中再次脱离,必须重新定义 A 点到某个自由点,例如(1,2)。

3.5.3　在指令栏中定义对象

也可以通过指令栏重新定义已存在的对象。若想更改自由对象的数值,只需在指令栏中输入该对象的名称及新的数值。例如,在指令栏输入"a:圆形[A,B]",可重新定义 a 为一个圆。

3.5.4　在对象属性中定义对象

在数学对象上右击,选择"对象属性"命令或单击移动工具 $\bigbox$,并在绘图区任意对象上双击,将会开启对话框,单击左下角的"属性"按钮,将开启属性对话框,在"常规"页面中可更改对象的定义。例如,将穿过 B,C 两点的直线 a 转换为线段,打开直线 a 的属性对话框,并将"文字字段"内的"直线[B,C]"改为"线段[A,B]"。

3.6　在指令栏中插入数学对象的名称、数值和定义

3.6.1　在指令栏中插入对象的名称

使用移动工具 $\bigbox$ 单击想要在指令栏中插入名称的对象,按 F5 键,即可将对象名称插入指令栏鼠标光标所在的位置上。

3.6.2　在指令栏中插入对象的数值

如果要插入对象的数值到指令栏,需先使用移动工具 $\bigbox$ 单击对象,接着按 F4 键,此时插入的数值会放在指令栏光标所在的位置(例如,坐标(1,3),方程式 $3x-5y=12$)。

3.6.3　在指令栏中插入对象的定义

要插入对象(例如,A=(4,2),c=圆[A,B])的定义到指令栏有以下两种方式:
(1)按住键盘 Alt 键,然后单击对象,将会清空指令栏并插入对象的定义。
(2)使用移动工具 $\bigbox$ 单击想要的对象,接着按 F3 键。
注意:两种方法皆会先清空指令栏,再插入对象的定义。

3.7　显示指令栏的输入历史记录

当光标在指令栏中时，使用键盘的 ↑ 及 ↓ 方向键即可浏览先前的输入记录。选择好记录后按 Enter 键，将会复制此记录到指令栏。

3.8　显示指令帮助

单击指令栏右边的按钮 ⑦ 即可显示指令帮助，再次单击该按钮即可退出指令帮助。

第 4 章　GeoGebra 5 的基本运算符号与函数

建立数字、坐标或方程式时，可以利用以下常用函数和运算。

4.1　基本运算符号

基本的运算符及其说明如表 4-1 所示。

表 4-1

运算	说明	运算	说明
+	加法	^	次方
−	减法	$\otimes$	外积（叉积）
* 或空格	乘法（内积）	!	阶乘
/	除法	$\sqrt{\ }$（根号）	算术平方根

注：其中符号"$\sqrt{\ }$"可以利用快捷键 Alt＋R 输入。

4.2　内置的基本函数

输入内置函数时，自变量需要加入括号，括号和函数之间不需要空格。

4.2.1　幂函数

幂函数及其说明和范例如表 4-2 所示。

表 4-2

函数	说明	范例
x^n	幂函数 x^n	x^2＝x^2

4.2.2　指数函数

指数函数及其说明和范例如表 4-3 所示。

表 4-3

函数	说明	范例
exp(x) e^x	以 e 为底数的指数函数	$\exp(x)=e^x$
a^x	以 a 为底数的指数函数	$3^x=3^x$

4.2.3　对数函数

对数函数及其说明和范例如表 4-4 所示。

表 4-4

函数	说明	范例
log(b,x)	以 b 为底数的对数函数	$\log(b,x)=\log_b(x)$
ln(x)	自然对数(以 e 为底数)	$\ln(e)=1$
lg(x)	常用对数(以 10 为底数)	$\lg(100)=2$
ld(x)	以 2 为底数的对数函数	$\mathrm{ld}(4)=2$

4.2.4　三角函数

三角函数及其说明和范例如表 4-5 所示。

表 4-5

函数	说明	范例
sin(x)	正弦函数	$\sin(30°)=0.5$
cos(x)	余弦函数	$\cos(60°)=0.5$
tan(x)	正切函数	$\tan(\pi/4)=1$
cot(x)	余切函数	$\cot(\pi/4)=1$
sec(x)	正割函数	$\sec(60°)=2$
csc(x)	余割函数	$\csc(30°)=2$

4.2.5　反三角函数

反三角函数及其说明和范例如表 4-6 所示。

表 4-6

函数	说明	范例
asin(x) arcsin(x)	反正弦函数	$\arcsin(-1)=-\dfrac{\pi}{2}$
acos(x) arccos(x)	反余弦函数	$\arccos\left(-\dfrac{1}{2}\right)=\dfrac{2\pi}{3}$

函数	说明	范例
atan(x) arctan(x)	反正切函数	$\arctan(-1)=-\dfrac{\pi}{4}$
atan2(y,x)	计算出点(x,y)所在的 角度值,范围为$(-\pi,\pi]$	atan2(0,-2)$=\pi$ 表示 点$(-2,0)$对应的角为 π

4.2.6　坐标函数

坐标函数及其说明和范例如表 4-7 所示。

表 4-7

函数	说明	范例
x(A)	计算点 A 的横坐标	若 A$=(-3,1)$,则 x(A)$=-3$
y(B)	计算点 B 的纵坐标	若 B$=(-3,1)$,则 y(B)-1
x(u)	计算向量 u 的横坐标	若 u$=\begin{pmatrix}2\\3\end{pmatrix}$,则 x(u)$=2$
y(u)	计算向量 u 的纵坐标	若 u$=\begin{pmatrix}2\\3\end{pmatrix}$,则 y(u)$=3$

4.2.7　绝对值、根式、符号与复数函数

绝对值、根式、符号与复数函数及其说明和范例如表 4-8 所示。

表 4-8

函数	说明	范例
abs(x)	绝对值函数	abs(-3)$=\lvert-3\rvert=3$
sqrt(x)	算术平方根函数	sqrt(9)$=\sqrt{9}=3$
cbrt(x)	立方根函数	cbrt(-8)$=\sqrt[3]{-8}=-2$
sgn(x) sign(x)	正负号函数	sgn(-3)$=-1$,sgn(2)$=1$,sgn(0)$=0$
arg(z)	复数 z 的辐角主值,范围为$(-180°,180°]$	arg($1-i$)$=-45°$
conjugate(z)	复数 z 的共轭复数	conjugate($1+2i$)$=1-2i$

4.2.8　整数函数

整数函数及其说明与范例如表 4-9 所示。

表 4-9

函数	说明	范例
floor(x)	左边取整函数,即为高斯函数[x],表示不超过 x 的最大整数	floor(−1.8)=−2,floor(2)=2
ceil(x)	右边取整函数,表示不小于 x 的最小整数	ceil(−1.7)=−1,ceil(5)=5
round(x)	最近整数函数,即为四舍五入函数	round(−2.3)=−2, round(−2.5)=−2, round(1.3)=1

4.2.9 随机函数

随机函数及其说明与范例如表 4-10 所示。

表 4-10

函数	说明	范例
random()	产生 0~1 的随机数	random()=0.6

第 5 章　绘图区工具与基本
指令的使用方法

5.1　箭头类工具及指令

箭头类工具如图 5-1 所示。

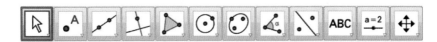

图 5-1

5.1.1　移动工具

当选择对象或移动对象时,通常要先切换到移动工具 ,由于它比较常用,所以有个专属的快捷键 Esc,不论当前正在使用的是哪个工具,只要按 Esc 键,就会马上回到移动工具。

几何输入:选择箭头类工具中的移动工具,然后单击对象,即可选择对象。

代数输入:选择对象[〈对象 1〉,〈对象 2〉,…],例如,先利用新点工具 在空白的绘图区上建立一个自由点 A,然后在指令栏中输入"选择对象[A]",按 Enter 键,即可选择点 A,如图 5-2 所示。

图 5-2

备注:单击移动工具 后,可在绘图区 用鼠标拖曳的方式移动对象,移动对象的同时,在代数区 的代数式会同步更新。

5.1.2　转动工具及指令

几何输入:这个工具可以让一个数学对象绕着一个点转动。只要先选取旋转的中心点,再拖动旋转对象,即可使对象绕点转动。

代数输入:旋转[〈几何对象〉,〈度数|弧度〉,〈旋转中心〉],例如,在空白的绘图区上利用新点工具 建立一个自由点 A,在另一处用直线(过两点)工具 建立一条穿过 B、C 两点

的直线 a,在指令栏中输入"旋转[a,60°,A]",然后按 Enter
键,即可将直线 a 绕点 A 逆时针旋转60°,如图 5-3 所示。

　　注意:数值、字母和符号等,要在英文输入法下输入。

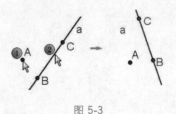

图 5-3

5.2　点类工具及指令

点类工具如图 5-4 所示。

图 5-4

5.2.1　描点工具

此工具可用于绘制点。

1. 在绘图区上画点

　　几何输入:在点类工具盒中选择描点工具 ▪A,只要在绘图区的空白
处单击,就会产生一个新的自由点,如图 5-5 所示。

　　代数输入:在指令栏中输入"A=(−4,2)"。

2. 在曲线上画点

　　几何输入:在点类工具盒中选择描点工具 ▪A,然后在线段、直线、多
边形、圆锥曲线、函数图像或曲线等对象上单击,就可以在该对象上绘
制一个自由点,如图 5-6 所示。

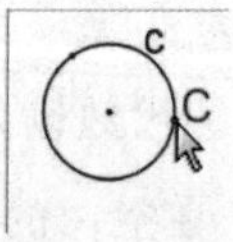

图 5-5

　　代数输入:描点[〈几何对象〉],例如,输入"C=描点[c]",或用指令"描点
[〈几何对象〉,〈路径参数〉]"来描一个路径参数在[0,1]范围的点,例如,在指
令栏里输入"描点[c,0.3]",然后按 Enter 键,会产生圆上路径参数为 0.3 的
一点(曲线 c 上的每一个点都对应区间[0,1]内的唯一实数,这个实数叫路径参数)。

图 5-6

3. 在曲线的交点处画点

　　几何输入:在点类工具盒中选择描点工具 ▪A,如果在两个对象的交点处单击,就会产生
两个对象的交点,如图 5-7 所示。

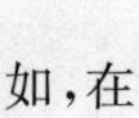

　　代数输入:交点[〈对象 1〉,〈对象 2〉],例如,在指令栏中输入"交点[a,c]",
然后按 Enter 键,注意,通过指令可以画出所有的交点,而用鼠标直接单击交点
处只能产生所单击的那个交点。

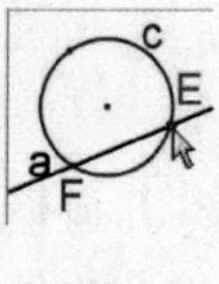

图 5-7

5.2.2　聚点工具

此工具可以用来画区域的边界点和内点。

1. 画区域的边界点

几何输入：在点类工具盒中选择聚点工具 ，然后在多边形或圆等区域的
边界上单击，就会产生一个边界上的自由点，如图 5-8 所示。

代数输入：描点[〈几何对象〉]或描点[〈几何对象〉,〈路径参数〉]，例如，在
指令栏中输入"E＝描点[多边形 1]"或"描点[多边形 1,0.4]"即会产生一个边
界上的自由点。

图 5-8

2. 画区域的内点

几何输入：在点类工具盒中选择聚点工具 ，然后在多边形或圆等区域的
内部单击，就会产生一个区域内的自由点，如图 5-9 所示。

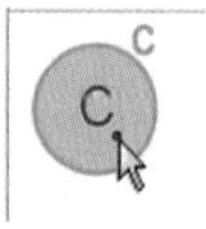

代数输入：内点[〈区域〉]，例如，在指令栏中输入"C＝内点[c]"，然后按
Enter 键，即可在区域内产生一个自由点。

图 5-9

5.2.3　附着/脱离点工具

此工具可以将点与对象附着和脱离。

1. 附着

几何输入：将一个点附着在某个对象的周边或内部。先
在点类工具盒中选择附着/脱离工具 ，然后选择点与对
象，即可将一个点附着在这个对象的周边或内部，如图 5-10
所示。

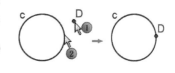

图 5-10

代数输入：描点[〈几何对象〉]，例如，在指令栏中输入
"D＝描点[c]"，然后按 Enter 键，即可将一个点附着在这个对象的周边或内部。

2. 脱离

几何输入：将一个附着在某个对象上的点释放，让它变
成一个自由点。先选择点类工具盒中的附着/脱离工具 ，
然后选择对象上的点，即可将一个附着在该对象上的点释
放，如图 5-11 所示。

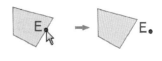

图 5-11

代数输入：在指令栏中输入"E＝(－3,4)"，然后按 Enter 键，即可将一个附着的点释放。

若想在区域内画一个自由点，可以在指令栏中输入"内点[〈区域〉]"，然后按 Enter 键，
例如，输入"内点[多边形 1]"，然后按 Enter 键即可。

5.2.4 交点工具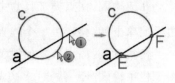

此工具可以产生两个对象的交点。

1. 产生两个对象的所有交点

几何输入：在点类工具盒中选择交点工具 ![交点工具], 然后先后单击两个相交的对象, 可以产生两个对象的所有交点, 如图 5-12 所示; 也可以直接单击两个对象的交点处, 可以创建这两个对象的一个交点。

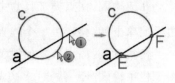

图 5-12

代数输入: 交点[〈对象 1〉,〈对象 2〉], 例如, 在指令栏中输入"交点[c,a]", 然后按 Enter 键即可。

2. 只产生两个对象的一个交点

几何输入: 在点类工具盒中选择交点工具 ![交点工具], 然后单击两个对象的一个交点处, 即可产生两个对象的一个交点, 如图 5-13 所示。

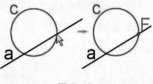

图 5-13

代数输入: 交点[〈对象 1〉,〈对象 2〉,〈指针〉], 交点[〈对象 1〉,〈对象 2〉,〈起点〉], 例如, 在指令栏中输入"F＝交点[c,a,2]", 然后按 Enter 键, 即可产生第二个交点; 还可以采用初始值迭代法, 例如, 输入"交点[c,a,(2,5)]", 然后按 Enter 键, 即可得到一个点 F。

3. 显示两个对象的延伸处交点

对于线段、射线和弧等有范围的线型对象, 可以设置是否要画出这些对象的延伸处的交点, 这个功能对某些特殊的作图非常有用。

几何输入: 先设置每个要延伸的范围曲线的属性, 在"常规"选项卡中选中"显示延长线上的交点"复选框, 然后利用交点类工具产生交点, 如图 5-14 所示。

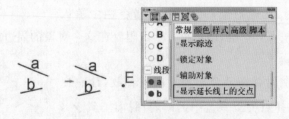

图 5-14

代数输入: 交点[〈对象 1〉,〈对象 2〉]。先设置每个要延伸的范围曲线的属性, 即在"常规"选项卡中选中"显示延长线上的交点"复选框, 然后在指令栏中输入"E＝交点[a,b]", 最后关闭对话框, 即可得到交点。

4. 函数图像的交点

几何输入: 在点类工具盒中选择交点工具 ![交点工具], 然后先后单击两个相交对象, 即可产生两个对象的所有交点,如图 5-15 所示。

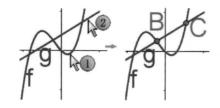

图 5-15

代数输入:交点[〈函数 1〉,〈函数 2〉,〈x-起始值〉,〈x-终止值〉],例如,若 $f(x)=x^3+x^3$ $-x,g(x)=3/5x+4/5$,在指令栏里输入"交点[f,g,-1,2]",再按 Enter 键,即可得到所在范围点的坐标 B=(-0.43,0.54),C=(1.1,1.46)。

5. 曲线的交点

几何输入:同 4. 函数图像的交点。

使用迭代方法从给定的参数中找到一个交点。

代数输入:交点[〈曲线 1〉,〈曲线 2〉,〈参数 1〉,〈参数 2〉],例如,在指令栏里输入"交点[曲线[cos(t),sin(t),t,0,π],曲线[cos(t)+1,sin(t),t,0,π],0,2]",按 Enter 键后,即可得到交点 A=(0.5,0.87)。

备注:有时要求只显示对象的交叉点附近的部分图形,要想做到这一点,需打开交点的属性对话框,在"常规"选项卡中勾选"仅显示相交线在交点附近部分"选项。

5.2.5 中点/中心工具

此工具可产生两个点或一条线段的中点,也可以产生圆锥曲线的中心。

1. 两个点的中点

几何输入:选择点类工具盒中的中点/中心工具,然后依次选择两个点,可以产生两个点的中点,如图 5-16 所示。

代数输入:中点[〈点 1〉,〈点 2〉],例如,在指令栏中输入"C=中点[A,B]",然后按 Enter 键,即可产生两个点的中点。

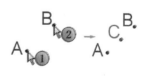

图 5-16

2. 线段的中点

几何输入:选择点类工具盒中的中点/中心工具,然后单击线段上的任何一点,即可产生线段的中点,如图 5-17 所示。

代数输入:中点[〈线段〉]或中点[〈点 1〉,〈点 2〉],例如,在指令栏中输入"C=中点[a]"或"C=[A,B]",然后按Enter键,即可产生线段的中点。

备注:"中点[〈圆锥曲线〉]"可得到圆锥曲线中心,例如,先绘制圆 c,然后在指令栏中输入"中点[c]",按 Enter 键,即可绘

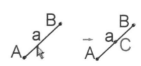

图 5-17

制该圆的圆心；"中点［〈区间〉］"可以求区间的中点，例如，在指令栏中输入"中点［2＜x＜4］"，按 Enter 键，即可得到 2 和 4 的中点 3。

5.2.6 复数工具

此工具可以绘制复数对应的点。

几何输入：选择点类工具盒中的复数工具 ，然后在绘图区的空白处单击，即可产生一个复数对应的点，如图 5-18 所示。

代数输入：直接在指令栏里输入"$z\_1 = 2 + 3 * i$"，然后按 Enter 键，即可产生复数 $2 + 3i$ 对应的点。

图 5-18

5.2.7 极值点工具

此工具可以产生函数的极值点。

几何输入：激活点工具中的极值点工具 ，然后单击已知函数，即可产生该函数的极值点及其坐标。

代数输入：在指令栏中输入指令"极值点［〈多项式〉］"或输入"极值点［〈连续函数〉，〈x−起始值〉，〈x−终止值〉］"即可绘制函数的极值点。例如，求函数 $f(x) = x^3 - 3x$ 的极值点，先激活极值点工具，然后单击函数 $f(x)$ 图像或函数 $f(x)$ 即可产生函数的极值点；或输入指令"极值点［f］"，按 Enter 键，即可产生函数的极值点，如图 5-19 所示。

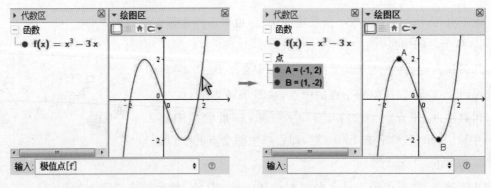

图 5-19

5.2.8 零点工具

此工具可以产生函数零点。

几何输入：激活点工具中的零点工具 ，然后单击已知函数，即可产生该函数的零点。

代数输入：输入指令"零点［〈多项式〉］""零点［〈函数〉，〈x−初值〉］"或"零点［〈函数〉，

〈x－起始值〉,〈x－终止值〉]",按 Enter 键,即可产生函数的零点。例如,求函数 $f(x)=x^3-3x$ 的零点,先激活零点工具,然后单击函数 $f(x)$ 图像或函数 $f(x)$,即可产生函数零点;或输入指令"零点[f]",按 Enter 键,即可产生函数零点,如图 5-20 所示。

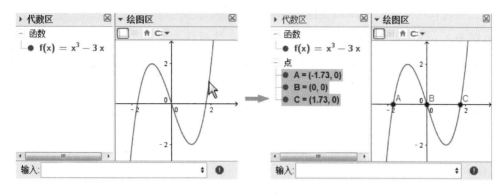

图 5-20

5.3　线类工具及指令

线类工具如图 5-21 所示。

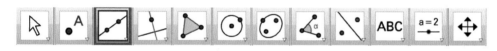

图 5-21

5.3.1　直线工具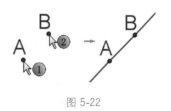

此工具可以产生通过两个点的直线。

几何输入:选择线类工具盒中的直线工具,然后用鼠标左键在绘图区点选两个点,即可产生通过这两个点的直线,注意,此时直线的方向向量为 $\overrightarrow{AB}$,如图 5-22 所示。

代数输入:直线[〈点 1〉,〈点 2〉],例如,直接在指令栏中输入"a＝直线[A,B]"或"直线[(-4,1),(-3,2)]",然后按 Enter 键,即可产生通过两个点的直线;也可以直接在指令栏中输入直线方程,例如,输入"$3*x-2*y+1=0$",然后按 Enter 键,即可产生一条确定的直线。

注意:也可以用指令"直线[〈点〉,〈平行线〉]"或"直线[〈点〉,〈方向向量〉]"画直线。

图 5-22

5.3.2 线段工具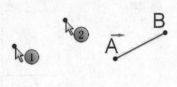

此工具可以产生连接两点的线段。

几何输入：选择线类工具盒中的线段工具 ，然后用
鼠标左键在绘图区点选两个点，即可产生连接两个点的线
段，如图 5-23 所示。

代数输入：线段[〈点 1〉,〈点 2〉]，例如，在指令栏中输
入"a＝线段[(−4,1),(−2,2)]"或"a＝线段[A,B]"，然后
按 Enter 键，即可产生连接两点的线段。

图 5-23

5.3.3 定长线段工具

此工具可以产生长度固定的线段。

几何输入：选择线类工具盒中的定长
线段工具 ，然后用鼠标左键在绘图区点
选一点，在出现的对话框中输入线段长度，
即可产生水平的定长线段，如图 5-24 所示。

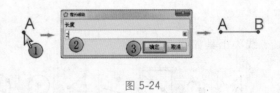

图 5-24

代数输入：线段[〈点〉,〈长度〉]，例如，
在指令栏里输入"a＝线段[A,2]"，然后按 Enter 键，即可产生长度固定的线段。

5.3.4 射线工具

此工具可以产生通过两个点的射线。

几何输入：选择线类工具盒中的射线工具 ，然后依次选
取两个点，即可产生以第一个点为起点，通过第二个点的射线，
如图 5-25 所示。

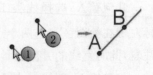

代数输入：射线[〈起点〉,〈点〉]，例如，在指令栏里输入"a＝射
线[A,B]"，然后按 Enter 键，即可产生通过两个点的射线。

图 5-25

5.3.5 折线工具

此工具可以产生通过若干点的折线。

几何输入：选择线类工具盒中的折线工具 ，然后用鼠标左键在绘图区依次点选若干

个点,最后再点选起点,即可产生通过若干点的
折线,如图 5-26 所示。

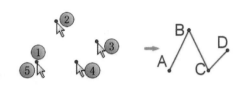

图 5-26

　　代数输入:折线[〈点 1〉,…,〈点 n〉],例如,
在指令栏里输入"折线[A,B,C,D]",然后按 En-
ter 键,即可产生通过 A、B、C、D 四点的折线。

5.3.6　向量工具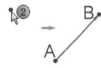

　　此工具可以产生一个向量。

　　几何输入:选择线类工具盒中的向量工具 ,用鼠标左键在绘图区点选一个起点和一
个终点,即可画出一个向量,如图 5-27 所示。

　　代数输入:向量[〈起点〉,〈终点〉],向量[〈终点(原点为起
点)〉],例如,在指令栏中输入"u=向量[A,B]"或"u=向量[(-4,
-1),(-2,1)]",然后按 Enter 键,即可产生一个向量。

图 5-27

5.3.7　相等向量工具

　　此工具可以产生相等的向量。

　　几何输入:选择线类工具盒中的相等向量工具

,然后选定一个点和已知向量,即可画出一个与已

知向量相等的向量,如图 5-28 所示。

图 5-28

　　代数输入:在指令栏中输入"v=向量[C,C′]",其
中 C′=平移[C,u],然后按 Enter 键,即可产生相等的
向量。

5.4　关系线类工具及指令

　　关系线类工具如图 5-29 所示。

图 5-29

5.4.1 垂线工具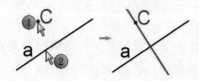

此工具可以产生直线、线段和向量的垂线。

1. 直线的垂线

几何输入:选择关系线类工具盒中的垂线工具 ，然后用鼠标左键在绘图区分别选取一点和要垂直的直线,即可产生通过此点且垂直此直线的直线,如图 5-30 所示。

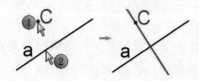

图 5-30

代数输入:垂线[〈点〉,〈直线〉],例如,在指令栏中输入"b=垂线[C,a]",然后按 Enter 键,即可产生此直线的垂线。

2. 线段的垂线

几何输入:选择关系线类工具盒中的垂线工具 ,然后用鼠标左键在绘图区选取一点和要垂直的线段,即可产生通过此点且垂直此线段的直线,如图 5-31 所示。

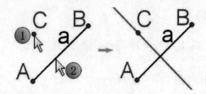

图 5-31

代数输入:垂线[〈点〉,〈线段〉],例如,在指令栏中输入"b=垂线[C,a]",然后按 Enter 键,即可产生此线段的垂线。

3. 向量的垂线

几何输入:选择关系线类工具盒中的垂线工具 ,然后用鼠标左键在绘图区选取一点和要垂直的向量,即可产生通过此点且垂直此向量的直线,如图 5-32 所示。

图 5-32

代数输入:垂线[〈点〉,〈向量〉],例如,在指令栏中输入"b=垂线[C,u]",然后按 Enter 键,即可产生此向量的垂线。

5.4.2 平行线工具 ⟨图标⟩

此工具可以产生直线、线段和向量的平行线。

1. 直线的平行线

几何输入：选择关系线类工具盒中的平行线工具⟨图标⟩，然后用鼠标左键在绘图区分别选取一点和要平行的直线，即可产生通过一点且平行于此直线的平行线，如图 5-33 所示。

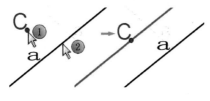

图 5-33

代数输入：直线[〈点〉,〈平行线〉]，例如，在指令栏中输入"b＝直线[C,a]"，然后按Enter键，即可画出此直线的平行线。

2. 线段的平行线

几何输入：选择关系线类工具盒中的平行线工具⟨图标⟩，然后用鼠标左键在绘图区分别选取一点和要平行的线段，即可产生通过这一点且平行于此线段的平行线，如图 5-34 所示。

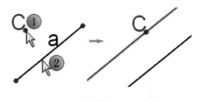

图 5-34

代数输入：直线[〈点〉,〈平行线〉]，例如，在指令栏中输入"b＝直线[C,a]"，然后按Enter键，即可产生线段的平行线。

3. 向量的平行线

几何输入：选择关系线类工具盒中的平行线工具⟨图标⟩，然后用鼠标左键在绘图区分别选取一点和要平行的向量，即可产生通过这一点且平行于此向量的平行线，如图 5-35 所示。

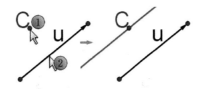

图 5-35

代数输入：直线[〈点〉,〈方向向量〉]，例如，在指令栏中输入"b＝直线[C,u]"，然后按Enter 键，即可画出此向量的平行线。

5.4.3 中垂线工具

此工具可以产生线段的中垂线。

几何输入:选择关系线类工具盒中的中垂线工具,然后用鼠标左键在绘图区点选线段或两个端点,即可产生此线段的中垂线,如图 5-36 所示。

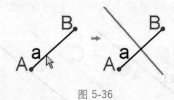

图 5-36

代数输入:中垂线[〈线段〉]或中垂线[〈点 1〉,〈点 2〉],例如,在指令栏中输入"b=中垂线[a]"或"b=中垂线[A,B]",然后按 Enter 键,即可产生线段的中垂线。

5.4.4 角平分线工具

此工具可以产生角平分线。

1. 角 ABC 的平分线

几何输入:选择关系线类工具盒中的角平分线工具,然后用鼠标左键在绘图区依次选择三个点,即可产生以中间点为顶点的角平分线,如图 5-37 所示。

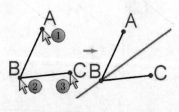

图 5-37

代数输入:角平分线[〈点 1〉,〈顶点 2〉,〈点 3〉],例如,在指令栏中输入"c=角平分线[A,B,C]",然后按 Enter 键,即可画出角 ABC 的平分线。

2. 两条相交直线的平分线

几何输入:选择关系线类工具盒中的角平分线工具,然后用鼠标左键在绘图区分别选择两条相交直线或角的两边,即可产生两条角平分线,如图 5-38 所示。

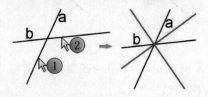

图 5-38

代数输入：角平分线[〈直线 1〉,〈直线 2〉]，例如，在指令栏中输入"c＝角平分线[a,b]"，然后按 Enter 键，即可画出两条角平分线。

5.4.5 切线工具 ⬚

此工具可以产生圆锥曲线和函数图像的切线。

1. 过圆锥曲线上一点的切线

几何输入：选择关系线类工具盒中的切线工具 ⬚，然后用鼠标左键在绘图区分别选择圆锥曲线上的一点和圆锥曲线，即可产生过圆锥曲线上一点的切线，如图 5-39 所示。

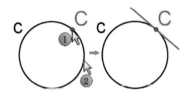

图 5-39

代数输入：切线[〈点〉,〈圆锥曲线〉]，例如，在指令栏里输入"a＝切线[C,c]"，然后按 Enter 键，即可画出过圆锥曲线 c 上一点 C 的切线。

2. 过圆锥曲线外一点的切线

几何输入：选择关系线类工具盒中的切线工具 ⬚，然后用鼠标左键在绘图区分别选择圆锥曲线外的一点和圆锥曲线，即可产生过圆锥曲线外一点的切线，如图 5-40 所示。

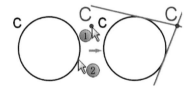

图 5-40

代数输入：切线[〈点〉,〈圆锥曲线〉]，例如，在指令栏里输入"a＝切线[C,c]"，然后按 Enter 键，即可画出过圆锥曲线 c 上一点 C 的切线。

3. 与已知直线平行的圆锥曲线的切线

几何输入：选择关系线类工具盒中的切线工具 ⬚，然后用鼠标左键在绘图区分别选择直线和圆锥曲线，即可产生与已知直线平行的圆锥曲线的切线，如图 5-41 所示。

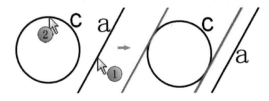

图 5-41

代数输入：切线[〈直线〉,〈圆锥曲线〉]，例如，在指令栏里输入"d＝切线[a,c]"，然后按 Enter 键，即可画出与已知直线平行的圆锥曲线的切线。

4. 两个圆的公切线

几何输入：选择关系线类工具盒中的切线工具 ，然后用鼠标左键在绘图区分别选择两个圆，即可产生两个圆的所有公切线，如图 5-42 所示。

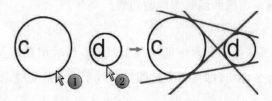

图 5-42

代数输入：切线[〈圆 1〉,〈圆 2〉]，例如，在指令栏里输入"b＝切线[c,d]"，然后按 Enter 键，即可画出两个圆的所有公切线。

5. 函数在某一点处的切线

几何输入：选择关系线类工具盒中的切线工具 ，然后用鼠标左键在绘图区分别选择曲线上的一点和曲线，即可产生过曲线上一点的切线，如图 5-43 所示。

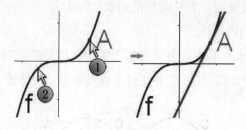

图 5-43

代数输入：切线[〈曲线上的点〉,〈曲线〉]，例如，在指令栏里输入"a＝切线[A,f]"，然后按 Enter 键，即可画出曲线在点 A 处的切线。

几何输入：选择关系线类工具盒中的切线工具 ，然后用鼠标左键在绘图区分别选择一点 B 和函数 f，即可产生函数 f 在 x＝x(B)处的切线，如图 5-44 所示。

图 5-44

代数输入：切线[〈点〉,〈函数〉]或切线[〈横坐标 x 值〉,〈函数〉]，例如，在指令栏里输入"a＝切线[B,f]"或"c＝切线[－0.5,f]"，然后按 Enter 键，即可画出函数 f 在点(x(B), f(x(B))处的切线。

5.4.6　极线/径线工具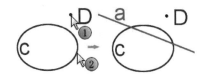

此工具可以产生圆锥曲线的极线或径线。

1. 极点与极线

几何输入:选择关系线类工具盒中的极线/径线工具,然后用鼠标左键在绘图区分别选择一点(极点)和圆锥曲线,即可产生圆锥曲线的极线,如图 5-45 所示。

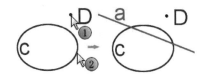

图 5-45

代数输入:极线[〈点〉,〈圆锥曲线〉]可以产生极线,极线[〈直线〉,〈圆锥曲线〉]可以产生极点,例如,在指令栏中输入"a=极线[D,c]",然后按 Enter 键,即可产生极线;若输入"极线[a,c]",然后按 Enter 键,即可产生极点 D。

2. 径线

几何输入:选择关系线类工具盒中的极线/径线工具,然后用鼠标左键在绘图区分别选择一条直线和圆锥曲线,即可产生圆锥曲线的径线,如图 5-46 所示。

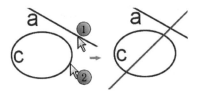

图 5-46

代数输入:共轭直径[〈直线〉,〈圆锥曲线〉],共轭直径[〈向量〉,〈圆锥曲线〉],可以产生圆锥曲线的径线,例如,在指令栏中输入"b=共轭直径[a,c]",然后按 Enter 键,即可产生径线。

5.4.7　最佳拟合直线工具

此工具可以产生数据或点的拟合直线。

几何输入:选择关系线类工具盒中的拟合直线工具,然后用鼠标右键在绘图区框选一些点(按住鼠标右键在绘图区中拉出一个矩形方框,然后释放鼠标右键,则所有方框内的点都将被选中),即可产生这些点的拟合直线,如图 5-47 所示。

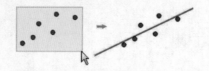

图 5-47

代数输入:拟合直线 Y[〈点列表〉],拟合直线 X[〈点列表〉],可以产生点列的拟合直线,例如,在指令栏中输入"a=拟合直线 Y[{A,B,C,D,E,F}]",然后按 Enter 键,即可产生关于纵坐标的拟合直线。输入"b=拟合直线 X[{A,B,C,D,E,F}]",然后按 Enter 键,即可产生关于横坐标的拟合直线。也可以先在度量工具中选择创建列表工具,然后用鼠标右键框选这些点,创建一个点列表,然后在指令栏中输入"拟合直线 Y[〈点列表〉]"或"拟合直线 X[〈点列表〉]",可以产生相应的拟合直线。

5.4.8 轨迹工具

此工具可以产生一个点随着另一个点(或参数)运动(变化)的轨迹。

几何输入:选择关系线类工具盒中的轨迹工具,然后用鼠标左键在绘图区依次点选构造轨迹点(被动点)和控制点(主动点),即可产生被动点的轨迹,如图 5-48 所示。

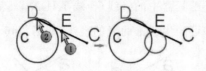

图 5-48

代数输入:轨迹[〈构造轨迹的点〉,〈控制点〉],轨迹[〈构造轨迹的点〉,〈参数〉],例如,在指令栏里输入"轨迹[E,D]",然后按 Enter 键,即可产生动点 E 的轨迹。

5.5 多边形类工具及指令

多边形类工具如图 5-49 所示。

图 5-49

5.5.1　多边形工具

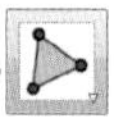

此工具可以产生任意多边形。

几何输入:选择多边形类工具盒中的多边形工具，然后用鼠标左键在绘图区依次点选若干个点,最后点选第一个点,可以画出一个多边形,如图 5-50 所示。

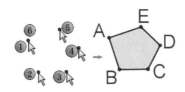

图 5-50

代数输入:多边形[〈点 1〉,…,〈点 n〉],例如,在指令栏中输入"多边形[A,B,C,D,E]"或输入"多边形[(−3,4.5),(−2.5,2.8),(−1,2.9),(−0.4,4.1),(−1.4,5)]",然后按 Enter 键,可以产生五边形 ABCDE。若先产生点列表,则可直接输入"多边形[〈点列表〉]",即可产生一个多边形。

5.5.2　正多边形工具

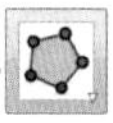

此工具可以产生正多边形。

几何输入:选择多边形类工具盒中的正多边形工具，然后用鼠标左键在绘图区依次点选两个点,接着在对话框内输入顶点数,即可画出一个正多边形。注意,选择点的顺序不同,产生的正多边形也不同,如图 5-51 所示。

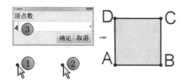

图 5-51

代数输入:多边形[〈点 1〉,〈点 2〉,〈顶点数〉],例如,在指令栏中输入"多边形[A,B,4]",然后按 Enter 键,即可产生一个正方形。

5.5.3　刚体多边形工具

此工具可以产生形状、大小固定的多边形。

几何输入:选择多边形类工具盒中的刚体多边形工具，然后用鼠标左键在绘图区依次点选若干个点,最后点选第一个点,可以画出一个形状和大小固定的多边形。注意,用鼠标左键拖动第一个点时,整个多边形会平移,拖动第二个点时,整个多边形将绕第一个点转动,如图 5-52 所示。

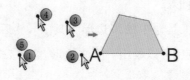

图 5-52

代数输入:刚体多边形[〈自由点 1〉,…,〈自由点 n〉],例如,在指令栏中输入"刚体多边形[A,B,C,D]",然后按 Enter 键,即可产生一个刚体四边形。输入"刚体多边形[〈多边形〉]",可以产生一个任意多边形副本,为刚体多边形,如果改变刚体多边形的形状,必须改变原来的多边形形状。输入"刚体多边形[〈多边形〉,〈x 偏移量〉,〈y 偏移量〉]"可以产生一个任意多边形副本,为刚体多边形,其位置是将原来的多边形向右平移 x 个单位,再向上平移 y 个单位。

5.5.4 向量多边形工具

此工具可以产生一个拖动第一个点时,多边形的形状和大小固定的向量多边形。

几何输入:选择多边形类工具盒中的向量多边形工具 ,然后用鼠标左键在绘图区依次点选若干个点,最后点选第一个点,即可画出一个向量多边形。注意,与多边形工具不同的是,用鼠标左键拖动第一个点时,整个多边形会平移,拖动其他点时,只是此顶点平移,如图 5-53 所示。

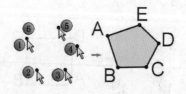

图 5-53

5.6 圆类工具及指令

圆类工具如图 5-54 所示。

图 5-54

5.6.1　圆心与一点画圆工具 ⊙

几何输入：选择圆形类工具盒中的圆（圆心与一点）工具 ⊙，然后用鼠标左键在绘图区依次点选所要绘制的圆心及圆周上的一点，即可画出一个圆，如图 5-55 所示。

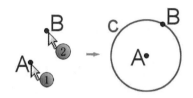

图 5-55

代数输入：圆形［〈圆心〉，〈圆上一点〉］，例如，在指令栏中输入"c：圆形［A，B］"，然后按 Enter 键，即可画出一个圆。

5.6.2　圆心与半径数值画圆工具 ⊙

几何输入：选择圆形类工具盒中的圆（圆心与半径）工具 ⊙，然后用鼠标左键在绘图区点选圆心，在弹出的对话框内输入"半径"数值，确定后即可画出一个圆，如图 5-56 所示。

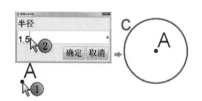

图 5-56

代数输入：圆形［〈圆心〉，〈半径长度〉］，例如，在指令栏中输入"c：圆形［A，1.5］"，然后按 Enter 键，即可画出一个圆心为 A、半径为 1.5 的圆；也可以直接在指令栏中输入圆的方程，例如，输入"$(x-2)^2+(y+1)^2=1$"，然后按 Enter 键，即可画出一个圆心为 $(2,-1)$、半径为 1 的圆。

5.6.3　半径与圆心画圆工具 ⊙

几何输入：选择圆形类工具盒中的圆（半径与圆心）工具 ⊙，然后用鼠标左键在绘图区点选两个点或一条线段 a，再单击圆心 C，即可画出一个圆，如图 5-57 所示。

代数输入：圆形［〈圆心〉，〈半径〉］，例如，在指令栏中输入"c：圆形［C，a］"，然后按 Enter 键，即可画出一个圆心为 C、半径为 a 的圆。

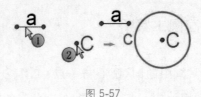

图 5-57

5.6.4 过三点的圆工具 ◯

几何输入：选择圆形类工具盒中的过三点的圆工具 ◯，然后用鼠标左键在绘图区点选三个点，即可画出一个过三点的圆，如图 5-58 所示。

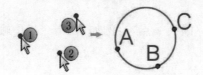

图 5-58

代数输入：圆形[〈点 1〉,〈点 2〉,〈点 3〉]，例如，在指令栏中输入"c：圆形[A,B,C]"，然后按 Enter 键，即可画出一个过三点的圆，其中 A=(-3,1),B=(-2,3),C=(-1,2)。

5.6.5 半圆工具 ◠

几何输入：选择圆形类工具盒中的半圆工具 ◠，然后用鼠标左键在绘图区依次点选两个点，即可产生由起点沿着顺时针方向到终点的一个半圆，如图 5-59 所示。

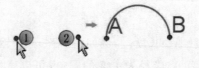

图 5-59

代数输入：半圆[〈点 1〉,〈点 2〉]，例如，在指令栏中输入"c：半圆[A,B]"，然后按 Enter 键，即可画出一个半圆。

5.6.6 圆弧工具 ◡

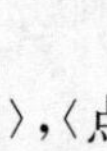

几何输入：选择圆形类工具盒中的圆弧工具 ◡，然后用鼠标左键在绘图区依次点选圆心和两个点，即可产生由起点沿着逆时针方向的一个圆弧。注意，第三个点可以不在圆弧上，如图 5-60 所示。

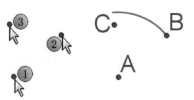

图 5-60

代数输入：圆弧过圆心与两点[⟨圆心⟩,⟨点 1⟩,⟨点 2⟩]，例如，在指令栏中输入"c：圆弧过圆心与两点[A,B,C]"，然后按 Enter 键即可画出一个圆弧。

5.6.7　过三点的圆弧工具

几何输入：选择圆形类工具盒中的过三点的圆弧工具，然后用鼠标左键在绘图区点选三个点，即可产生以第一个点为起点、第三个点为终点的过三点的圆弧，如图 5-61 所示。

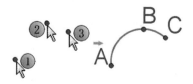

图 5-61

代数输入：圆弧过三点[⟨点 1⟩,⟨点 2⟩,⟨点 3⟩]，例如，在指令栏中输入"c：圆弧过三点[A,B,C]"，然后按 Enter 键，即可画出一个圆弧。

5.6.8　扇形工具

几何输入：选择圆形类工具盒中的扇形工具，然后用鼠标左键在绘图区点选圆心和两个点，即可产生由起点沿着逆时针方向的一个扇形。注意，第三个点可以不在扇形的弧上，如图 5-62 所示。

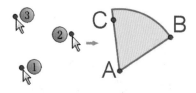

图 5-62

代数输入：圆扇形[⟨圆心⟩,⟨点 1⟩,⟨点 2⟩]，例如，在指令栏中输入"c：圆扇形[A,B,C]"，然后按 Enter 键，即可画出一个扇形。

代数输入：扇形[⟨圆或椭圆⟩,⟨点 1⟩,⟨点 2⟩]，例如，在指令栏里输入"d：扇形[c,C,

D]",然后按 Enter 键,即可画出一个圆内的扇形,如图 5-63 所示。

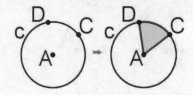

图 5-63

代数输入:扇形[〈圆或椭圆〉,〈点 1〉,〈点 2〉],例如,输入"d:扇形[c,E,F]",然后按 Enter 键,即可画出一个椭圆内的扇形,如图 5-64 所示。

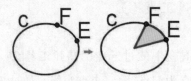

图 5-64

代数输入:扇形[〈圆或椭圆〉,〈参数值 1_角度|弧度〉,〈参数值 2_角度|弧度〉],例如,已知椭圆 $c:x^2/9+y^2/4=1$,在指令栏里输入"d:扇形[c,π/4,2]",然后按 Enter 键,即可画出一个弧的两个端点离心角分别为 $\frac{\pi}{4}$ 和 2 的椭圆内的扇形,如图 5-65 所示。

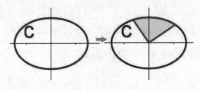

图 5-65

5.6.9 过三点的扇形工具 ⟳

几何输入:选择圆形类工具盒中的过三点的扇形工具 ⟳,然后用鼠标左键在绘图区点选三个点,即可产生以第一个点为起点,第三个点为终点的扇形,如图 5-66 所示。

图 5-66

代数输入:扇形过三点[〈点 1〉,〈点 2〉,〈点 3〉],例如,在指令栏中输入"c:扇形过三点[A,B,C]",然后按 Enter 键,即可画出一个扇形。

5.7　圆锥曲线工具及指令

圆锥曲线工具如图 5-67 所示,此类工具可以产生圆锥曲线。

图 5-67

5.7.1　椭圆工具

几何输入:选择圆锥曲线类工具盒中的椭圆工具,然后用鼠标左键在绘图区点选椭圆的两个焦点及椭圆上的一点,即可产生一个椭圆,如图 5-68 所示。

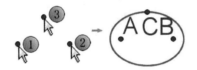

图 5-68

代数输入:椭圆[〈焦点 1〉,〈焦点 2〉,〈椭圆上一点〉],椭圆[〈焦点 1〉,〈焦点 2〉,〈半长轴长〉],椭圆[〈焦点 1〉,〈焦点 2〉,〈半长轴线段〉],例如,在指令栏中输入“c:椭圆[A,B,C]”,然后按 Enter 键,即可画出一个椭圆;或者输入其方程“$x^2/8 + y^2/4 = 1$”,然后按 Enter 键,即可画出一个椭圆。

5.7.2　双曲线工具

几何输入:选择圆锥曲线类工具盒中的双曲线工具,然后用鼠标左键在绘图区点选双曲线的两个焦点及双曲线上的一点,即可产生一个双曲线,如图 5-69 所示。

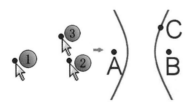

图 5-69

代数输入:双曲线[〈焦点 1〉,〈焦点 2〉,〈双曲线上一点〉],双曲线[〈焦点 1〉,〈焦点 2〉,

〈半长轴长〉]，双曲线[〈焦点 1〉，〈焦点 2〉，〈半长轴线段〉]，例如，在指令栏中输入"c：双曲线[A，B，C]"，然后按 Enter 键，即可画出一个双曲线；或者输入其方程"x^2－y^2/3＝1"，然后按 Enter 键，即可画出一个双曲线。

5.7.3　抛物线工具

几何输入：选择圆锥曲线类工具盒中的抛物线工具，然后用鼠标左键在绘图区点选抛物线的焦点及准线，即可产生一个抛物线，如图 5-70 所示。

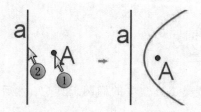

图 5-70

代数输入：抛物线[〈焦点〉，〈准线〉]，例如，在指令栏中输入"c：抛物线[A，a]"，然后按 Enter 键，即可画出一个抛物线；或者输入其方程"y^2＝4＊x"，然后按键盘的 Enter 键，即可画出一个抛物线。

5.7.4　圆锥曲线工具

此工具可以产生出通过五个点的圆锥曲线。

几何输入：选择圆锥曲线类工具盒中的圆锥曲线工具，然后用鼠标左键在绘图区依次点选五个点，即可产生一个圆锥曲线，如图 5-71 所示。

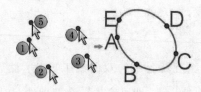

图 5-71

代数输入：圆锥曲线[〈点 1〉，〈点 2〉，〈点 3〉，〈点 4〉，〈点 5〉]，圆锥曲线[〈x 方系数〉，〈y 方系数〉，〈常数项〉，〈xy 系数〉，〈x 系数〉，〈y 系数〉]，例如，在指令栏中输入"c：圆锥曲线[A，B，C，D，E]"，然后按 Enter 键，即可画出一个圆锥曲线；或输入"c：圆锥曲线[1，2，－2，0，－1，－2]"，然后按 Enter 键，即可画出一个圆锥曲线。

5.8　度量工具及指令

度量工具如图 5-72 所示。

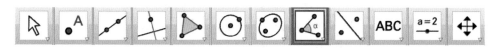

图 5-72

5.8.1　角度工具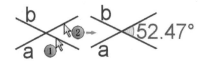

1. 度量三个点确定的角

几何输入:选择度量类工具盒中的角度工具 ,然后用鼠标左键在绘图区沿顺时针方向依次选定三个点,即可度量三个点确定的角。注意,角的顶点在中间,如图 5-73 所示。

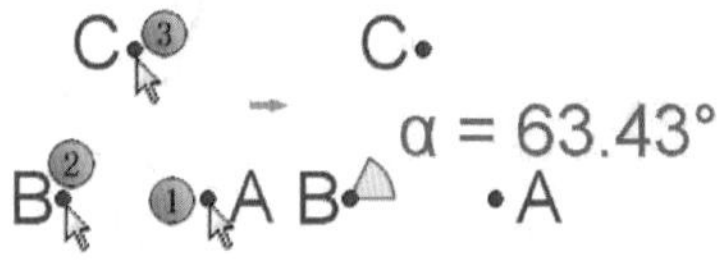

$$\alpha = 63.43°$$

图 5-73

代数输入:角度[〈点〉,〈顶点〉,〈点〉],例如,在指令栏中输入"α＝角度[A,B,C]",然后按 Enter 键,即可度量三个点确定的角度。

2. 度量两条直线或线段所成的角

几何输入:选择度量类工具盒中的角度工具 ,然后用鼠标左键在绘图区点选两条直线或两条线段,即可产生两条直线或线段的方向向量之间的夹角,如图 5-74 所示。

$$52.47°$$

图 5-74

默认情况下,角的范围为[0°,360°),也可以在属性中设置其他的范围,例如,右击角 α,打开属性对话框,在"常规"选项卡中设置"角的范围",如图 5-75 所示。

代数输入:角度[〈直线 1〉,〈直线 2〉],例如,在指令栏中输入"角度[b,a]",然后按 Enter 键,即可度量两条直线或线段的方向向量的夹角;也可以在指令栏中直接输入直线方程,例如,角度[y＝x＋2,y＝2x＋3],然后按 Enter 键,即可度量已知两条直线的夹角。

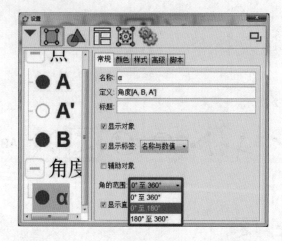

图 5-75

3. 度量两个向量的夹角

几何输入：选择度量类工具盒中的角度工具，然后用鼠标左键在绘图区点选两个向量，即可度量两个向量的夹角，如图 5-76 所示。

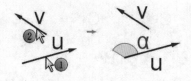

图 5-76

代数输入：角度[〈向量 1〉,〈向量 2〉]，例如，在指令栏中输入"α＝角度[u,v]"，然后按 Enter 键，即可度量两个向量的夹角。若输入"β＝角度[u]"，然后按 Enter 键，可得到向量 u 与 x 轴的夹角；若输入"β＝角度[(3,3)]"，确定后，可得到点(3,3)的位置矢量与 x 轴的夹角45°。

4. 度量多边形内角

几何输入：选择度量类工具盒中的角度工具，然后用鼠标左键在绘图区单击多边形的内部，即可度量多边形的内角。注意，若多边形各顶点是按逆时针方向顺次产生的，则可产生多边形各个内角的度数，如图 5-77 所示；若顶点是按顺时针方向产生的，则可产生多边形各个内角外侧的度数。

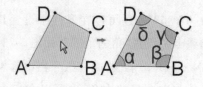

图 5-77

代数输入：角度[〈几何对象〉]，例如，在指令栏中输入"角度[多边形 1]"，然后按Enter

键,即可度量多边形各个顶点的夹角。

5. 将一个实数转化为 0°～360°范围的角度

用指令"角度[实数值]"将一个实数转化为 0°～360°范围的角,例如,在指令栏中输入
"角度[20]",然后按 Enter 键,即可得到度数为65.92°。

5.8.2　定值角度工具

几何输入:选择度量类工具盒中的定值角度工具,然后用鼠标左键在绘图区依次点
选两个点,在弹出的对话框内输入角度值,即可产生一个定值角度,如图 5-78 所示。

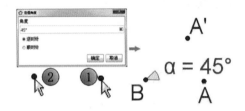

图 5-78

代数输入:角度[〈点〉,〈顶点〉,角度],例如,在指令栏中输入"α＝角度[A,B,30°]",然后
按 Enter 键,即可产生一个以 AB 为始边,B 为顶点,大小为30°的角。

5.8.3　距离/长度工具

1. 两点间的距离

几何输入:选择度量类工具盒中的距离/长度工具,然后用鼠标左键在绘图区点选两
个点,即可度量两点间的距离,如图 5-79 所示。

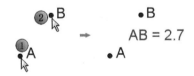

图 5-79

代数输入:距离[〈点〉,〈对象〉],例如,在指令栏里输入"距离[A,B]",然后按 Enter 键,
即可得到 A、B 两点间的距离。

2. 点到直线的距离

几何输入:选择度量类工具盒中的距离/长度工具,然后用鼠标左键在绘图区点选一
点和一条直线,即可度量点到直线的距离,如图 5-80 所示。

代数输入:距离[〈点〉,〈对象〉],例如,在指令栏里输入"距离[A,a]",然后按 Enter 键,
即可得到点 A 到直线 a 的距离。

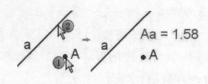

图 5-80

利用指令"最近点[〈路径〉,〈点〉]"可以求出路径上距离已知点的最近点,例如,在指令栏中输入"B=最近点[a,A]",然后按 Enter 键,即可得到直线 a 上距离点 A 的最近点 B。

3. 点到圆锥曲线或多边形的距离

代数输入:距离[〈点〉,〈对象〉],例如,在指令栏里输入"距离[C,c]",即可度量点 C 与圆 c 或椭圆的最近距离 a=0.8;若输入"距离[I,多边形 1]",然后按 Enter 键,即可度量点 I 与"多边形 1"的最近距离 b=0.59,如图 5-81 所示。

图 5-81

利用指令"最近点[〈路径〉,〈点〉]"或"最近聚点[〈区域〉,〈点〉]"可以求出路径或区域上距离已知点的最近点。例如,在指令栏中输入"D=最近点[c,C]",然后按 Enter 键,即可得到圆 c 上距离点 C 的最近点 D。

4. 两条直线间的距离

几何输入:选择度量类工具盒中的距离/长度工具 ,然后用鼠标左键在绘图区点选两条直线,即可度量两条直线间的距离,如图 5-82 所示。

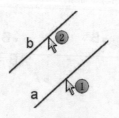

图 5-82

代数输入:距离[〈直线 1〉,〈直线 2〉],例如,在指令栏里输入"距离[a,b]",然后按 Enter 键,即可度量直线 a 与直线 b 间的距离 c=距离[b,a]=2.28。

5. 线段的长度

几何输入:选择度量类工具盒中的距离/长度工具 ,然后用鼠标左键在绘图区点选线段,即可度量线段 AB 的长,如图 5-83 所示。

代数输入:长度[〈几何对象〉],例如,在指令栏里输入"长度[a]",然后按 Enter 键,即可度量线段 a 的长 3.28。

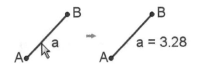

图 5-83

6. 圆锥曲线的周长

几何输入：选择度量类工具盒中的距离/长度工具 ，然后用鼠标左键在绘图区点选圆锥曲线，即可度量相应的对象周长，如图 5-84 所示。

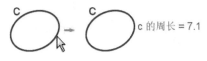

图 5-84

代数输入：周长[〈圆锥曲线〉]，圆周长[〈圆锥曲线〉]，例如，在指令栏里输入"周长[c]"，然后按 Enter 键，即可度量圆锥曲线的周长 c＝7.1。

7. 多边形的周长

几何输入：选择度量类工具盒中的距离/长度工具 ，然后用鼠标左键在绘图区点选多边形，即可度量多边形的周长，如图 5-85 所示。

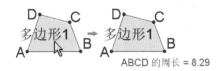

图 5-85

代数输入：周长[〈多边形〉]，例如，在指令栏里输入"周长[多边形 1]"，然后按 Enter 键，即可度量多边形 1 的周长 8.29。

8. 动点轨迹周长

代数输入：周长[〈轨迹〉]，例如，在指令栏里输入"周长[轨迹 1]"，然后按 Enter 键，即可度量轨迹 1 的周长 e＝6.06，如图 5-86 所示。

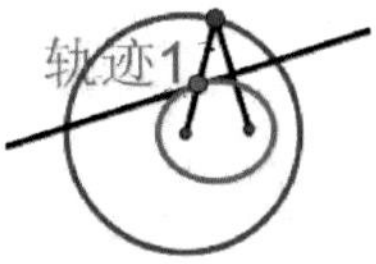

图 5-86

利用指令"轨迹方程[〈轨迹〉]"或"轨迹方程[〈轨迹点〉,〈动点〉]",可以产生动点的轨迹方程,例如,输入"轨迹方程[轨迹1]"或输入"轨迹方程[F,D]",即可得到该轨迹的方程。

9. 弧长

几何输入:选择度量类工具盒中的距离/长度工具,然后用鼠标左键在绘图区点选圆弧,即可度量圆弧长,如图 5-87 所示。

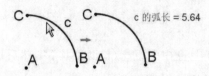

图 5-87

代数输入:长度[〈几何对象〉],例如,在指令栏里输入"a＝长度[c]",然后按 Enter 键,即可度量弧长 a＝5.64。

10. 扇形的弧长

几何输入:选择度量类工具盒中的距离/长度工具,然后用鼠标左键在绘图区点选扇形,即可度量扇形的弧长,如图 5-88 所示。

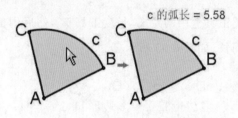

图 5-88

代数输入:长度[〈几何对象〉],例如,在指令栏里输入"a＝长度[c]",然后按 Enter 键,即可度量扇形的弧长 a＝5.58。

11. 向量长

代数输入:长度[〈几何对象〉],例如,在指令栏里输入"a＝长度[u]",然后按 Enter 键,即可度量向量长度 a＝3.78,如图 5-89 所示。

图 5-89

12. 集合长度

代数输入:长度[〈几何对象〉],例如,若列表1＝{1,2,3,4,5},则在指令栏中输入"长度[列表1]",然后按 Enter 键,即可度量集合元素的个数为5。

13. 文本长

代数输入:长度[〈几何对象〉],例如,若文本1＝"函数单调性",则在指令栏里输入"长度[文本1]",然后按 Enter 键,即可度量文字的个数为5。

14. 函数图像的长度

代数输入:长度[〈函数〉,〈x－起始值〉,〈x－终止值〉],长度[〈函数〉,〈起始点〉,

〈终止点〉],例如,若函数 $f(x) = \sin(x)$,则在指令栏里
输入"长度[f,-1,2]",然后按 Enter 键,即可度量函数
f 在 -1～2 之间的图像长 $a = 3.66$;若输入"b＝长度[f,
A,B]",然后按 Enter 键,即可度量函数 f 在点 A 到点 B
之间的图像长为 4.54,如图 5-90 所示。

图 5-90

15. 曲线的长度

代数输入:长度[〈曲线〉,〈t－起始值〉,〈t－终止值〉],长度[〈曲
线〉,〈起始点〉,〈终止点〉],例如,若 $a =$ 曲线[$\cos(2t), \sin(3t), t, 0, 2\pi$],
则在指令栏里输入"长度[a,2,3]",然后按 Enter 键,即可度量曲线 a 在
2～3 之间的长度为 2.59;若输入"b＝长度[f,A,B]",然后按 Enter 键,
即可度量曲线 a 在点 A 到点 B 之间的长度为 4.66,如图 5-91 所示。

图 5-91

5.8.4　面积工具

1. 圆或椭圆的面积

几何输入:选择度量类工具盒中的面积工具,然后用鼠标左键在绘图区点选圆或椭
圆,即可度量其面积,如图 5-92 所示。

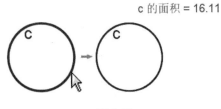

图 5-92

代数输入:面积[〈圆或椭圆〉],例如,在指令栏里输入"a＝面积[c]",然后按 Enter 键,
即可度量圆 c 的面积为 16.11;若已知方程 c：$x\text{^}2 + y\text{^}2 = 2$,也可以输入"面积
[x^2＋y^2＝2]",然后按 Enter 键,即可度量圆 c 的面积。

2. 多边形的面积

几何输入:选择度量类工具盒中的面积工具,然后用鼠标左键在绘图区点选多边形,
即可度量其面积,如图 5-93 所示。

代数输入:面积[〈多边形〉],面积[〈点 1〉,…,〈点 n〉],例如,在指令栏里输入"面积[多
边形 1]",然后按 Enter 键,即可度量多边形 1 的面积,其值为 8.74;也可以输入"面积[A,B,
C,D]",然后按 Enter 键,即可度量多边形 ABCD 的面积,其值为 8.74。

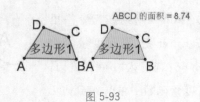

图 5-93

5.8.5 斜率工具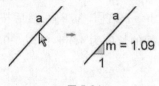

几何输入：选择度量类工具盒中的斜率工具，然后用鼠标左键在绘图区点选直线、线段或射线，即可度量其斜率，如图 5-94 所示。

图 5-94

代数输入：斜率[〈直线|射线|线段〉]，例如，在指令栏里输入"m＝斜率[a]"，然后按 Enter 键，即可度量直线 a 的斜率，其斜率为 1.09。

5.8.6 创建列表工具 {1,2}

几何输入：选择度量类工具盒中的创建列表工具{1,2}，然后用鼠标右键在绘图区框选数学对象（按住鼠标右键在绘图区拖出一个矩形使得数学对象 A，B，C，D 在矩形内），即可快速产生一个集合列表，如图 5-95 所示。

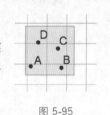

图 5-95

代数输入：在指令栏中输入"{A，B，C，D}"，然后按 Enter 键，即可产生一个集合。

5.9 几何变换工具及指令

几何变换工具如图 5-96 所示。

图 5-96

5.9.1 轴对称工具

几何输入：选择几何变换类工具盒中的轴对称工具，然后用鼠标左键在绘图区依次点选要做对称的对象和对称轴,即可产生该对象的轴对称图形,如图 5-97 所示。

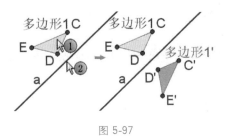

图 5-97

代数输入:对称[〈几何对象〉,〈对称轴 直线|射线|线段〉],例如,在指令栏里输入"对称[多边形 1,a]",然后按 Enter 键,即可产生所选多边形 1 的轴对称图形多边形 1'。

5.9.2　中心对称工具

几何输入:选择几何变换类工具盒中的中心对称工具,然后用鼠标左键在绘图区依次点选要做对称的对象和对称中心,即可产生该对象的中心对称图形,如图 5-98 所示。

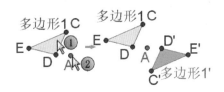

图 5-98

代数输入:对称[〈几何对象〉,〈对称中心点〉],例如,在指令栏里输入"对称[多边形 1,A]",然后按 Enter 键,即可产生所选多边形 1 的中心对称图形多边形 1'。

5.9.3　反演工具

几何输入:选择几何变换类工具盒中的反演工具,然后用鼠标左键在绘图区依次点选要做反演的对象和反演圆,即可产生该对象的反演图形,如图 5-99 所示。

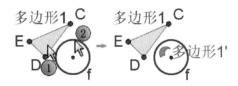

图 5-99

代数输入:对称[〈几何对象〉,〈反演圆〉],例如,在指令栏里输入"对称[多边形 1,f]",然后按 Enter 键,即可产生所选多边形 1 的反演图形多边形 1'。

5.9.4 旋转工具

几何输入:选择几何变换类工具盒中的旋转工具，然后用鼠标左键在绘图区依次点选要做旋转的对象和旋转中心,在弹出的对话框内输入旋转的角度,确定后即可产生该对象的旋转图形,如图 5-100 所示。

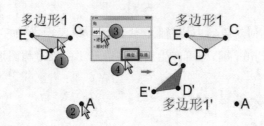

图 5-100

代数输入:旋转[〈几何对象〉,〈角度|弧度〉,〈旋转中心〉],旋转[〈几何对象〉,〈角度|弧度〉],例如,在指令栏里输入"旋转[多边形 1,45°,A]",然后按 Enter 键,即可产生所选多边形 1 的旋转图形多边形 1′;若输入"旋转[多边形 1,45°]",则产生绕原点旋转的图形。

5.9.5 平移工具

几何输入:选择几何变换类工具盒中的平移工具，然后用鼠标左键在绘图区依次点选要做平移的对象和平移向量,即可产生该对象平移后的图形,如图 5-101 所示。

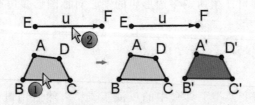

图 5-101

代数输入:平移[〈几何对象〉,〈向量〉],例如,在指令栏里输入"平移[多边形[A,B,C,D],u]",然后按 Enter 键,即可产生所选多边形 1 的平移图形多边形 1′,指令"平移[〈向量〉,〈起点〉]"可以将一个向量的起点平移至指定的起点处。

5.9.6 位似工具

几何输入:选择几何变换类工具盒中的位似工具，然后用鼠标左键在绘图区依次点选要做位似的对象和位似中心,在弹出的对话框中输入位似比,单击"确定"按钮即可产生该对象的位似图形,如图 5-102 所示。

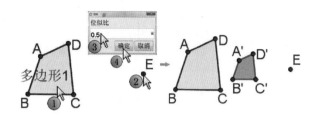

图 5-102

代数输入:位似[〈几何对象〉,〈位似比〉,〈位似中心〉],例如,在指令栏里输入"位似[多边形 1,0.5,E]",然后按 Enter 键,即可产生所选多边形 1 的位似图形多边形 1′。指令"位似[〈几何对象〉,〈位似比〉]"默认位似中心为坐标原点。

5.9.7 伸缩

代数输入:伸缩[〈几何对象〉,〈直线|射线|线段〉,〈比〉]可以将几何对象向直线、射线或线段方向伸缩(垂直于直线方向),比小于 1 是缩,比大于 1 是伸。

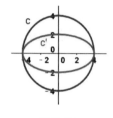

图 5-103

伸缩[〈几何对象〉,〈向量〉]可以将几何对象向向量起点方向伸缩,模小于 1 是缩,模大于 1 是伸,例如,在指令栏里输入"伸缩[c,x 轴,0.5]",然后按 Enter 键,即可将圆 c 向 x 轴方向缩 0.5,如图 5-103 所示。

5.9.8 切变

代数输入:切变[〈几何对象〉,〈直线|射线|线段〉,〈比〉]可以将几何对象沿直线、射线或线段方向切变(错切),例如,在指令栏里输入"切变[多边形 1,f,0.5]",然后按 Enter 键,即可得到多边形 1 的切变图形多边形 1′,如图 5-104 所示。

注意:

沿 x 轴错切变换为 $\begin{cases} x' = x + \lambda y, \\ y' = y. \end{cases}$

沿 y 轴错切变换为 $\begin{cases} x' = x, \\ y' = y + \lambda x. \end{cases}$

沿直线 $y = kx + m$ 的错切变换为 $\begin{cases} x' = x + \dfrac{y - kx - m}{1 + k^2} \lambda, \\ y' = y + \dfrac{y - kx - m}{1 + k^2} k\lambda. \end{cases}$

λ 为错切比。

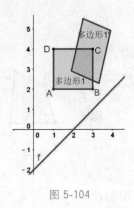

图 5-104

5.10　图文工具及指令

图文工具如图 5-105 所示。

图 5-105

5.10.1　插入文本工具 ABC

有了这个工具,可以在图形视图中创建静态和动态的文本、数学符号和公式。选择图文类工具中的插入文本工具 ABC,用鼠标左键单击绘图区的空白处或选某个点,将出现文本编辑对话框,利用内置的模板,可以直接编辑数学符号和公式,单击"确定"按钮后,文本将插入到此点处,如图 5-106 所示。

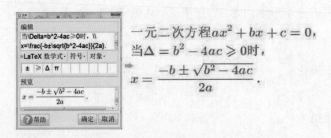

图 5-106

注意:基本的排版规则要符合 LaTex 的语法要求,例如,在编辑的文本后输入"\\",该文本后的内容将立即换行。

备注:使用鼠标将对象文本从代数区拖曳到绘图区即可进行复制对象文本,也可将 Word 或网页中的文本复制到该窗口内,但是对于公式,需要先将其转换成 LaTex 公式,才可进行复制。

常用的一些 LaTeX 输入指令如表 5-1 所示。

表 5-1

LaTeX 输入	输出
a\cdot b	$a \cdot b$
\frac{a}{b}	$\dfrac{a}{b}$
\sqrt{x}	$\sqrt{x}$
\sqrt[n]{x}	$\sqrt[n]{x}$
\vec{u}	$\vec{u}$
\overrightarrow{AB}	$\overrightarrow{AB}$
x^{2}	x^2
a_{1}	a_1
\sin\alpha＋\cos\beta	$\sin\alpha + \cos\beta$
\int_{a}^{b} x dx	$\displaystyle\int_a^b x dx$
\sum_{i=1}^{n} i^2	$\displaystyle\sum_{i=1}^{n} i^2$
x_2^3	x_2^3
a^{x+y}	a^{x+y}

5.10.2　插入图片工具

选择图文类工具中的插入图片工具 ，用鼠标左键在绘图区的空白处单击一下或选某个点（图片的左下角位置），在弹出的对话框中选择需要插入的图片，单击"打开"按钮即可将图片插入此点处，如图 5-107 所示；也可以选择"编辑"菜单中的"插入图像"命令，在文件或剪贴板中选择图片。

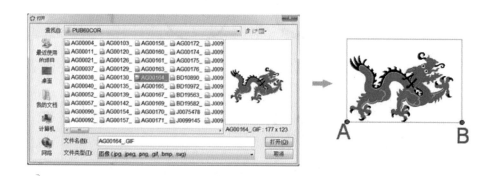

图 5-107

5.10.3 自由绘图工具 ✏️

此工具为画笔工具,允许用户添加手绘图和图形视图。选择图文类工具中的自由绘图工具 ✏️,单击绘图区标题栏上显示的黑色三角图标,打开隐藏的工具,设置笔的颜色、样式和宽度,然后按住鼠标左键,即可在绘图区的空白处绘图或写字,如图 5-108 所示,释放鼠标左键完成绘制。在激活自由绘图工具的情况下,按住鼠标右键,其功能为橡皮擦。

图 5-108

5.10.4 智能绘图工具 ✅

通过手绘工具可以画出一个函数,或者画一个手绘的圆、椭圆、线段或多边形,然后将其识别并转换为一个精确的形状。如果创建了一个函数,就可以在某个特定的点上计算它的值,将某个点放置在其上或在此函数上执行一些指令,如积分,但不支持导数运算,例如,选择图文类工具中的智能绘图工具 ✅,在绘图区标题栏内隐藏的工具中设置笔的颜色和宽度,然后单击绘图区的空白处,即可进行绘图,这时会产生一个最接近的标准图形,例如,画一个圆,如图 5-109 所示。

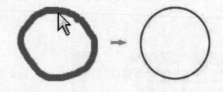

图 5-109

5.10.5 判断关系工具 a=b

通过此工具可以了解对象之间的关系,可以判断两条直线是否平行、是否垂直,两个数学对象是否相等,某点是否在线上,某线与曲线是否是切线,两个曲线是否相交等。

几何输入：选择图文类工具中的判断关系工具 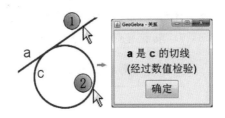 ，然后选择两个对象，在弹出的窗口中即可获取它们之间的关系，如图 5-110 所示。

图 5-110

代数输入：关系[⟨对象 1⟩，⟨对象 2⟩]，例如，在指令栏里输入"关系[a，c]"，然后按 Enter 键，即可出现关系对话框，以了解 a 和 c 的关系。

5.10.6 函数检视工具

几何输入：输入要分析的函数，然后选择图文类工具中的函数检视工具，用鼠标左键点选这个函数，打开函数检视窗口，可以在此窗口中设定变量 x 的范围，然后在此窗口中观察该函数的最小值、最大值、零点、积分值、面积、平均数和函数曲线长度等，如图 5-111 所示。

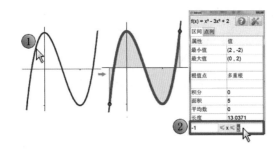

图 5-111

代数输入：最小值[⟨函数⟩，⟨x－起始值⟩，⟨x－终止值⟩]；最大值[⟨函数⟩，⟨x－起始值⟩，⟨x－终止值⟩]；极值点[⟨连续函数⟩，⟨x－起始值⟩，⟨x－终止值⟩]；积分[⟨函数⟩，⟨x－积分下限⟩，⟨x－积分上限⟩]；零点[⟨函数⟩，⟨x－起始值⟩，⟨x－终止值⟩]；长度[⟨函数⟩，⟨起始点⟩，⟨起始点⟩]，例如，在指令栏里输入"零点[f，－1，3]"，然后按 Enter 键，即可得到图像与 x 轴的交点 B＝(－0.73，0)，C＝(1，0)，D＝(2.73，0)。

几何输入：如果将函数检视切换到点列选项，还可以观察函数图像的点列以及在某点的切线、密切圆、导数、二阶导数、差值和曲率等，如图 5-112 所示。

代数输入：切线[⟨点⟩，⟨函数⟩]；密切圆[⟨点⟩，⟨对象⟩]；导数[⟨函数⟩]；导数[⟨函数⟩，⟨阶数⟩]；曲率[⟨点⟩，⟨对象⟩]，例如，在指令栏里输入"f′(x)"，然后按 Enter 键，即可得到导函数。

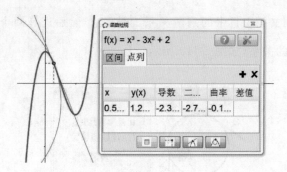

图 5-112

5.11 动态工具及指令

动态工具如图 5-113 所示。

图 5-113

5.11.1 滑杆参数工具 a=2

通过此工具可以创建一个动态参数。

选择动态类工具中的滑杆参数工具 a=2，单击绘图区中的任意位置，在此创建一个数字或一个角度的滑杆，在弹出的对话框中可以指定其名称、区间的最小值和最大值、数值或角度的增量、滑块的对齐和宽度(以像素为单位)，以及它的速度和动画方式，如图 5-114 所示。在默认情况下，滑杆在绘图区中的位置是绝对位置，因此不受视图缩放的影响，滑杆位置是被锁定的，若想移动滑杆位置，可以先选择移动工具，然后在滑杆上按住鼠标右键进行拖动；或先在滑杆属性里的"位置"页中取消选中"绝对位置"复选框，然后激活移动工具，在滑杆上按住鼠标左键进行拖动。在默认情况下，可以用鼠标左键直接拖动滑杆上的点来改变固定滑杆的值。

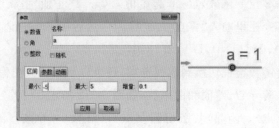

图 5-114

5.11.2　复选框工具

此工具可以控制一个或多个对象的显示和隐藏。

选择动态类工具中的复选框工具，单击图形视图中的任意位置，在此创建一个复选框，在出现的对话框中，先输入复选框的名称，然后在绘图区或从对话框提供的列表中选择一个或多个数学对象，用复选框来控制这些对象是否显示，如图 5-115 所示。在绘图区创建一个复选框，同时会在代数区产生一个真假值，当值为 true 时，复选框为选中状态，被选择的对象为显示状态；当值为 false 时，复选框为取消选中状态，此时被选择的对象为隐藏状态。若想改变复选框的位置，可以先选择移动工具，然后在复选框的标题上按住鼠标右键进行拖曳。也可以先在复选框属性的"常规"中取消对"锁定对象"的勾选，然后选择移动工具，在复选框的标题上按住鼠标左键进行拖曳。

图 5-115

5.11.3　按钮工具

选择动态类工具中的按钮工具，单击图形视图中的任意位置，在此位置将插入一个按钮。在出现的对话框中可以设置它的标题和 GeoGebra 脚本，如图 5-116 所示。若想改变按钮的位置，可以先选择移动工具，然后在按钮上按住鼠标右键进行拖曳；也可以先在按钮属性的"常规"中取消对"锁定对象"的勾选，然后选择移动工具，在按钮上按住鼠标左键进行拖曳。

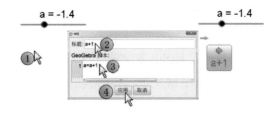

图 5-116

5.11.4　输入框工具 $a=1$

选择动态类工具中的输入框工具$•--\mathbb{1}$，单击图形视图中的任意位置，在此位置将插入一个输入框。在出现的对话框中输入标题，然后选择一个关联对象，单击"应用"按钮后，在绘图区将产生一个输入框，如图 5-117 所示。输入框工具用来交互改变各种对象的定义，一个现有的对象被连接到一个输入框，在那里该对象的定义可以被改变。若想改变输入框的位置，可以先选择移动工具，然后在输入框的标题上按住鼠标右键进行拖曳；也可以先在输入框属性的"常规"中取消对"锁定对象"的勾选，然后选择移动工具，在输入框的标题上按住鼠标左键进行拖曳。

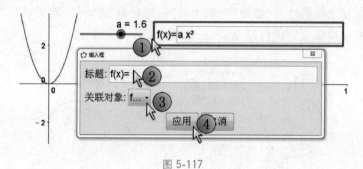

图 5-117

5.12　显示工具及指令

显示工具主要包含平移或缩放绘图区、显示或隐藏对象、复制对象格式刷和删除对象等功能，如图 5-118 所示。

图 5-118

5.12.1　平移视图工具 ✛

选择显示类工具中的平移视图工具✛，在绘图区的某点处按住鼠标左键，拖曳绘图区，即可平移绘图区；或在激活移动工具的情况下，直接按住鼠标左键拖曳绘图区，即可平移绘图区。

5.12.2　放大工具

选择显示类工具中的放大工具，在绘图区的某点处单击，整个绘图区将以该点为中心进行放大。

5.12.3　缩小工具

选择显示类工具中的缩小工具，在绘图区的某点处单击，整个绘图区将以该点为中心进行缩小。

5.12.4　显示/隐藏对象工具

选择显示类工具中的显示/隐藏对象工具，选择要显示或隐藏的对象，然后切换到其他工具，即可隐藏对象，返回显示/隐藏对象工具可以恢复显示。

5.12.5　显示/隐藏标签工具

选择显示类工具中的显示/隐藏标签工具，选择要显示或隐藏的对象，即可显示或隐藏对象的标签。

5.12.6　样式刷工具

选择显示类工具中的样式刷工具，然后选择一个要复制样式的对象，再选择一些其他对象，即可以将复制样式的对象的颜色、大小和线条样式等复制给其他对象。

5.12.7　删除工具

选择显示类工具中的删除工具，然后选择要删除的对象，或按住鼠标左键，用方框擦除对象，即可删除对象。

第 6 章　GeoGebra 设置

6.1　对象的属性设置

　　属性对话框可用来调整对象的属性(例如,大小、颜色、色块填满、线的样式、线的粗细、显示情况等)以及利用 JavaScript 或 GGB Script(GeoGebra Script) 语言来控制对象的动作,如图 6-1 所示。GeoGebra 平台中不同类型的对象,其属性也各不相同,对于一个数学对象,通过属性的设定,可以使该对象的视觉效果变得更好,特征更鲜明,可以使所绘制的对象绚丽多彩。

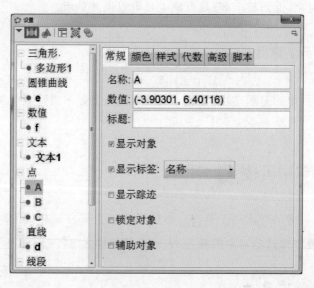

图 6-1

6.1.1　开启属性对话框的方法

　　可以通过以下的方式来开启属性对话框:

- 在"编辑"菜单中单击属性按钮 。
- 使用快捷键 Ctrl+E。
- 选择移动工具 ,然后在任一对象上右击,在弹出的快捷菜单中单击属性按钮 。

●当绘图区有数学对象时,在 GeoGebra 视窗右上角单击属性按钮 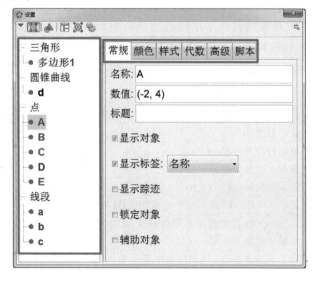,在弹出的快捷菜单中选择"对象"指令。

●选择移动工具 并在绘图区的对象上双击,在弹出的"重新定义"对话框中单击左下角的属性按钮 。

备注:先激活移动工具 ,然后在任一对象上右击,在弹出的快捷菜单中可以通过显示对象 、显示标签 或重新命名 、删除 、跟踪 、设定开始动画等命令更改对象的代数表示法(例如,极坐标或直角坐标)。

当表格区被开启时,如果在绘图区开启某个点的快捷菜单,会多一个"记录到表格区" 的命令,此功能可将某一点移动过程的坐标记录下来。

6.1.2　对象的分类

在 GeoGebra 中,所有的对象可以分为以下两大类:

(1)几何对象:包括点、线、面、圆、多边形、圆锥曲线、函数、不等式、多面体、旋转体、表面、复选框、输入框、下拉式选单和按钮等。

(2)非几何对象:包括数值、角度、真假值、集合、矩阵和文字等。

为了方便处理大量的对象,在属性对话框左边的对象列表中,依照不同类型(例如,点、直线和圆)已将对象分门别类。必须先在列表中选取一个或多个对象,才能在右边更改它们的属性。对象的属性窗口中包含"常规""颜色""样式""代数""高级""脚本"等不同的选项卡,如图 6-2 所示。还有部分对象的属性中包含"位置""参数""文本"等选项卡,如"文本对象"。值得注意的是,针对不同的对象,可能会有不同的选项卡。设置完成后,只要关闭窗口,所做的更改就会生效。

图 6-2

备注：在对象列表中单击分类的标题（例如，点或直线），可选取此类型的所有对象，并且可一同更改它们的属性；或者使用快捷键 Shift＋箭头工具，先选择第一个对象，再选择最后一个对象，这样在这两个对象之间的所有对象都将被选中，也可以一同更改它们的属性。

6.1.3 "常规"选项卡设置

"常规"选项卡如图 6-3 所示。

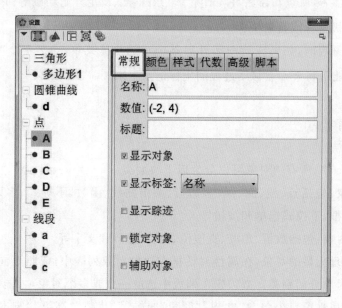

图 6-3

- 名称：即对象的名称，它会出现在代数区、文字编辑区、对象的下拉式选单，及 GeoGebra 特有的程序编码等中，一般用英文名。
- 数值：此数值是对象的内含值或指令的定义式，更改该值就会更改它的定义。
- 标题：当绘图区中对象的名称不足以表达该对象的含义时，可以通过"标题"栏输入一些更有意义的文字，然后选择下方"显示标签"中的"标题"选项。

在标题中可以使用的占位符及其含义如表 6-1 所示。

表 6-1

占位符	含义
%v	显示对象的值
%n	显示对象的名称
%x	显示 x 坐标（或"ax＋by＋c＝0"中的 x 系数）
%y	显示 y 坐标（或"ax＋by＋c＝0"中的 y 系数）
%z	显示 z 坐标（或"ax＋by＋c＝0"中的常数 c）
%c	显示单元格右侧相邻单元格的值，且为独立文本，非动态，按 F9 键或 Ctrl＋R 快捷键才能刷新标题
$ 公式 $	LaTeX 文本标题，例如标题中输入 $ x^{2} $，可得到 LaTeX 文本标题 x^2

注意：LaTeX 文本标题不适合于文本域、按钮和选择框的标题。

● 显示对象：选中该复选框可以控制是否要显示该对象，快捷键为 Ctrl＋H。

● 显示标签：选中该复选框可以控制是否要显示该对象的标签，有四种形式可以选择，分别是"名称""名称与数值""数值""标题"。就"数值"标签来说，不同的对象会有不同的值，例如，"点"会显示坐标，"线段"会显示长度，"多边形"会显示面积，"函数"会显示定义，"曲线"会显示方程等。

● 锁定对象：选中此复选框时，对象不能移动，不能改变定义，也不能删除，但可以改变属性，该对象能随着坐标系的缩放、平移而移动。对有些对象，如数值滑杆等，若使它完全固定不动，必须在位置标签中选中"屏幕绝对位置"复选框才行。

● 辅助对象：选中此复选框时，该对象会从代数区消失，让代数区更简单、清晰。

● 显示踪迹：一般能按一定条件运动的对象，才有这个选项。当选中此复选框时，对象会保留它经过的痕迹，如果要抹除这些痕迹，必须选择"视图"菜单中的"刷新"命令。

● 启动动画：一般能按一定条件运动的对象，例如，有设定最大值、最小值的数值、直线或曲线上的点等，才具有这个选项。当选中此复选框时，"点"会开始在直线或曲线上运动，同时会在绘图区的左下角出现一个"暂停"按钮 ▯▯，可随时按暂停 ▯▯ 或播放 ▶ 按钮来切换停止或运动。

● 显示延长线上的交点：当对象为线段或射线时，才具有这个选项。选中此复选框后，若事先已经对两个线段求过交点，则会显示延长线上的交点。

● 角的范围：对象为角度时，才具有这个选项，可以从下拉菜单中选择角的范围为 $0°\sim360°$、$0°\sim180°$或$180°\sim360°$。

● 显示直角标记：对象为角度时，才具有这个选项。选中此复选框，可以显示直角标记。

● 锁定复选框：仅复选框对象才有这个选项，若选中此复选框，则无法用鼠标左键进行拖曳，但可用鼠标右键拖曳。注意，复选框不随坐标系的缩放、平移而移动。

● 背景图：仅图片对象才有这个选项。选中此复选框，图片将设为背景图（比坐标系的坐标轴与格线更底层），无法用鼠标选择图片对象，但它可随着坐标系的缩放、平移而移动。

6.1.4　"颜色"选项卡设置

"颜色"选项卡用来设置对象的颜色，可以从中选择需要的颜色，如图 6-4 所示。

对于封闭曲线，如多边形、圆锥曲线等，可以移动虚实滑块来设置内部是否填充颜色。在默认情况下，圆锥曲线的虚实滑块指向 0，这意味着其内部是透明的；对于图片对象，此选项可以用来调整虚实度；对于文本对象，此选项可以用来设置前景色和背景色。

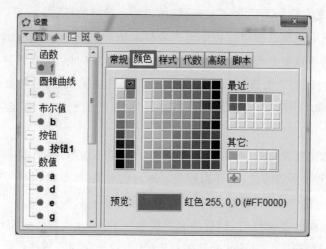

图 6-4

6.1.5 "样式"选项卡设置

不同类型的对象,其样式有所不同。

(1)点的样式:可以设置"点径"的大小与"点型"(共有 10 种类型),其选项卡如图 6-5 所示。

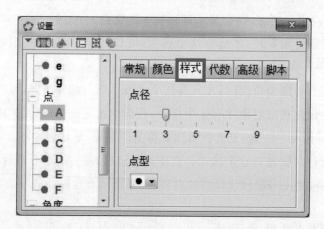

图 6-5

(2)线的样式:利用此选项卡,可以设置直线、线段、射线、函数、圆锥曲线的线径、虚实和线型,选项如图 6-6 所示。

(3)填充属性:对于封闭的曲线和区域(如多边形和圆锥曲线等),可以使用此选项卡指定填充或反向填充,如图 6-7 所示。"填充"有"标准""斜线""网格""棋盘""圆点""蜂巢""砖形""交织""符号""图像"10 种类型,如图 6-8 所示。

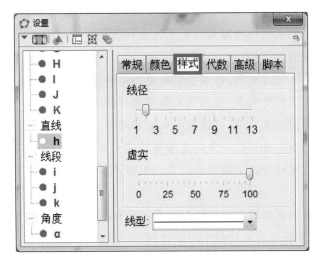

图 6-6

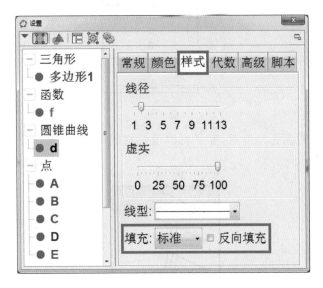

图 6-7

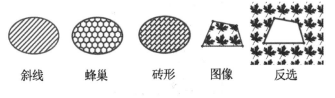

图 6-8

①标准：用"颜色"选项卡中指定的颜色及"样式"选项卡中指定的"虚实"值填充对象，相同的颜色将用来绘制该对象的边界，例如圆锥曲线在默认情况下的"虚实"值为 0，这意味着它是透明的。

②斜线：用"斜线"填充对象，可以指定它们之间的间隔和倾斜角度，线径与边界相同。

③网格:用交叉网格填充对象,可以指定角度和它们之间的距离,线径与边界相同。

④棋盘:填充对象使用的棋盘格可以指定角度和间隔。

⑤圆点:用点填充对象,可指定点之间的距离。

⑥蜂巢:用蜂窝图案填充对象,可以指定单元格之间的距离。

⑦砖形:用砖形图案填充对象,可以指定角度和砖的高度。

⑧交织:用编织图案填充对象,可以指定角度和间距。

⑨符号:用一个列表中选择的一个特定的符号填充对象,可以指定符号之间的距离。

⑩图像:可以指定本地磁盘上的图像位置。用图像填充对象,还可以指定"虚实"滑块的数值。

另外,还可以检查填充的填充框以填充整个图形视图,但选定的对象除外。

(1)线段标记:线段标记有七种类型可以选择,如图 6-9 所示。

图 6-9

(2)角度标记:当对象为角度时,除了可以设置它的大小、填充之外,还可以设置角度的标记,如图 6-10 所示。

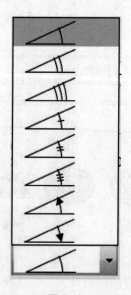

图 6-10

(3)按钮样式:当对象为按钮时,可以选择按钮图像,或从文件中选择喜欢的图片。另外,利用"样式"选项卡可以设置输入框的宽度,如图 6-11 所示。

图 6-11

6.1.6　"参数"选项卡设置

当需要产生一个自由变数的数值对象时,在属性对话框内会出现此选项卡,可以通过此选项卡设置变化的范围,包括最小值、最大值和增量。参数滑杆的样式包括是否锁定、是否随机、水平或垂直显示和宽度大小。如果开启了动画功能,还可以设置动画的速度和动画方式,如图 6-12 所示。

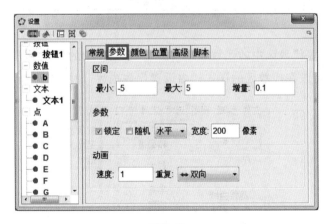

图 6-12

6.1.7　"位置"选项卡设置

当对象为数值滑杆、图片或文本时,在属性对话框中会出现此选项卡,可以通过勾选"屏幕上的绝对位置"来设置对象是否钉死在屏幕上,不随坐标系的缩放、平移而移动,如图 6-13 所示。

图 6-13

6.1.8 "代数"选项卡设置

当对象为点、直线、函数、圆锥曲线和向量时,在属性对话框中会出现此选项卡,通过该选项卡可以设置坐标、增量和方程形式,如图 6-14 所示。

图 6-14

另外,还可以设置代数区中的代数描述:在"选项"菜单中的"代数描述"中可以设置为数值、定义和指令,也可以在代数区的样式栏内设置代数描述,如图 6-15 所示。

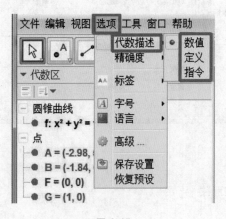

图 6-15

可以在"选项"菜单中的"精确度"中设置显示数值的精确度,如图 6-16 所示。

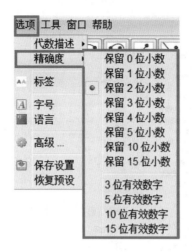

图 6-16

6.1.9　"文本"选项卡设置

对于文本对象,可以在"文本"选项卡中设置字体、大小、粗体、斜体、是否显示 LaTex 数学式等,如图 6-17 所示。

图 6-17

6.1.10　"高级"选项卡设置

"高级"选项卡可以设置对象的显示条件、动态颜色、图层、工具提示、是否允许选择和绘图位置等,如图 6-18 所示。

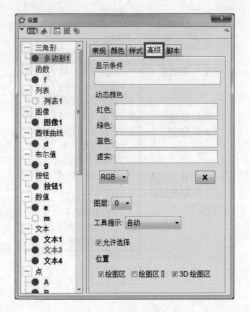

图 6-18

● 显示条件:设置对象何时显示。在此可以输入一个真假值的名称或一个可以产生真假值的条件式,例如,对于多边形 1,在显示条件中输入"e≥=1",然后按 Enter 键,这时,只有当数值 e≥1 时,多边形 1 才会出现在绘图区。

● 动态颜色:可以在"动态颜色"中的"红色""绿色""蓝色"中分别输入 0～1 范围的动态数值,例如,先创建三个数值滑杆 a、b、c,并设置其范围均在 0～1 之间,然后在"红色""绿色""蓝色"中分别输入 a、b、c,关闭对话框,拖动滑杆 a、b、c 数值,即可看到动态颜色的多边形 1。注意,动态颜色部分还包含一个"虚实"输入框,该参数允许更改选定对象的不透明度,可以输入一个数字范围在[0,1]的值(其中 0 是透明的,1 意味着 100% 不透明),或一个数值滑杆的值,即可获得一个动态的不透明度。

● 图层:除了最底层的背景图外,图层又分为 0～9 层,可以针对不同的对象设定不同的层。利用图层可以制作出不同的显示效果。

● 工具提示:可以设置为自动、打开、关闭、标题和下一个单元格。

● 允许选择:可以设置是否允许选择。

● 位置:可以设置所绘制的对象在哪个绘图区显示。

6.1.11 "脚本"选项卡设置

脚本是一系列的命令,GeoGebra 支持两种脚本语言—— GeoGebra 脚本和 JavaScript。可以通过属性对话框的"脚本"选项卡设置脚本执行的方式,包括单击特定对象、更新特定对象和全局 JavaScript,如图 6-19 所示。

1. GeoGebra 脚本

可以创建包含 GeoGebra 命令的脚本,在输入栏中输入脚本命令,在触发该脚本之后,每

个命令会按顺序一个接一个地执行。例如,在绘图区创建一个整数值滑杆 n,范围从 1～3
(因此增量等于 1),在指令栏中输入"列表 1={"红色","蓝色","绿色"}"。为设置数值滑杆
动态颜色,在数值滑杆 n 的属性的"脚本"选项卡中选择"更新时"的页面,然后输入脚本指令
"颜色[n,元素[列表 1,n]]",确定后关闭对话框,此时滑动数值滑杆 n 的圆点滑块,即可看
到一个动态颜色的数值滑杆 n。

图 6-19

注意:指令内的标点必须切换到英文输入法输入。

说明:每当滑块移动时,都会出现一个更新,因此,对于每一个移动的脚本,被称为"一
个"的值是用来从列表中获取一个颜色,并改变颜色的滑块"一个"颜色。

提示:有些命令只能用于脚本。可以单击指令栏右边的按钮 ⑦,打开工具栏查找到相
应的命令。

2. JavaScript

JavaScript 是一个被许多互联网技术使用的编程语言。JavaScript 中的命令没有被当
作一个简单的顺序执行,而是一个控制流。对于一般的 JavaScript,可以找到一个很好的教
程 developer. mozilla. org。在 GeoGebra 中,可以使用特殊的 JavaScript 方法进行更改加工。

6.2　绘图区设置

6.2.1　打开绘图区的设置窗口

可以通过不同的方式打开绘图区的设置窗口:

● 单击移动工具 ▷ ，然后在绘图区的空白处右击，从弹出的快捷菜单中点选 ⚙ 绘图区。

● 从 GeoGebra 视窗的右上角点选 ⚙ 按钮，选择 △ 绘图区。

● 从对象的 ⚙ 属性窗口切换到 △ 绘图区设置窗口。

6.2.2 绘图区的"常规"选项卡设置

"常规"选项卡可以用来设置坐标轴的视图范围、坐标轴样式、作图过程导航栏及其他，如图 6-20 所示。

图 6-20

● 范围：可以设置 x、y 轴显示的数值的最大值和最小值、坐标轴单位比和是否锁定坐标轴比例。

● 坐标轴：可以设置是否显示坐标轴、是否显示粗体、坐标轴的颜色、线型和数值标签样式。

● 作图过程导航栏：可以设置是否显示作图过程导航栏、"播放"按钮和"作图过程"按钮。

● 其他：可以设置背景颜色、工具提示（自动、开启和关闭）和是否显示鼠标坐标。

6.2.3　绘图区"x 轴"选项卡设置

在"x 轴"选项卡中可以设置是否显示 x 轴、是否显示 x 轴数值、是否只显示正方向、数值的间距、刻度样式,还可以设置 x 轴标签和单位、坐标轴相交点的位置和是否吸附绘图区边缘,如图 6-21 所示。

图 6-21

6.2.4　绘图区"y 轴"选项卡设置

在"y 轴"选项卡中可以设置是否显示 y 轴、是否显示 y 轴数值、是否只显示正方向、数值的间距、刻度样式,还可以设置 y 轴标签和单位、坐标轴相交点的位置和是否吸附绘图区边缘,如图 6-22 所示。

图 6-22

6.2.5 绘图区"网格"选项卡设置

在"网格"选项卡中可以设置坐标系是否显示网格、网格的类型（直角坐标、等距线和极坐标）、网格间距、线型、网格线颜色和是否加粗，如图 6-23 所示。

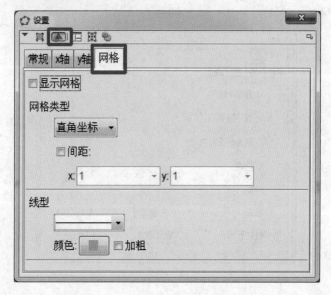

图 6-23

6.3 布局设置

6.3.1 打开布局设置窗口

可以通过以下方式打开布局设置窗口：
- 选择"视图"菜单中的 布局。
- 在 GeoGebra 视窗的右上角点选 按钮，选择 布局。
- 从对象的 属性窗口切换到 布局设置窗口。

6.3.2 布局设置

在此窗口中可以设置指令栏、工具栏、视图和侧边栏，从而设置是否显示其位置、是否显示指令栏、工具栏、标题栏、样式栏、侧边栏和是否显示帮助等属性，如图 6-24 所示。

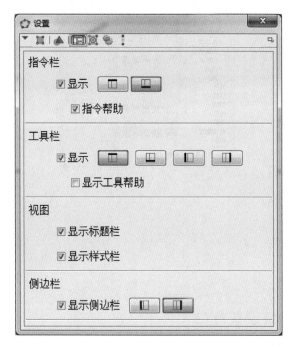

图 6-24

6.4 预设设置

6.4.1 打开预设设置窗口

可以通过以下方式打开预设设置窗口：

● 在 GeoGebra 视窗右上角点选 ⚙ 按钮，选择 ⚙ 预设。

● 从对象 ⚙ 属性窗口切换到 ⚙ 预设设置窗口。

6.4.2 设置预设

GeoGebra 中的对象包含点、直线、线段、射线、折线、向量、圆锥曲线、扇形、函数、多变量函数、多边形、轨迹、文本、图像、参数、角度、布尔值和列表等，在预设页面可以设置这些对象的"常规""颜色""样式""代数""参数"等选项卡。注意，一般情况下不需要更改默认设置，但是可以根据自己的需要和喜好进行设置，如图 6-25 所示。

图 6-25

6.5 高级设置

6.5.1 打开高级设置窗口

可以通过以下方式打开高级设置窗口：
- 从"选项"菜单中选择 ⚙ 高级按钮。
- 在 GeoGebra 视窗的右上角点选 ⚙ 按钮，选择 ⚙ 高级。
- 从对象的 ⚙ 属性窗口切换到 ⚙ 高级设置窗口。

6.5.2 设置高级属性

利用高级设置页面可以根据需要更改角的单位、角的标记、点的坐标表示形式、连续性、路径与区域参数、虚拟键盘、字号、工具提示、语言等选项，如图 6-26 所示。

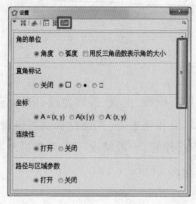 

图 6-26

第7章 运算区的基本操作方法

可以通过"视图"菜单或单击视图区右边框中的 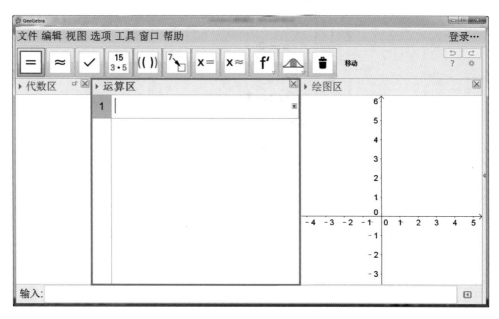按钮,随时在任意格局加入 $x=$运算区。在默认情况下, $x=$运算区会放在 绘图区旁边,上方所显示的工具栏会因当前所在的视区不同而改变,若正在编辑运算区,则上方所显示的工具栏是"运算区工具栏";若正在编辑绘图区,则会切换为"绘图工具栏"。"撤销"、"重做"按钮放置在视窗的右上角,如图 7-1 所示。

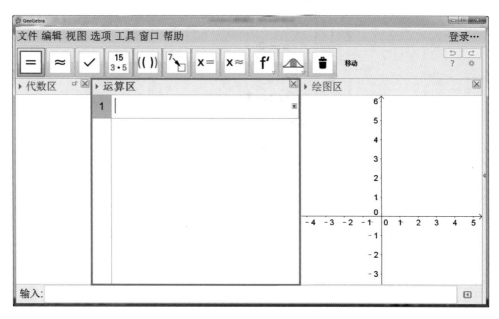

图 7-1

7.1 直接输入对象

7.1.1 直接输入

通过运算区可利用 GeoGebra 的代数运算系统(Computer Algebra System,CAS)来进行符号运算,它由数个储存格组成,每个储存格上方为指令栏,下方显示输出结果。这些指

令栏的使用方式与一般的指令栏几乎相同,但有以下差别:

可使用任何未用过的变量名称进行字母运算。

范例:在指令栏中输入"(a+b)^2"后按 Enter 键,将得到 a^2+b^2+2ab,如图 7-2 所示。

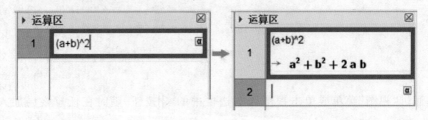

图 7-2

"="用于方程式,而":="用于设定变量,或给参数赋值,这表示当输入 a=2 时,并不会将 2 这个值指定给 a。当输入"m:=3"时,即将数值 3 赋给 m,如图 7-3 所示。

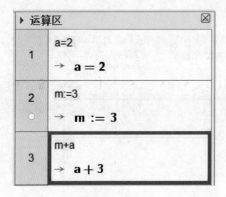

图 7-3

"="表示左右两边相等,可以表示方程式,例如,"a=2"表示方程式、等式和左右相等。

":="表示任命、分配或归属,例如,"m:=3"是将数值 3 分配、指派给 m。

7.1.2 直接输入的快捷键

可以在 **x=** 运算区使用下列快捷键来求解或检查输入。

备注:除了使用这些快捷键之外,也可使用运算区工具栏上的工具。

● Enter——执行代数运算

范例:输入"(a+b)(c+d)"后按 Enter 键,即可输出 ac+ad+bc+bd,如图 7-4 所示。

图 7-4

● Ctrl＋Enter——执行数值运算

范例：输入"sqrt(2)"后按快捷键 Ctrl＋Enter，即可输出 1.41，如图 7-5 所示。

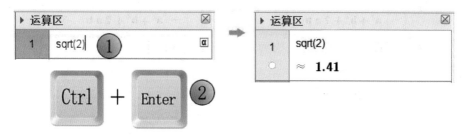

图 7-5

● Alt＋Enter——检查输入但不执行任何运算

范例：输入"b＋b"后按快捷键 Alt＋Enter，仍输出 b＋b，如图 7-6 所示。

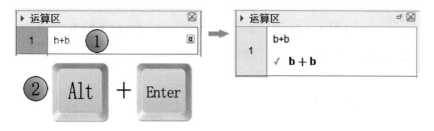

图 7-6

备注：设定变数时，一定会对右式执行运算，例如，输入"a：＝2＋3"，输出结果为 5。

7.1.3　运算区空白指令栏的快捷键

在 **x=** 运算区的空白指令栏中使用下列快捷键可快速撷取上个储存格的输入或输出。

● 空格键用于撷取上一个储存格的输出，如图 7-7 所示。

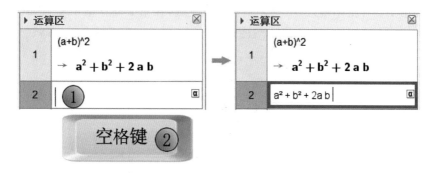

图 7-7

● "＝"键用于撷取上一个储存格的输入，如图 7-8 所示。

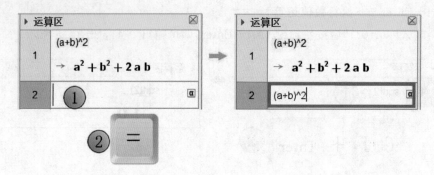

图 7-8

●")"键用于撷取上一个储存格的输出并加上括号,如图 7-9 所示。

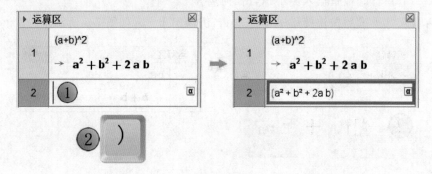

图 7-9

备注:可以在输入的结尾加上分号,则该储存格就不会显示输出了,例如,"a:=5"。

7.2 变数设定以及变数与其他视区之间的关联

可使用符号":="来设定变数或函数。

例如,在第 1 储存格中输入"b:=5"后按 Enter 键,在第 2 储存格中输入"a(n):=2n+3"后按 Enter 键,在第 3 储存格中输入"a(2)+b"后按 Enter 键,如图 7-10 所示。

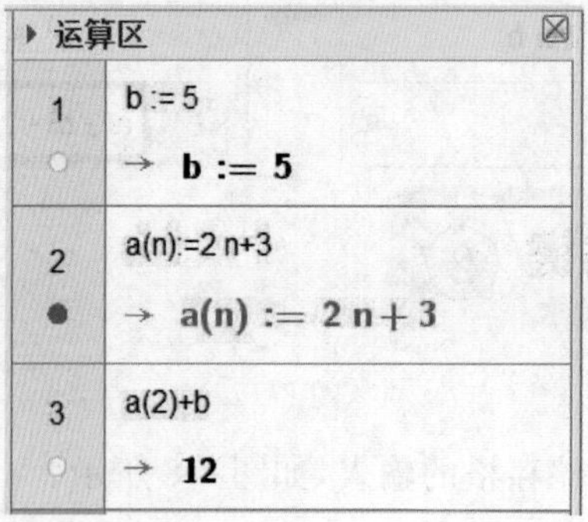

	▸ 运算区	⊠
1 ○	b := 5 → **b := 5**	
2 ●	a(n):=2 n+3 → **a(n) := 2 n + 3**	
3 ○	a(2)+b → **12**	

图 7-10

备注:①所定义的变量或函数都可共用于运算区及其他视区。例如,若在运算区定义"b:=5",则可在其他视区使用 b 这个变量,若在其他视区定义函数 f(x)=x^2,那么也可以在运算区使用这个函数。

②删除变量名称:如果要删除某个变量 b,可使用"删除[b]"指令。

③重新定义变量或函数:可重新定义变量或函数,但必须在"原来的储存格"上进行操作,否则将被视为新变量,而且系统会自动赋予这个变量新的名称。

7.3　方程式

1. 方程式的四则运算

可使用一般的等号来输入方程式,例如,3x+5=7。另外,也可对整个方程式做四则运算,这在逐步解方程式时很有用。

范例:输入"(3x+5=7)-5"会同时对等式的两边减去 5,输入"(3x=2)/3"会同时对等式的两边除以 3,如图 7-11 所示。

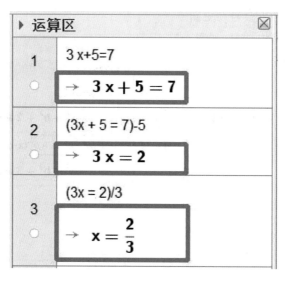

图 7-11

2. 提取方程式的左式或右式

使用"左边[〈方程〉]"或"右边[〈方程〉]"指令可传回方程式的左式或右式。

范例:"左边[3x+5=7]"传回 3x+5,"右边[3x+5=7]"则传回 7,如图 7-12 所示。

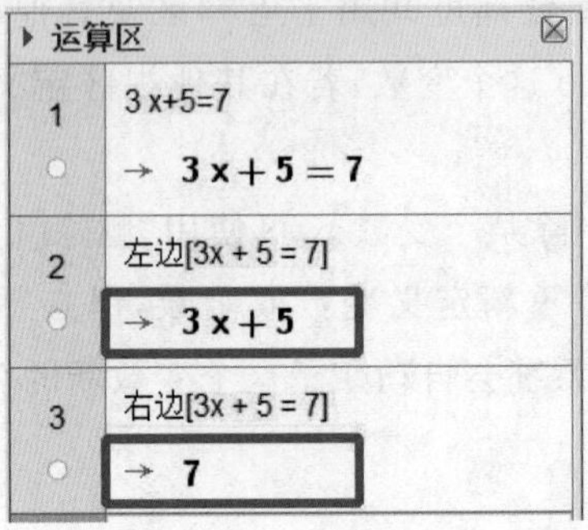

图 7-12

7.4 参照引用其他行

如果在 x= 运算区需要参照其他行，可使用以下两种方式：

（1）静态参照：这种参照方式会复制被参照行的输出结果，但如果被参照行的内容之后被改动过，那么参照行并不会自动更新。

"#"复制前一行的输出结果，如图 7-13 所示。

图 7-13

"#1"复制第 1 行的输出结果，如图 7-14 所示。

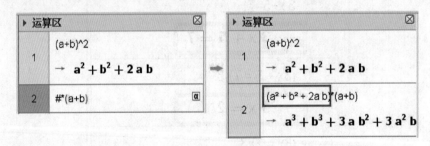

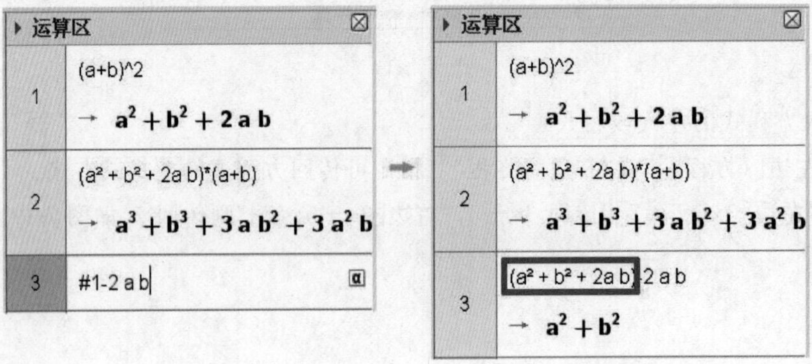

图 7-14

(2)动态参照：这种参照方式会插入被参照行的链接，若被参照行的内容之后被改动过，参照行会自动更新。

"＄"插入前一行输出结果的链接，如图 7-15 所示。

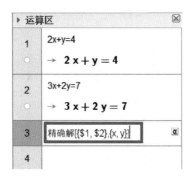

图 7-15

"＄1"插入第 1 行输出结果的链接，如图 7-16 所示。

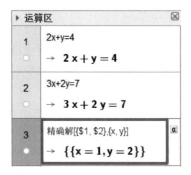

图 7-16

7.5　运算区指令

x=运算区有运算区专用的指令，可在 x=运算区建立数学对象。只要在指令栏输入指令名称，GeoGebra 就会跳出指令清单供选择，如图 7-17 所示。

图 7-17

备注：详细清单请参阅"运算区指令"，即先打开运算区窗口，再按 3.8 节显示指令帮助查找运算区指令。x=运算区支持某些几何指令的代数运算。

7.6 运算区工具栏

运算区工具栏如图 7-18 所示。

图 7-18

运算区工具栏提供了许多运算区工具,可进行代数运算或数值运算。只要先输入资料,再用鼠标单击对应的运算区工具即可。也可以只选择部分输入资料,然后针对它进行运算,详细工具使用方法如下:

7.6.1 符号计算工具 =

此工具可以进行符号计算、求值和象征性化简,以生成准确的计算结果。

范例:计算 $2/3 * a - 1/6 * a + 2/6$,选择该工具后,输入要评估的表达式,然后按 Enter 键,即可输出计算结果,如图 7-19 所示。

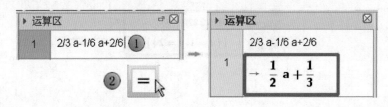

图 7-19

7.6.2 近似计算工具 ≈

此工具可以计算输入的值,产生近似的计算结果,结果用十进制记数法(科学记数法)表示。

范例:求 $2/3$ 的近似值,选择该工具后,输入想要数值逼近的数值或公式 $2/3$,然后按 Enter 键,即可输出结果,如图 7-20 所示。

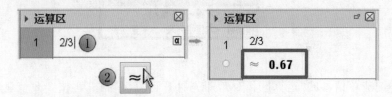

图 7-20

备注：小数点后的位数取决于在选项菜单中设置的精确度。

7.6.3 保持输入工具 ✓

此工具可以保持输入公式的结构，而不进行计算，防止自动化简。如果想让表达式在任何时候都没有改变，就可以选择这个工具。

范例：选择该工具后，输入要评估的表达式"b＋b＋2/6"，然后按 Enter 键，如图 7-21 所示。

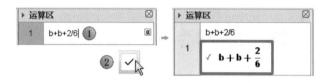

图 7-21

7.6.4 分解工具 15/3·5

输入表达式，按 Enter 键，然后单击输入的表达式并选择该工具，即可分解表达式。

范例：输入表达式 240 后，选择该工具，即可分解表达式，如图 7-22 所示。

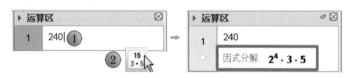

图 7-22

7.6.5 展开工具 (( ))

输入表达式，按 Enter 键，然后单击输入的表达式并选择该工具，即可展开表达式。

范例：输入表达式"a＊(b＋c)^2"后，单击输入的表达式并选择该工具，即可展开表达式，如图 7-23 所示。

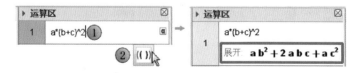

图 7-23

7.6.6 替换工具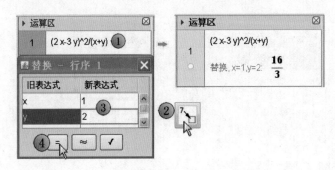

输入表达式并选择此工具,将打开一个对话框,在该对话框中可以决定想用哪一种表达式来替换。

范例:输入表达式"$(2x-3y)^2/(x+y)$",然后选择此工具,将出现一个"替换-行序"对话框,在新表达式中为 x、y 分别输入 1、2,然后按 = 键,如图 7-24 所示。

图 7-24

7.6.7 准确解工具 x=

输入要求解的方程,然后按 Enter 键,再单击方程并激活该工具,即可得到方程的解。

范例:输入方程"$2x^2+x-6=0$",然后按 Enter 键,再单击方程并激活该工具,即可得到方程的解,如图 7-25 所示。

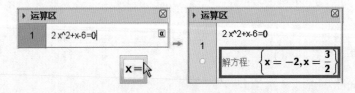

图 7-25

该工具还可以求一个方程组的解,如图 7-26 所示。

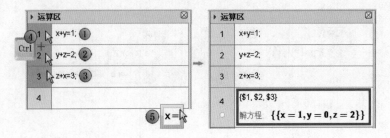

图 7-26

在不同的储存单元格中输入方程组中的每个方程,然后利用快捷键 Ctrl+鼠标左键选择方程组中的所有方程所在的行,再激活此工具,将得到方程组的解。

备注:参见解方程命令。

7.6.8 近似解工具 x≈

输入要求解的方程,然后单击方程并激活该工具,即可得到方程的近似解。

范例:输入方程"2ˆx=x+1",再单击方程并激活该工具,即可得到方程的近似解,如图 7-27 所示。

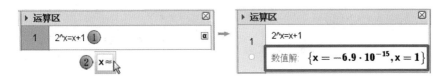

图 7-27

这个工具还可以求一个方程组的解,如图 7-28 所示。

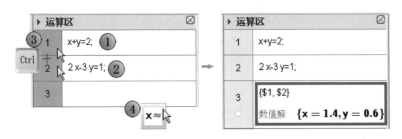

图 7-28

在不同的储存单元格中输入方程组中的每个方程,然后利用快捷键 Ctrl＋鼠标左键选择方程组中的所有方程所在的行,再激活此工具,将得到方程组的近似解。

7.6.9 导数工具 f'

输入要求导的表达式,按 Enter 键,然后单击该表达并选择此工具,即可求出此表达式的导数。

范例:输入"eˆxln(x)",按 Enter 键,然后用鼠标单击该表达式,并选择此工具,即可求出该表达式的导数,如图 7-29 所示。欧拉数 e 的输入方法可参照 3.1.1 节数学常数的输入方法。

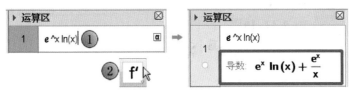

图 7-29

7.6.10 积分工具 $\int$

输入被积表达式,然后按 Enter 键,再用鼠标单击该表达式并选择此工具,即可求出该表达式的积分式。

范例:输入"x e^x",按 Enter 键,然后用鼠标单击该表达式,并选择此工具,即可求出该表达式的积分式,如图 7-30 所示。

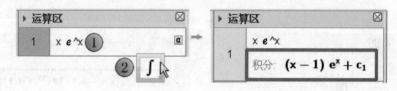

图 7-30

7.6.11 概率统计工具

概率计算器是 GeoGebra 的主要格局之一,可用来计算与绘制概率分布,以及运行统计检验。其使用方法请参照第 10 章。

7.6.12 函数检视工具

输入要分析的函数,例如,输入函数 f(x):=x^2,然后选择此工具。

在区间标签中,可以指定区间范围,在该范围中,此工具可以得到函数在此区间中的最小值、最大值、极值点、积分、面积和平均值等。

在点列标签中可以选择显示该函数在指定区间的列表并描点、显示坐标提示线、显示切线、显示密切圆等。使用方法请参考 5.10.6 节。

7.6.13 删除工具

用鼠标单击要删除的对象,然后选择此工具,即可删除该对象,如图 7-31 所示。

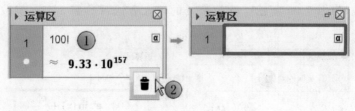

图 7-31

7.7 快捷菜单

7.7.1 行标头快捷菜单

在某个行标号所在的正方形上右击(Mac 系统:Cmd＋鼠标左键)即可显示快捷菜单,该菜单中有如下命令,如图 7-32 所示。

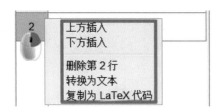

图 7-32

- 上方插入:在本行上方插入一个空白行。
- 下方插入:在本行下方插入一个空白行。
- 删除第 n 行:删除本行的内容。
- 转换为文本:切换为文字字段,可用来插入注解。
- 复制为 LaTeX 代码:复制本行内容到计算机剪贴板,可用于在别处粘贴,例如,文字对象(仅适用于桌机版)。

备注:要将若干行的内容复制为 LaTeX,可利用快捷键 Ctrl＋鼠标左键(Mac 系统:Cmd＋鼠标左键)来选择想要复制的若干行,然后在列标头上右击(Mac 系统:Cmd＋鼠标左键),并选择"复制为 LaTeX 代码"命令。

7.7.2 储存格快捷菜单

(仅适用于桌机版)在某个储存格右击(Mac 系统:Cmd＋鼠标左键)即可显示快捷菜单,如图 7-33 所示,该菜单有下列命令:

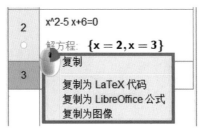

图 7-33

●复制：先复制储存格的内容到计算机剪贴板，接着在一个新的储存格上右击，即会显示贴上选项。

●复制为 LaTeX 代码：以 LaTex 格式复制储存格内容到计算机剪贴板，如此便可转贴到某个文字对象或 LaTeX 编辑器中。

●复制为 LibreOffice 公式：以 LibreOffice 公式格式复制储存格内容到计算机剪贴板，如此便可转贴到某个文书处理档案中。

●复制为图像：以 PNG 格式复制储存格内容到计算机剪贴板，如此便可转贴到某个图形对象或其他文件中。

第8章 表格区的基本操作方法

可以从"视图"菜单或通过单击视图区右边框中的"视区"按钮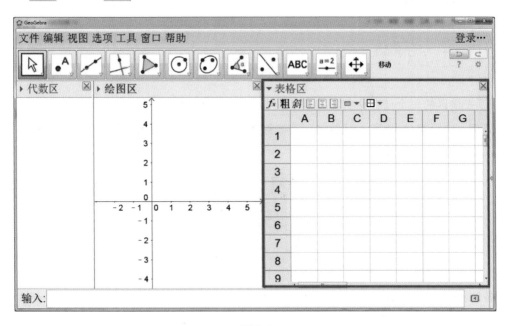，随时在任意格局加入表格区。默认情况下，表格区会放在绘图区旁边。表格区工具栏位于视窗的上方，"撤销"、"重做"按钮放置在视窗的右上角，如图8-1所示。

图 8-1

8.1 自定义表格区

打开表格区窗口后，可根据个人偏好，自定义表格区的界面。

在窗口右上角处单击按钮，打开"设置"对话框，然后选择表格区页面（桌机版适用）；或开启表格区样式栏并单击"设定"按钮（线上版或平板版适用），也可打开"设置"对话框，如图8-2所示。

在"设置"对话框中可通过切换以下选项来更改表格区的外观：

- 指令栏
- 显示网格线
- 显示列标
- 显示行号
- 显示垂直滚动条
- 显示水平滚动条

此外,还可以通过以下选项来更改 ▦ 表格区的功能:

- 使用按钮与复选框
- 允许工具提示
- 指令前加"＝"号
- 应用自动完成

图 8-2

8.2　建立对象

▦ 表格区的每个储存格都有特定的位置,可直接调用它们。

范例:位于第 A 列第 1 行的储存格被称作 A1,位于第 B 列第 1 行的储存格被称作 B1,以此类推,如图 8-3 所示。

图 8-3

备注:储存格的位置名称(如 A1)可使用在代数式或指令中,借此来撷取该储存格的内容。

8.2.1　直接输入

在储存单元格中可以直接输入的不只是数值,GeoGebra 所有类型的一般对象和几何对象皆可放置在储存格中(例如,点的坐标、函数和指令),同时该几何对象在代数区、表格区和绘图区将显示相应的名称、代数式和图形,如图 8-4 所示。

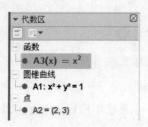

图 8-4

备注：若要在代数区将表格区对象归为辅助对象，需要显示辅助对象方可看见表格区中的几何对象。

8.2.2　储存格相对引用

在预设情况下，若复制某个储存格的内容到其他储存格，参照位置会随着目标位置的改变而改变。

范例：假设 A1＝1 且 A2＝2，在 B1 中输入(A1,A1)，复制 B1 至 B2(可通过快捷键Ctrl＋C 和 Ctrl＋V，或拖曳储存格的右下角)，会发现 B2 的储存格为(A2,A2)，如图 8-5 所示。

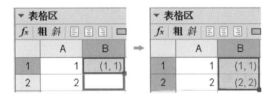

图 8-5

要避免使用"相对引用"，可在参照位置的行或列前面加上"＄"，将其改为"绝对引用"。

范例：制作一个行与列乘积的二元数表，在 B1、C1 和 D1 内分别输入 1、2 和 3，在 A2、A3 和 A4 中分别输入 1、2 和 3，然后在 B2 内输入"＄A2＊B＄1"，按 Enter 键后拖曳 B2 右下角的小方块，即可得到行与列乘积的二元数表，如图 8-6 所示。

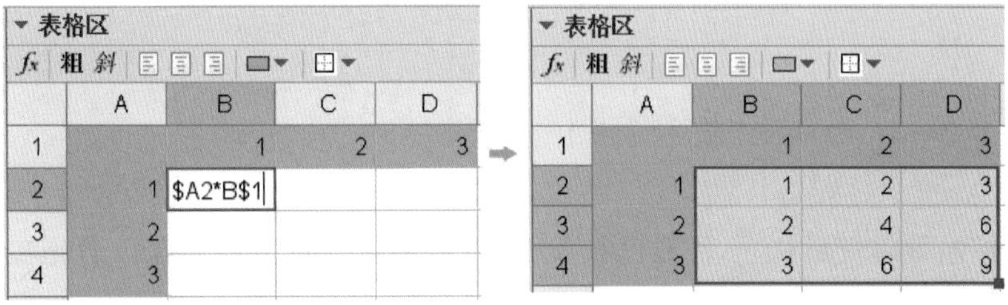

图 8-6

备注：Mac 用户的复制与粘贴快捷键为 Cmd＋C 和 Cmd＋V。

8.3　输入资料至表格区

8.3.1　手动输入、相关指令，以及记录功能

除了手动输入资料至 表格区的储存格之外，也可以使用"填充列[〈列序〉,〈列表〉]""填充行[〈行序〉,〈列表〉]""填充单元格[〈单元格区域〉,〈对象〉]""填充单元格[〈单元格〉,〈列表〉]""填

充单元格[〈单元格〉,〈矩阵〉]”指令,或“记录到表格区”功能。

范例:①在“视图”菜单中打开表格区,然后在指令栏中输入“填充列[2,{1,2,3,4,5,6}]”并按 Enter 键,可以产生 B1～B6 的一列数 1,2,3,4,5,6。

②在指令栏中输入“填充单元格[C2:D3,{(1,2),(−1,2),(−1,−2),(1,−2)}]”,可以在 C2:D2 区域内产生点(1,2),(−1,2),(−1,−2),(1,−2)。

③在指令栏中输入“填充单元格[C5,{{1,2,3},{4,5,6}}]”,并按 Enter 键,可以在 C5:E6 区域产生数据 1,2,3,4,5,6。

④在“视图”菜单中打开表格区,在绘图区画出点 A,在点 A 上右击,在弹出的快捷菜单中选择“记录”命令,在出现的对话框中设置相应的选项,设置完成后关闭该对话框,然后用鼠标左键拖曳点 A,即可在表格区录制点 A 的位置坐标。

以上范例如图 8-7 所示。

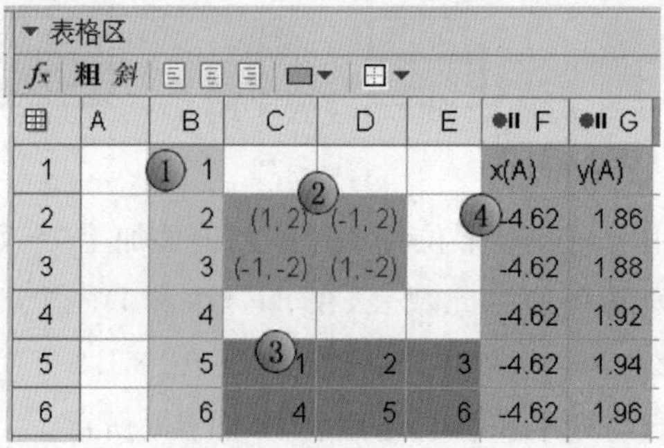

	A	B	C	D	E	F	G
1		① 1				x(A)	y(A)
2		2	(1, 2) ②	(-1, 2)	④	-4.62	1.86
3		3	(-1, -2)	(1, -2)		-4.62	1.88
4		4				-4.62	1.92
5		5	③ 1	2	3	-4.62	1.94
6		6	4	5	6	-4.62	1.96

图 8-7

8.3.2 从代数区复制资料

使用鼠标左键将资料从代数区拖曳到表格区即可复制对象。若拖曳一个串列,被复制的串列元素将会从放开鼠标左键的储存格开始以水平方向依序贴上。

若在拖曳的同时按 Shift 键,那么当放开鼠标左键时,会弹出一个对话框,从中可选择贴上的是自变还是应变对象,也可以勾选“转置”选项,以垂直方向粘贴对象。

8.3.3 从其他表格区软件复制资料

可以从其他表格区软件汇入资料到 GeoGebra 表格区,方法如下。

(1) 选取并复制想汇入的资料,可使用快捷键 Ctrl+C(Mac 系统:Cmd+C)复制资料到计算机的剪贴板。

(2) 开启 GeoGebra 视窗并显示表格区。

(3) 在想要放置第一笔资料值的储存格上点一下(例如,储存格 A1)。

（4）粘贴资料到▦表格区。可使用快捷键 Ctrl＋V(Mac 系统:Cmd＋V)粘贴资料到储存格。

8.3.4 从其他档案格式汇入资料

可以从其他档案格式汇入资料,可以汇入 .txt、.csv 和 .dat 档案。在▦表格区的一个空白储存格上右击,在弹出的快捷菜单中选择"导入数据文件…"命令。

备注:GeoGebra 以圆点"."作为小数点分隔符号,以逗点","作为段落分隔符号,在汇入前请先确认资料档是否符合这些细节要求。

8.4 表格区工具栏

表格区工具栏提供了许多工具,从而能通过鼠标操作,在▦表格区建立对象。工具栏上的每个按钮都是"抽屉式"的工具箱按钮,里面都包含了许多其他工具,如果想在线上版或平板版打开工具箱,直接按工具栏上的按钮即可;而对于桌机版,则可通过单击按钮右下角的红色小三角形打开工具箱,表格区工具栏如图 8-8 所示。

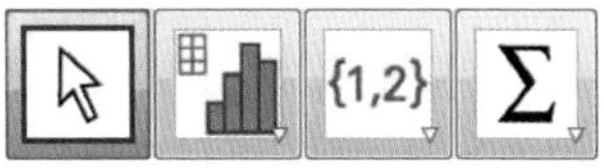

图 8-8

备注:表格区工具栏的工具是依据其所产生对象的性质以及工具的功能来分类的,例如,在"▮资料分析类"工具箱中有分析资料的工具。

8.4.1 数据分析类工具

数据分析类工具如图 8-9 所示。

图 8-9

8.4.1.1 单变量分析工具▮

打开表格区并导入单变量数据,在电子表格中选择这组单元格行或列的数据,然后单击单变量分析工具▮,即可打开一个对话框,从数据中计算一个变量的统计数据。该对话框有四个面板,包括一个统计面板、一个数据面板和两个图形面板。在第一次打开该对话框时,看不见数据面板和第二图形面板,可以在该对话框的样式栏中选择"显示"选项即可,如图 8-10所示。

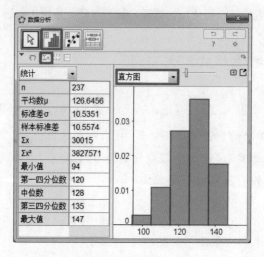

图 8-10

8.4.1.2 双变量回归分析工具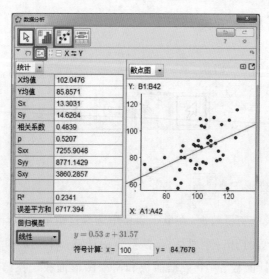

在电子表格中选择成对数据的列,然后激活双变量回归分析工具,将打开一个对话框,从数据中计算出两个变量的统计数据。该对话框有四个面板,包括一个统计面板、一个数据面板和两个图形面板。在第一次打开该对话框时,只有一个图形面板是可见的,可以在该对话框的样式栏中选择"显示其他"选项,这样对话框将打开一个散点图的数据。在对话框下方的下拉菜单中,可以选择不同的回归模型的数据。当一个模型被选中时,它的图就将绘制在该对话框中的图上,且方程显示在对话框的下方,如图 8-11 所示。

图 8-11

8.4.1.3 多变量分析工具

在电子表格中选择两个或多个数据列,然后单击多变量分析工具,打开一个对话框,从数据中计算出统计数据，如图 8-12 所示。

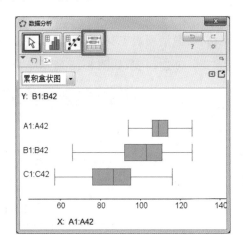

图 8-12

8.4.1.4　概率统计计算器

概率统计计算器是一个重要的概率统计工具，可以使用它来计算概率、绘制各种概率分布图形，以及进行统计检验，如图 8-13 所示。

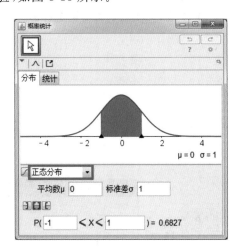

图 8-13

8.4.2　列表和表格工具

列表和表格工具如图 8-14 所示。

图 8-14

8.4.2.1　列表工具 {1,2}

几何输入：选择若干单元格，再激活列表工具{1,2}，然后在弹出的"列表"对话框中输入名称、选择从属关系、选择排列方式并创建列表，如图 8-15 所示。

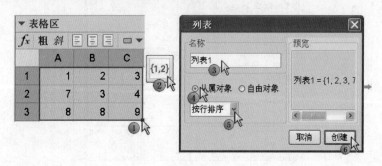

图 8-15

代数输入：直接在指令栏中输入"列表 $1 = \{A1, B1, C1, A2, B2, C2, A3, B3, C3\}$"，如图 8-16所示。

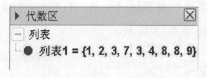

图 8-16

8.4.2.2　点列工具 {•••}

几何输入：选择若干单元格，再激活点列工具{•••}，然后在弹出的"点列"对话框中输入名称、选择从属关系、选择坐标顺序并创建点列，如图 8-17 所示。

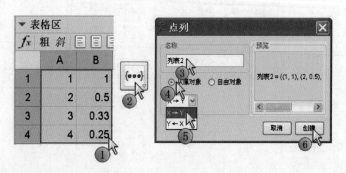

图 8-17

代数输入：直接在指令栏中输入"列表 $1 = \{A, B, C, D\}$"，如图 8-18 所示。

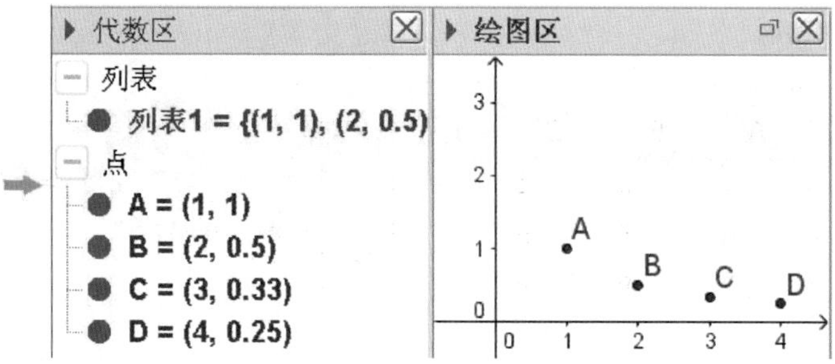

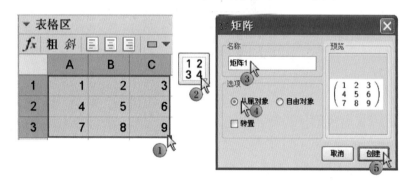

图 8-18

8.4.2.3　矩阵工具

几何输入：选择若干单元格，再激活矩阵工具，在弹出的"矩阵"对话框中输入名称、选择对象的从属关系并选择是否转置，然后创建矩阵，如图 8-19 所示。

图 8-19

代数输入：在指令栏中直接输入"矩阵 1 ＝ {{A1，B1，C1}，{A2，B2，C2}，{A3，B3，C3}}"，如图 8-20 所示。

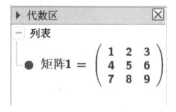

图 8-20

8.4.2.4　表格工具

几何输入：选择若干单元格，再激活表格工具，在弹出的"表格"对话框中输入名称、选择对象的从属关系及选择是否转置，然后创建表格，如图 8-21 所示。

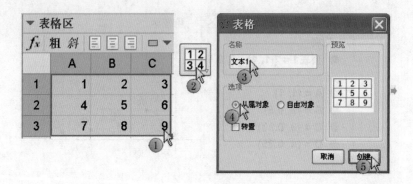

图 8-21

代数输入:在指令栏中输入"文本 1=表格文本[{{A1,B1,C1},{A2,B2,C2},{A3,B3,C3}},"|_"]",如图 8-22 所示。

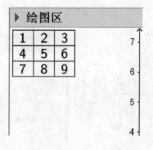

图 8-22

8.4.2.5 折线工具

几何输入:选择若干单元格,再激活折线工具,在弹出的"折线"对话框中输入名称、选择对象的从属关系及坐标顺序,然后创建折线,如图 8-23 所示。

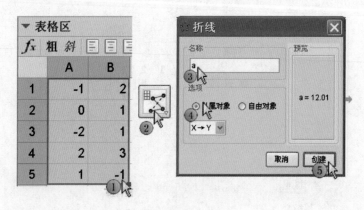

图 8-23

代数输入:在指令栏中输入"a=折线[{P,Q,R,S,T}]",如图 8-24 所示。

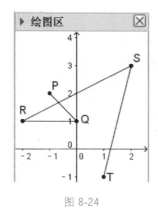

图 8-24

8.4.3　计算工具

计算工具如图 8-25 所示。

图 8-25

8.4.3.1　求和工具 $\boxed{\Sigma}$

几何输入：框选表格区的单元格数据，然后激活求和工具 $\boxed{\Sigma}$，在所选数据列的下方将产生数据列总和，如图 8-26 所示。

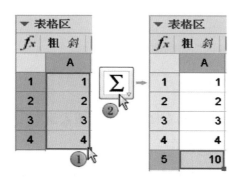

图 8-26

代数输入：在指令栏中输入"A5＝总和［A1：A4］"。

8.4.3.2　平均数工具 $\boxed{\frac{\Sigma}{n}}$

几何输入：框选表格区的单元格数据，然后激活平均数工具 $\boxed{\frac{\Sigma}{n}}$，在所选数据列的下方将产生数据列的平均数，如图 8-27 所示。

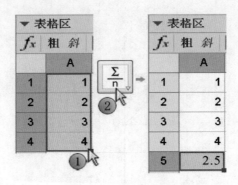

图 8-27

代数输入：在指令栏中输入"A5＝平均数[A1:A4]"。

8.4.3.3 计数工具 ▦

几何输入：框选表格区的单元格数据，然后激活计数工具 ▦，在所选数据列的下方将产生数据列的数据个数，如图 8-28 所示。

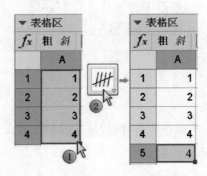

图 8-28

代数输入：在指令栏中输入"A5＝长度[A1:A4]"。

8.4.3.4 最大值工具 123

几何输入：框选表格区的单元格数据，然后激活最大值工具 123，在所选数据列的下方将产生数据列的最大值，如图 8-29 所示。

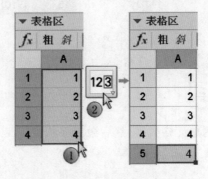

图 8-29

代数输入：在指令栏中输入"A5＝最大值［A1：A4］"。

8.4.3.5 最小值工具 123

几何输入：框选表格区的单元格数据，然后激活最小值工具 123，在所选数据列的下方将产生数据列的最小值，如图 8-30 所示。

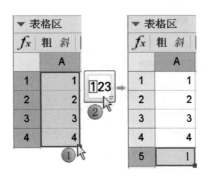

图 8-30

代数输入：在指令栏中输入"A5＝最小值［A1：A4］"。

8.5 对象的显示方式

8.5.1 表格区对象显示在其他视区

某些输入在表格区储存格的对象（例如，坐标点）也会同步显示在 🔺 绘图区，且对象名称与储存格的位置名称相同（例如，A5、C1）。

备注：在默认情况下，表格区对象在 🔢 代数区被视为辅助对象，可从快捷菜单中选择"辅助对象"命令，或在代数区的样式栏中单击 ☰ 按钮，来设定显示或隐藏辅助对象。

8.5.2 在其他视区使用表格区的资料

可通过下述方式处理表格区的资料：

选取数个储存格，并在选取范围内右击（Mac 系统：Cmd＋鼠标左键），在弹出的快捷菜单中选择"创建"命令，选取适当的子命令（如列表、点列、矩阵、表格、折线或运算表），如图 8-31 所示。

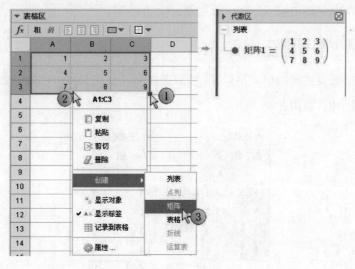

图 8-31

8.5.3 运算表

针对一个双参数函数,可建立一份运算表,其中第一列放置第一个参数的参数值,而第一行放置第二个参数的参数值。函数的表示式必须输入至运算表最左上角的储存格中。

在适当的储存格输入完函数和参数值之后,用鼠标框选运算表的范围,接着在选取范围上右击(Mac 系统:Cmd+鼠标左键),在弹出的快捷菜单中选择"创建"→"运算表"命令。

范例:设定 A1=xy、A2=1、A3=2、A4=3、B1=1、C1=2、D1=3,用鼠标框选 A1:D4 储存格,接着在选取范围上右击(Mac 系统:Cmd+鼠标左键),在弹出的快捷菜单中选择"创建"→"运算表"命令,将产生一个表格,表格中列出了函数代值运算后的结果,如图 8-32 所示。

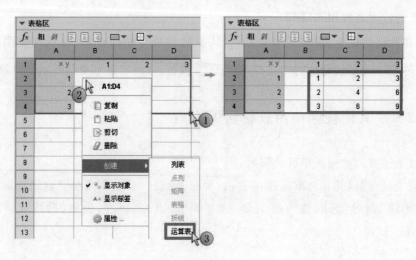

图 8-32

第9章　3D 绘图区基本操作方法

3D 绘图区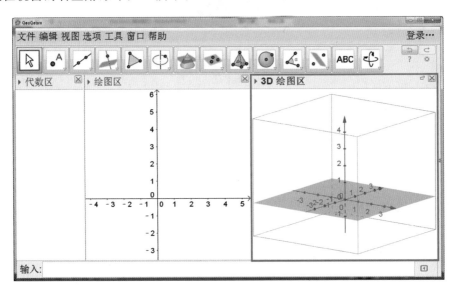是 3D 绘图格局的一部分,它可通过"视图"菜单或视图区右边框中的视区按钮随时在任意格局加入。在默认情况下,3D 绘图区放在代数区或绘图区的旁边。此外,在桌机版中指令栏位于 GeoGebra 视窗的下方,而在线上版和平板版中则是直接将指令栏嵌在代数区。3D 绘图工具栏显示在视窗的上方,"撤销""重做"按钮放置在视窗的右上角,如图 9-1 所示。

图 9-1

9.1　自定 3D 绘图区

可根据即将处理的数学主题来自定 3D 绘图区,利用 3D 绘图区样式栏中的按钮来更改基本配置(例如,坐标轴、xy 平面、格线等的显示状况),详细内容请参考 1.4.6 节。此外,设定对话框还提供了更多的选项来自定 3D 绘图区,可根据自己的需求来调整 GeoGebra 界面的外观,如图 9-2 所示。

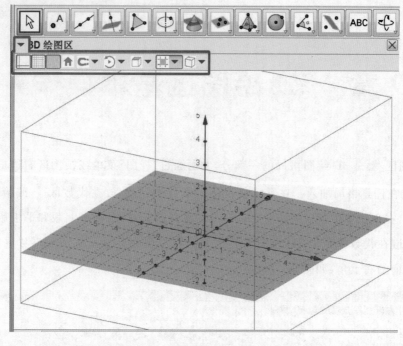

图 9-2

9.2 对象的显示方式

9.2.1 平移 3D 坐标系

可通过以下两种方法来平移 3D 坐标系：

(1) 使用移动绘图区工具 ✛ 并用鼠标左键拖曳 3D 绘图区 ▲ 的背景，即可平移整个坐标系。单击，可进行两种模式之间的切换：

①xy 平面模式 ➤ (前后左右模式)：对坐标系做"平行于 xy 平面"的方向的前后左右移动。

②z 轴模式 ↕(上下模式)：对坐标系做"平行于 z 轴"的方向的上下移动，如图 9-3 所示。

(2) 先激活移动工具 ↘ ，然后在拖曳 3D 绘图区 ▲ 背景的同时按住 Shift 键，即可平移整个坐标系。同样的，在按住 Shift 键的同时单击，可在两种模式之间进行切换。

备注：在 3D 绘图区的样式栏中单击回预设位置按钮 🏠 ，可使坐标系回到预设的位置。

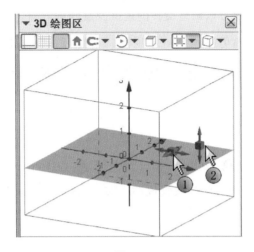

图 9-3

9.2.2　旋转 3D 坐标系

可通过以下方式来旋转 3D 坐标系：

●使用旋转 3D 绘图区工具 ✥ 并用鼠标左键拖曳 3D 绘图区 ▲ 的背景，即可旋转整个坐标系，或者先激活移动工具 ▯，然后用鼠标右键在 3D 绘图区 ▲ 的背景上进行拖曳，也能旋转整个坐标系；另外，直接按住鼠标左键拖曳 3D 绘图区 ▲ 的背景可以自由旋转整个坐标系。

●若不想使用鼠标拖曳的方式使坐标系自行旋转，可使用 3D 绘图区样式栏（如图 9-4 所示）上的"开始旋转立体视窗 ▶"和"停止旋转立体视窗 ⅠⅠ"按钮。

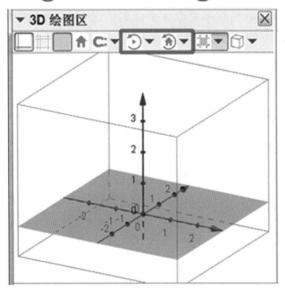

图 9-4

● 单击 ⏵ 右边的小三角可以调整旋转的速度及旋转的方向。

● 单击 🏠 右边的小三角可以进入 xOy 视图（俯视图）、xOz 视图（正视图）、yOz 视图（侧视图）。单击转回预设的视角按钮 🏠，可使坐标系转回到默认的视角。

9.2.3 缩放 3D 坐标系

使用"放大 🔍"与"缩小 🔍"工具可在 3D 绘图区 🔺 内进行缩放操作。

提示：也可以通过滚动鼠标滚轮放大或缩小整个坐标系，坐标系是以光标所在位置为缩放中心来进行缩放的。

9.2.4 将视角转至面对指定对象

使用面对指定面工具 ⬆ 可将观看坐标系的视角转至面对指定对象的方向。

9.3 在立体空间中移动对象

9.3.1 通过移动工具移动对象

使用移动工具 ⬉ 即可在 3D 绘图区 🔺 拖曳自由点。要在立体坐标系中移动一点，需在该点上单击。可在以下两种模式之间进行切换：

● xy 平面模式 ⬅🔺➡：可在不更改 z 坐标的情况下，对点做"平行于 xy 平面"方向的移动。

● z 轴模式 🔺：可在不更改 x 坐标和 y 坐标的情况下，对点做"平行于 z 轴"方向的移动。

范例：选择点工具 ⬆，在 3D 绘图区的 xy 平面上单击，鼠标的光标会在"上下模式 ⬍"和"前后左右模式 ⬅🔺➡"之间进行切换。当光标为 ⬍ 时，可以按住鼠标左键，将该点上下拖动到指定位置；当光标为 ⬅🔺➡ 时，可以按住鼠标左键水平拖动该点到指定位置，如图 9-5 所示。

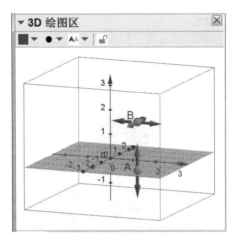

图 9-5

备注：坐标轴上的点只能在该坐标轴上移动。

9.3.2　使用快捷键移动对象

在 3D 绘图区 中，选中数学对象，可使用 Page Up 键让选取对象向上移动，而 Page Down 键则可让选取对象向下移动（注意，移动方向与 z 轴平行），也可以用键盘的方向键移动数学对象。

9.4　建立立体数学对象

9.4.1　用 3D 绘图工具栏建立对象

3D 绘图工具栏提供了许多工具，如图 9-6 所示，使用这些工具并配合鼠标操作，可在 3D 绘图区 建立图形对象，如图 9-7 所示。工具栏上的每个按钮都是"抽屉式"的工具箱按钮，里面包含了许多其他工具。在线上版或平板版中要想打开工具箱，直接按工具栏上的按钮即可；而对于桌机版，则需要单击按钮右下角的红色小三角形。从 3D 绘图区的工具栏中选取任意一个工具，并阅读 3D 绘图区 提供的工具提示，即可了解使用此工具的方法。

图 9-6

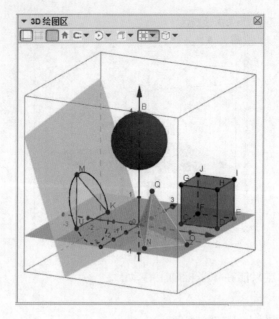

图 9-7

备注：在 3D 绘图区 ▲ 建立的所有对象，会同时在代数区 ⦙ 列出它们的代数式。

范例：用鼠标单击"球面（球心、一点）"工具，并分别在 3D 绘图区的两个不同地方各单击一次，单击第一次为设定球心，而单击第二次为设定球上一点，此时就会画出一颗球。

备注：3D 绘图工具栏中的工具是依据其所产生对象的性质以及工具的功能来分类的，例如，在"平面类 ◈"工具箱中有可以建立不同类型的平面的工具，而在"几何实体类 ▲"工具箱中有可以建立几何实体（例如，棱柱、棱锥、圆锥和圆柱）的工具。

9.4.2 使用指令列建立对象

GeoGebra 的 3D 绘图区 ▲ 支持立体坐标系中的点、向量、直线、线段、射线、多边形或圆。可使用 3D 绘图工具栏上的工具绘制或处理数学对象，也可以直接在代数区 ⦙ 的指令列或指令栏中输入对象的代数式。

范例：在代数区 ⦙ 的指令列或指令栏中输入"$A=(5,-2,1)$"即可在立体坐标系中画出一点。

此外，还可以此方式建立曲面、平面或几何实体（棱锥、棱柱、球、圆柱和圆锥）。

范例：输入"$f(x,y)=\sin(x*y)$"即可建立此函数对应的曲面。

指令：除了可运用其他视区的各种指令之外，3D 绘图区还有自己专用的 3D 指令。

范例：设定 $A=(2,2,0)$、$B=(-2,2,0)$、$C=(0,-2,0)$ 以及 $D=(0,0,3)$，输入指令"棱锥[A，B，C，D]"并按 Enter 键，即可建立以三角形 ABC 为底、以 D 为顶点的三棱锥。

9.5　3D 绘图区工具与基本指令的使用方法

9.5.1　点类工具及指令

点类工具如图 9-8 所示。

图 9-8

9.5.1.1　描点工具

几何输入：在点类工具盒中选择描点工具 ，激活点工具，只要在 3D 绘图区的 xOy 平面中单击即可在 xOy 平面内画点。用鼠标左键在点上单击，鼠标光标可以在"前后左右 "与"上下 "两种模式之间进行切换，可以通过平移点的位置来绘制点，例如，在 xOy 平面的 $(2,-2)$ 处单击，再将光标移到该点处，当光标变为"上下 "模式时，将该点向上拖曳两个单位，即可得到点 $A=(2,-2,2)$；在此点处单击，当光标变为"前后左右 " 时，按住鼠标左键可以水平拖动点 A，此时竖坐标 2 不变，如图 9-9 所示。

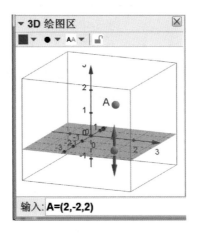

图 9-9

代数输入：在指令栏中输入"$A=(2,-2,2)$"，然后按 Enter 键，即可绘制点 A，如图 9-9 所示。

备注：激活点工具后，单击线段、直线、多边形、圆锥曲线、函数或曲线对象，可以创建该对象上的一个自由点。

9.5.1.2 聚点工具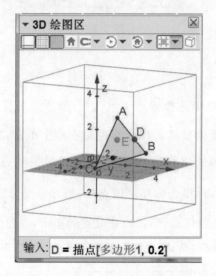

几何输入：激活该工具，然后选择对象，即可创建一个对象上的自由点，可以用鼠标拖动这个新的点，但该点只能在该对象上移动。注意，在一个圆形或椭圆形的内部，需要通过对象的属性增加颜色的不透明度（大于0）。如果单击一个对象的边界线（例如圆、椭圆和多边形），那么这个点就固定在周边，而不是内部，例如，绘制空间点 A＝(2，−1，3)，B＝(4，−1，1)，C＝(1，−2，0)，先激活多边形工具，依次单击 A、B、C、A，可以绘制空间"多边形1"，然后激活聚点工具，在多边形的边界上单击，可以绘制"多边形1"的边界自由点 D；在"多边形1"内单击，可绘制"多边形1"内的自由点 E，如图9-10所示。

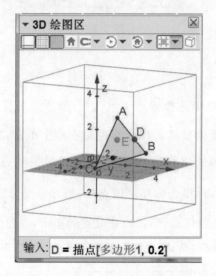

图 9-10

代数输入：描点[〈几何对象〉]或描点[〈几何对象〉，〈路径参数〉]。例如，在指令栏中输入"D＝描点[多边形1]"或"描点[多边形1，0.2]"，然后按 Enter 键，即可得到点 D。在指令栏中输入"内点[〈区域〉]"，例如，在指令栏中输入"E＝内点[多边形1]"，然后按 Enter 键，即可得到点 E。

9.5.1.3 交点工具

通常可以用两种方式来创建两个对象的交点：一种是激活该工具，然后分别选择这两个对象，创建所有的交点；另一种是直接单击两者的交点处，但只能创建一个单独的交点。

备注：有时只要求显示对象交叉点附近的部分图形，要做到这一点，需打开交叉点的属性对话框，在"常规"中选中"仅显示相交线在交点附近部分"复选框即可。

对于线段、射线或弧线，可以通过在对象属性的"常规"中选中"显示延长线交点"复选框来获取一个对象的扩展点，例如，线段或射线的延伸是直线。

几何输入：例如，绘制空间点 A＝(5，−4，2)，B＝(3，1，4) ，C＝(−3，0，2)，F＝(1，−3，

4)，G＝(1,3,−1)，激活多边形工具 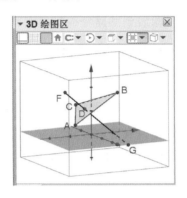，依次单击 A、B、C、A，即可绘制空间"多边形 1"；激活线段工具 ，即可绘制"线段 FG"；激活交点工具 ，依次选择"多边形 1"和"线段 FG"，可得到"线段 FG"与"多边形 1"的交点 D＝(1,−1.13,2.44)，如图 9-11 所示。

图 9-11

代数输入：在指令栏中输入"交点[〈对象 1〉,〈对象 2〉]"。例如，直接在指令栏中输入"D＝交点[d,多边形 1]"，然后按 Enter 键，即可得到交点 D。

9.5.1.4　中点或中心点工具

可以通过单击空间中的两个点或一条线段来得到它们的中点，也可以单击一个圆锥曲线(圆或椭圆)来创建它的中心点。

几何输入：先绘制 A、B、C 三点及过该三点的圆 c，然后激活点工具中的中点或中心点工具 ，单击已知点 A 和点 B 或直接单击线段 AB，即可得到 A、B 的中点或单击圆 c，可得到圆 c 的圆心 E，如图 9-12 所示。

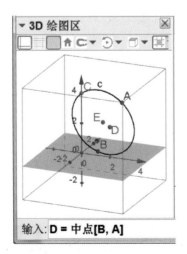

图 9-12

代数输入：在指令栏中输入"中点[〈点 1〉,〈点 2〉]""中点[〈线段〉]"或"中点[〈圆锥曲线〉]"，例如,输入"中点[B,A]",然后按 Enter 键,即可得到中点 D;输入"中点[c]",然后按 Enter 键,即可得到圆 c 的圆心 E,如图 9-12 所示。

9.5.1.5　附着或脱离点工具

几何输入:要将一个"自由点"附着到某路径或区域上,激活该工具,只需单击"自由点"和"路径"(或"区域"),这时该点即可成为这条路径或区域上的自由点。可以用移动工具移动该点,但是无论如何移动,此点总在路径或区域上。

要将一个点定义为路径或区域的点脱离路径或区域,激活该工具,只需选择这个点,此时这一点将会脱离路径或区域,变成自由点。例如,绘制过三点 $A=(3,-2,0)$、$B=(-2,-3,0)$、$C=(0,0,4)$ 的圆 c,并绘制点 $D=(4,-2,2)$,然后激活点工具中的附着或脱离点工具,再单击点 D 和圆 c 的内部区域,即可将点 D 附着在圆 c 内。在附着或脱离点工具激活的情况下,再单击点 D,点 D 就会脱离此区域,如图 9-13 所示。

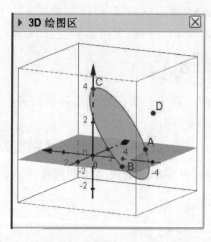

图 9-13

代数输入:在指令栏中输入"内点[〈区域〉]",例如,输入"D=内点[c]",然后按 Enter 键,即可得到圆 c 内的一个自由点,或输入"描点[〈几何对象〉]",即可在路径或区域上绘制点。

9.5.2　线类工具及指令

线类工具如图 9-14 所示。

图 9-14

3D 绘图区中线类工具的使用方法与平面绘图区中线类工具的使用方法基本相同,如图 9-15 所示,详细内容请参见 5.3 节。

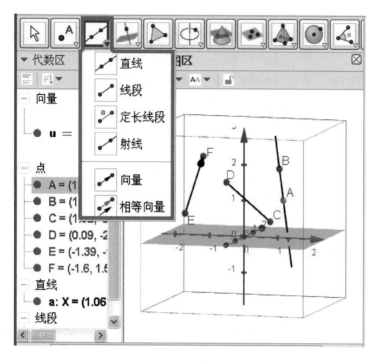

图 9-15

9.5.3　关系线类工具及指令

关系线类工具如图 9-16 所示。

图 9-16

3D 绘图区中关系线类工具的使用方法与平面绘图区中关系线类工具的使用方法基本相同,详细内容请参见 5.4 节。

几何输入:例如,在此工具中激活垂线工具![],选择点和垂直的线或面,即可创建通过该点垂直于已知直线(线段或平面)的直线。如先绘制过 A、B、C 三点的平面 a(请参见9.5.6.1 节),并绘制点 D,然后激活垂线工具,再选择点 D 及平面 a,即可得到过点 D 且垂直于平面 a 的直线 b,如图 9-17 所示。

代数输入:在指令栏中输入"垂线[〈点〉,〈平面〉]",例如,输入"b=垂线[D,a]",然后按Enter 键,即可得到过点 D 且垂直于平面 a 的直线 b。

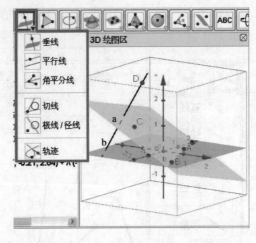

图 9-17

9.5.4　多边形类工具及指令

多边形类工具如图 9-18 所示。

图 9-18

3D 绘图区中多边形类工具的使用方法与平面绘图区中多边形类工具的使用方法相同，如图 9-19 所示，请参见 5.5 节。

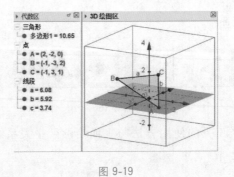

图 9-19

9.5.5　圆类工具及指令

圆类工具如图 9-20 所示。

图 9-20

3D 绘图区中圆类工具的使用方法与平面绘图区中圆类工具的使用方法基本相同,如图 9-21 所示,请参见 5.6 节。

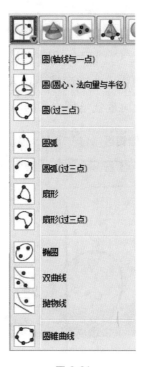

图 9-21

其中圆锥曲线工具与平面绘图区中圆锥曲线工具的使用方法相同,请参见 5.7 节。

9.5.5.1　圆(轴线与一点) 及指令

几何输入:绘制 A、B、C 三点及经过 A、B 的直线 a,然后激活圆类工具中的圆(轴线与一点)工具,单击点 C 及直线 a,即可画出以直线 a 为轴且过点 C 的圆,如图 9-22 所示。

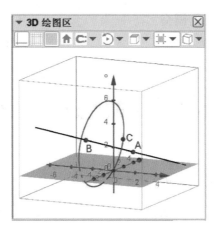

图 9-22

代数输入:圆形[〈轴线〉,〈圆上一点〉],例如,先绘制直线 a 及点 C,然后在指令栏中输入"c=圆形[a,C]",按 Enter 键,即可绘制以直线 a 为轴且过点 C 的圆。

9.5.5.2 圆(圆心、法向量与半径) 及指令

几何输入:先绘制向量 u 及圆心 C,然后激活圆类工具中的圆(圆心、法向量与半径)工具,分别单击点 C 及向量 u,并在弹出的对话框中输入"半径"的数值 3,再单击"确定"按钮,即可绘制以 C 为圆心、以 u 为法向量且半径为 3 的圆 c,如图 9-23 所示。

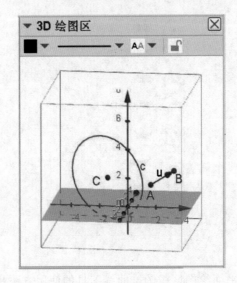

图 9-23

代数输入:在指令栏中输入"圆形[〈圆心〉,〈半径〉,〈轴向量〉]",例如,先绘制向量 u 及圆心 C,在指令栏中输入"c=圆形[C,3,u]",然后按 Enter 键,即可绘制以 C 为圆心、以 u 为法向量且半径为 3 的圆 c。

9.5.6 平面类工具及指令

平面类工具如图 9-24 所示。

图 9-24

9.5.6.1 过三点的平面工具 及指令

几何输入:激活平面类工具中的过三点的平面工具,在 3D 绘图区依次单击 A、B、C 三点,即可绘制过这三点的平面 a,如图 9-25 所示。

代数输入:在指令栏中输入"平面[〈点 1〉,〈点 2〉,〈点 3〉]",例如,输入"a:平面[A,B,

C]"，然后按 Enter 键，即可绘制过 A、B、C 三点的平面 a。

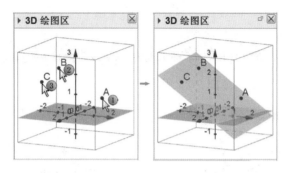

图 9-25

9.5.6.2　过三点或过一点与一条直线或过两条平行直线或过多边形的平面工具 及其指令

1. 绘制过两条相交直线的平面

几何输入：激活平面类工具中的过两条直线工具 ，然后依次单击相交直线 a 和 b，即可绘制过两条直线 a、b 的平面 c，如图 9-26 所示。

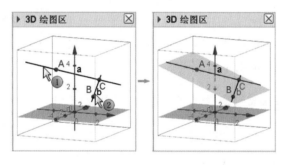

图 9-26

代数输入：在指令栏中直接输入"平面[〈直线 1〉,〈直线 2〉]"，例如，输入"c：平面[b, a]"，然后按 Enter 键，即可绘制过两条直线 a、b 的平面 c。

2. 绘制过一条直线和直线外一点的平面

几何输入：激活平面类工具中的过一点和一条直线工具 ，然后依次单击点 C 和直线 a，即可绘制过点 C 和直线 a 的平面 b，如图 9-27 所示。

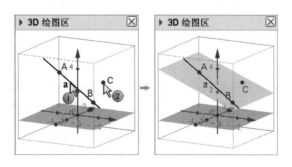

图 9-27

代数输入:在指令栏中直接输入"平面[〈点〉,〈经过的直线〉]",例如,输入"b:平面[C,a]",然后按 Enter 键,即可绘制过点 C 和直线 a 的平面 b。

3. 绘制过两条平行直线的平面

几何输入:激活平面类工具中的过两条直线工具 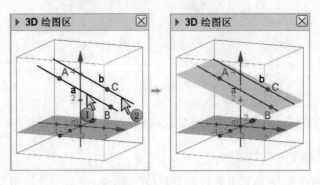,然后依次单击平行直线 a 和 b,即可绘制过这两条直线的平面 c,如图 9-28 所示。

图 9-28

代数输入:在指令栏中直接输入"平面[〈直线 1〉,〈直线 2〉]",例如,输入"c:平面[b,a]",然后按 Enter 键,即可绘制过两条直线 a、b 的平面 c;也可以绘制经过圆锥曲线的平面,例如,输入指令"平面[〈圆锥曲线〉]";还可以绘制经过多边形的平面,例如,输入指令"平面[〈多边形〉]",即可绘制相应的平面。

9.5.6.3 过点与线(或向量)垂直的平面工具 及指令

几何输入:激活平面类工具中的过点与线(或向量)工具 ,然后依次单击点 C 和直线 a,即可绘制过点 C 且垂直于直线 a 的平面 b,如图 9-29 所示。

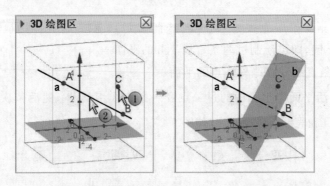

图 9-29

代数输入:在指令栏中直接输入"垂面[〈点〉,〈直线〉]",例如,输入"b:垂面[C,a]",然后按 Enter 键,即可绘制过点 C 且垂直于直线 a 的平面 b;还可以绘制过点与已知向量垂直的平面,只需输入指令"垂面[〈点〉,〈向量〉]",即可绘制该平面。

9.5.6.4　过点与平面平行的平面工具 及指令

几何输入：激活平面类工具中的过点与平面工具 ，然后依次单击点 D 和平面 a，即可绘制过点 D 且平行于平面 a 的平面 b，如图 9-30 所示。

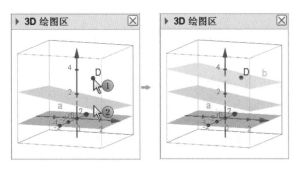

图 9-30

代数输入：在指令栏中直接输入"平面[〈点〉,〈平行的平面〉]"，例如，输入"b：平面[D，a]"，然后按 Enter 键，即可绘制过点 D 且平行于平面 a 的平面 b。

9.5.7　多面体、旋转体类工具及指令

多面体、旋转体类工具如图 9-31 所示。

图 9-31

9.5.7.1　棱锥工具 及其指令

几何输入：先激活棱锥工具 ，然后用鼠标左键选择一个多边形 ABCD 作为棱锥的底面，再选择一个顶点 E，即可绘制一个以 ABCD 为底面、E 为顶点的棱锥；也可先激活棱锥工具 ，直接绘制底面，再选择一个顶点，同样可以绘制棱锥，如图 9-32 所示。

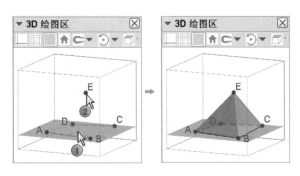

图 9-32

代数输入:在指令栏中输入"棱锥[〈多边形〉,〈顶点〉]",例如,输入"e＝棱锥[多边形1, E]",然后按 Enter 键,即可绘制一个以 ABCD 为底面、E 为顶点的棱锥;也可以输入"棱锥 [〈点 1〉,〈点 2〉,〈点 3〉,〈点 4〉,…]"(其中最后一个点是棱锥的顶点)来绘制棱锥。

9.5.7.2 棱柱工具 及其指令

几何输入:先激活棱柱工具 ,然后用鼠标左键选择一个多边形 ABCD(多边形 1)作为棱柱的底面,再选择第一个最高点 E,即可绘制一个以 ABCD 为底面、E 为第一个最高点的棱柱;也可先激活棱柱工具 ,直接绘制底面,再选择一个第一个最高顶点,也可绘制棱柱,如图 9-33 所示。

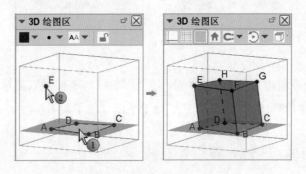

图 9-33

代数输入:在指令栏中输入"棱柱[〈多边形〉,〈最高点〉]",例如,输入"e＝棱柱[多边形 1,E]",然后按 Enter 键,即可绘制一个以 ABCD 为底面、以 E 为顶点的棱柱;也可以输入 "棱柱[〈点 1〉,〈点 2〉,…]"(其中最后一个点是第一个最高点)来绘制棱柱。

9.5.7.3 直棱锥工具 及其指令

几何输入:先激活直棱锥工具 ,然后在多边形 ABCD(多边形 1)上按住鼠标左键不放向上或向下拖动适当的高度,释放左键后即可绘制以"多边形 1"为底面、高为所拖动高度的棱锥,如图 9-34 所示。

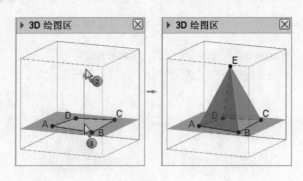

图 9-34

代数输入:在指令栏中输入"棱锥[〈多边形〉,〈高度〉]",例如:输入"e＝棱锥[多边形 1,

5]"，然后按 Enter 键，即可绘制一个以 ABCD 为底面、高为 5 的棱锥。

还可以先激活直棱锥工具，然后在多边形 ABCD（多边形 1）上单击，在弹出的对话框中输入棱锥的"高度"为 5，单击"确定"按钮后，即可得到以"多边形 1"为底面、高为 5 的棱锥，如图 9-35 所示。

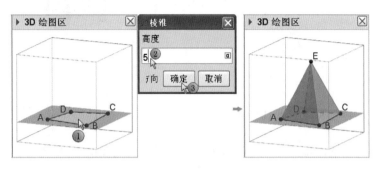

图 9-35

9.5.7.4　直棱柱工具 及其指令

几何输入：先激活直棱柱工具，然后在多边形 ABC（多边形 1）上按住鼠标左键不放向上或向下拖动适当的高度，释放左键即可绘制以"多边形 1"为底面、高为所拖动高度的直棱柱，如图 9-36 所示。

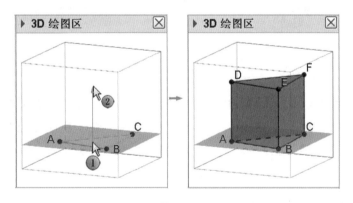

图 9-36

也可激活直棱柱工具，然后在多边形 ABC（多边形 1）上单击，在弹出的对话框中输入棱柱的"高度"为 5，单击"确定"按钮后，即可得到以"多边形 1"为底面、高为 5 的直棱柱，如图 9-37 所示。

代数输入：在指令栏中输入"棱柱[〈多边形〉,〈高度值〉]"，例如，输入"d＝棱柱[多边形 1,5]"，然后按 Enter 键，即可绘制一个以"多边形 1"为底面、高为 5 的棱柱。

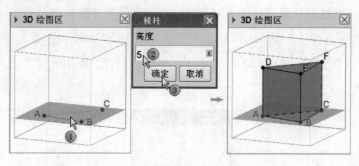

图 9-37

9.5.7.5　圆锥工具 及其指令

几何输入：先激活圆锥工具，然后依次单击圆锥的底面圆心 A 和顶点 B，在弹出的对话框中输入圆锥的底面"半径"值为 5，确定后即可绘制底面圆心为 A、顶点为 B、半径为 5 的圆锥，如图 9-38 所示。

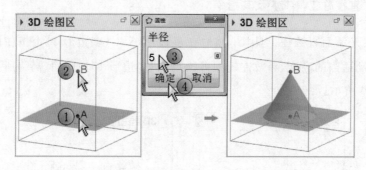

图 9-38

代数输入：在指令栏中输入"圆锥[〈底面圆心〉,〈顶点〉,〈下底半径〉]"，例如，输入"a＝圆锥[A,B,5]"，然后按 Enter 键，即可绘制底面圆心为 A、顶点为 B、半径为 5 的圆锥；也可以在指令栏中输入"圆锥[〈底面圆〉,〈高度〉]"或"圆锥[〈顶点〉,〈向量〉,〈半顶角角度|弧度〉]"来绘制圆锥。

9.5.7.6　圆柱工具 及其指令

几何输入：先激活圆柱工具，然后用鼠标左键依次选择圆柱上下底面的圆心，再输入底面半径，即可绘制圆柱。例如，依次单击点 A 和 B，在弹出的对话框中输入圆柱的底面半径，例如，输入 6，即可绘制以 A、B 为上下底面圆心、半径为 6 的圆柱，如图 9-39 所示。

代数输入：在指令栏内输入"圆柱[〈下底圆心〉,〈上底圆心〉,〈半径〉]"或"圆柱[〈底面圆〉,〈高度〉]"，例如输入"a＝圆柱[A,B,6]"，然后按 Enter 键，即可绘制以 A、B 为上下底面圆心、半径为 6 的圆柱。

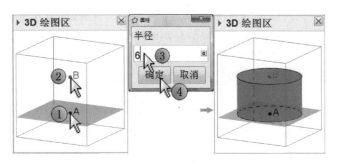

图 9-39

9.5.7.7　正四面体工具 及其指令

几何输入：先激活正四面体工具，然后选择一个平面及其内部的两个点，例如，在该平面上选择点 A 和点 B，即可绘制一个侧面（按逆时针产生的）在该平面上的正四面体，如图 9-40 所示。

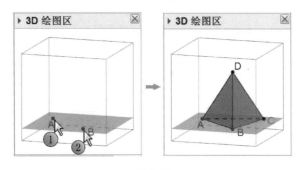

图 9-40

代数输入：在指令栏内输入"正四面体[〈点 1〉,〈点 2〉]"，例如，输入"a＝正四面体[A,B]"，然后按 Enter 键，即可绘制一个侧面（按逆时针产生的）在该平面上的正四面体。

9.5.7.8　正六面体工具 及其指令

几何输入：先激活正六面体工具，然后选择一个平面及其内部的两个点，例如，在该平面上选择点 A 和点 B，即可绘制一个面（按逆时针产生的）在该平面上的正六面体，如图 9-41 所示。

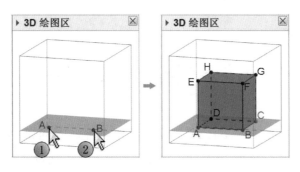

图 9-41

代数输入：在指令栏内输入"正六面体[〈点1〉,〈点2〉]"，例如,输入"a＝正六面体[A,B]"，然后按 Enter 键,即可绘制一个侧面(按逆时针产生的)在该平面上的正六面体。

9.5.7.9 多面体展开图工具 ⬙ 及其指令

几何输入：先激活多面体展开图工具 ⬙,然后在代数区内单击多面体标签,即可将多面体展开,同时在平面绘图区会产生一个动态滑杆参数,用鼠标拖动参数点,可观察动态展开过程,例如,单击正六面体标签 a,即可将正六面体展开,拖动参数点 b,即可观察动态展开过程,如图 9-42 所示。

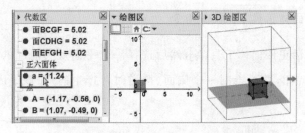

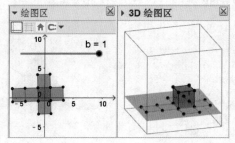

图 9-42

代数输入：在指令栏中输入"展开图[〈多面体〉,〈展开程度值 0—1〉]"，例如,输入"c＝展开图[a,b]"(其中 b 的参数范围为 0~1),然后按 Enter 键,即可展开多面体;还可以利用指令"展开图[〈多面体〉,〈展开程度值 0—1〉,〈面〉,〈棱 1〉,〈棱 2〉,…]",按指定多面体展开铺平的平面及其棱进行展开。

9.5.8 相交曲线工具 ⬙ 及指令

相交曲线工具如图 9-43 所示。

图 9-43

几何输入：先激活相交曲线工具 ⬙,然后选择两个曲面,也可以在两个曲面的相交处单击,即可生成它们的交线。例如,在代数区单击平面 b 和正六面体 a,即可产生它们的交线,如图 9-44 所示。

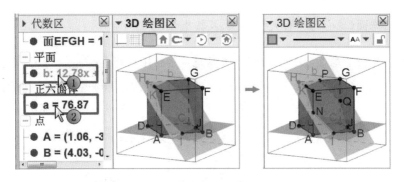

图 9-44

代数输入:在指令栏中输入"相交路径[〈平面〉,〈多面体〉]",例如,输入"多边形 1＝相交路径[b,a]",然后按 Enter 键,即可绘制它们的交线。

9.5.9　球类工具及指令

球类工具如图 9-45 所示。

图 9-45

9.5.9.1　球面(球心与一点)工具 及其指令

几何输入:先激活球面(球心与一点)工具 ,然后用鼠标左键选择圆心和球面上一点,即可绘制一个球。例如,依次选择点 A 和点 B,即可得到以点 A 为球心、经过点 B 的球,如图 9-46 所示。

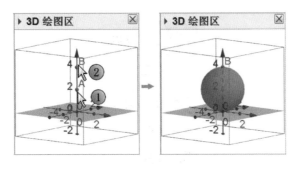

图 9-46

代数输入:在指令栏中输入"球面[〈球心〉,〈球面上一点〉]",例如,输入"a＝球面[A,B]",然后按 Enter 键,即可得到以点 A 为球心、经过点 B 的球。

9.5.9.2 球面(球心与半径)工具 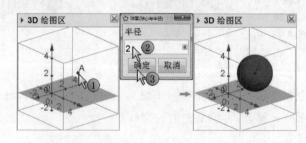 及其指令

几何输入:先激活球面(球心与半径)工具 ,然后用鼠标左键选择球心,在弹出的对话框中输入"半径"的值,单击"确定"按钮后即可绘制已知球心和半径的球。例如,选择球心 A,然后输入"半径"值 2,确定后即可得到以点 A 为球心、半径为 2 的球,如图 9-47 所示。

图 9-47

代数输入:在指令栏中输入"球面[〈球心〉,〈半径〉]",例如,输入"a=球面[A,2]",然后按 Enter 键,即可得到以点 A 为圆心、半径为 2 的球。

9.5.10 度量类工具及指令

度量类工具如图 9-48 所示。

图 9-48

在该度量类工具中,角度、距离/长度和面积工具的使用方法与平面绘图区度量工具中相对应工具的使用方法类似,如图 9-49 所示。

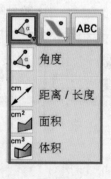

图 9-49

这里着重介绍一下体积工具 及其指令。

几何输入:先激活体积工具 ,然后单击几何体(或在代数区单击几何体标签),即可得到该几何体的体积。例如,单击正四面体 a,即可在代数区得到正四面体 a 的体积的数值及

文本值,如图 9-50 所示。

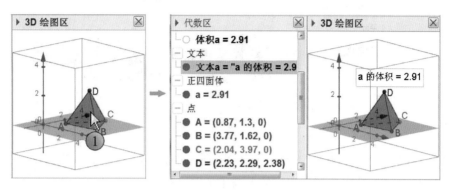

图 9-50

　　代数输入:在指令栏中输入"体积[〈立体图形〉]",例如,输入"体积 a＝体积[a]",然后按
Enter 键,即可在代数区得到正四面体 a 的体积的数值及文本值。

9.5.11　变换类工具及指令

　　变换类工具如图 9-51 所示。

图 9-51

　　变换类工具的使用方法与平面绘图区相对应工具的使用方法基本相同,如图 9-52 所
示,详细内容请参见 5.9 节。下面以平面对称工具和旋转工具为例进行详解。

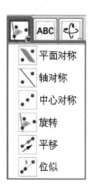

图 9-52

9.5.11.1　平面对称工具 及其指令

　　几何输入:先激活平面对称工具 ,然后选择要对称的对象,再选择对称平面,即可绘
制该对象关于该平面对称的对象。例如,在代数区选择正四面体 b,然后在 3D 绘图区选择
平面 a,即可以绘制正四面体 b 关于平面 a 的对称图形 b′,如图 9-53 所示。

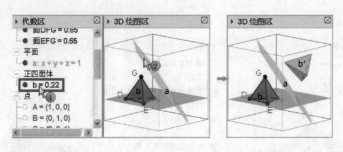

图 9-53

代数输入：在指令栏中输入"对称[〈几何对象〉,〈对称平面〉]"，例如，输入"b′＝对称[b，a]"，然后按 Enter 键，即可绘制正四面体 b 关于平面 a 的对称图形 b′。

9.5.11.2 旋转工具 及其指令

几何输入：激活旋转工具，选择要旋转的对象、旋转轴，然后在弹出的对话框内输入旋转的"角度"并选择旋转方向，确定后即可得到旋转后的对象。例如，在代数区单击正四面体，在 3D 绘图区单击直线 a，然后输入旋转角度80°，确定后即可得到正四面体 b 旋转后的对象 b′，如图 9-54 所示。

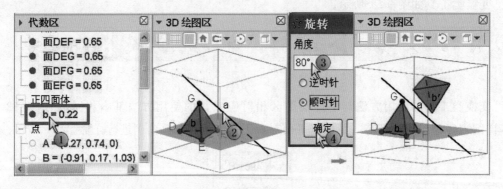

图 9-54

代数输入：在指令栏内输入"旋转[〈几何对象〉,〈角度|弧度〉,〈旋转轴〉]"，例如，输入"b′＝旋转[b，80°，a]"，然后按 Enter 键，即可得到正四面体 b 旋转后的对象 b′。

也可以用指令"旋转[〈几何对象〉,〈角度|弧度〉,〈轴上的点〉,〈轴方向或平面〉]"得到旋转对象。

9.5.12 文本类工具及指令

文本类工具如图 9-55 所示。

图 9-55

与平面文本工具相同,可以在绘图区插入文本公式,如图 9-56 所示,详细内容请参见 5.10 节。

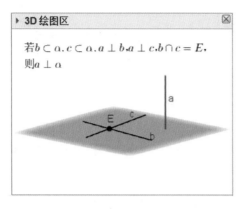

图 9-56

9.5.13　显示类工具及指令

显示类工具如图 9-57 和图 9-58 所示。

图 9-57

图 9-58

●旋转视图 :激活旋转视图工具后,可以用鼠标左键拖动坐标系,从而任意调整坐标系的视图方向。

●指定视向 :把视线转到指定平面前,即可选定视图的正投影面。

第 10 章　概率统计计算器

概率统计计算器是 GeoGebra 的主要格局之一,可用它来计算与绘制概率的分布,以及运行统计检验。在"视图"菜单中选择"概率统计"命令,打开"概率统计"对话框,其"分布"和"统计"选项卡如图 10-1 所示。

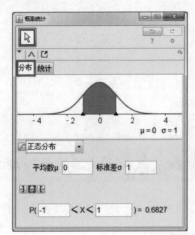 

图 10-1

10.1　概率分布

通过概率的"分布"选项卡可绘制各种概率分布的图形,只要从下拉式选单中选择想要操作的分布类型(例如,正态分布和二项分布),GeoGebra 就会绘制分布图,接着,可在邻近的文字字段中调整此分布的参数。

也可使用下列按钮来调整分布的外观:

● ∫ :切换为此分布的"概率密度函数"或"累积分布函数"。

● ╡、╠、╞ :选择图形的限制区间类型,从而计算累积概率(例如,$P(x \leqslant X)$、$P(x \geqslant X)$)。接着可在邻近的文字字段中输入数值,或是直接拖曳 x 轴上的箭头来调整区间的大小。

10.2 统计值

通过"统计"选项卡可操作各种统计检验，只要从下拉式选单中选择要操作的检验类型（例如，单均值 Z 检验），并指定虚无假设以及备择假设，接着，从文字字段中调整参数后，GeoGebra 将会显示检验的结果。

10.3 概率统计计算器样式列

概率统计计算器样式列提供的选项可在分布图形上显示"常态曲线∧"或"汇出⤴"图形，如图 10-2 所示。

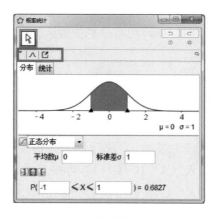

图 10-2

备注：要汇出分布图形时，可选择"汇出文档""复制到剪贴簿（桌机版适用）"或"复制到绘图区（桌机版适用）"。

10.4 拖曳功能

在 GeoGebra 的桌机版中，只要将鼠标移到概率统计计算器图形区域的上方，鼠标光标变成小手的形状，即可通过鼠标直接拖曳分布图形到绘图区或其他可接受文档的应用程序中（如 Word、PPT 和几何画板等）。

第 11 章　点、向量和复数的运算

11.1　点的运算

加法:若点 A=(2,1),B=(4,-3),在指令栏中输入"A+B",再按 Enter 键,即可得到点 C=(6,-2)。

减法:若点 A=(2,1),B=(4,-3),在指令栏中输入"A-B",再按 Enter 键,即可得到点 D=(-2,4)。

乘法:若点 A=(2,1),B=(4,-3),在指令栏中输入"A * B",再按 Enter 键,即可得到数值 a=2×4+1×(-3)=5。

除法:若点 A=(2,1),B=(4,-3),在指令栏中输入"A/B",再按 Enter 键,即可得到复数 z_1=0.2+0.4i,结果相当于(2+i)/(4-3i)。

数乘:若点 A=(2,1),B=(4,-3),C=(0,-1),在指令栏中输入"3 * A",再按 Enter 键,即可得到点 F=(6,3);在指令栏中输入"(A+B)/2",再按 Enter 键,即可得到 A、B 的中点 G=(3,-1);在指令栏中输入"(A+B+C)/3",再按 Enter 键,即可得到 A、B 和 C 的重心 G=(2,-1);在指令栏中输入"(2A+3B)/5",再按 Enter 键,即可得到将 A、B 之间五等分点中的第三等分点 H=(3.2,-1.4)。

11.2　向量的运算

加法:若向量 u=(2,1),v=(4,-3),在指令栏中输入"u+v",再按 Enter 键,即可得到向量 w=(6,-2)。

减法:若向量 u=(2,1),v=(4,-3),在指令栏中输入"u-v",再按 Enter 键,即可得到向量 a=(-2,4)。

内积:若向量 u=(2,1),v=(4,-3),在指令栏中输入"u * v",再按 Enter 键,即可得到数值 b=5。

外积:若向量 u=(2,1),v=(4,-3),在指令栏中输入"u⊗v",再按 Enter 键,即可得到数值 c=-10。

注意:在 GeoGebra 的平面坐标系中,外积的结果是一个数值,而不是向量,它代表的是以两个向量为邻边的平行四边形的有向面积,其中外积符号⊗是通过输入栏右边隐藏按钮 α 中的符号输入的,如图 11-1 所示;也可以用快捷键 Alt+Shift+8 输入。在 3D 绘图区中,外积的结果是一个向量。

图 11-1

除法:若向量 u=(2,1),v=(4,−3),在指令栏中输入"u/v",再按 Enter 键,即可得到复数 z_1=0.2+0.4i,结果相当于(2+i)/(4−3i)。

数乘:若向量 u=(2,1),在指令栏中输入 3u,再按 Enter 键,即可得到向量 d=(6,3)。

向量的模:若向量 v=(4,−3),在指令栏中输入"长度[v]",再按 Enter 键,即可得到向量 v 的模 a=5。

向量夹角:若向量 u=(2,1),v=(4,−3),在指令栏中输入"角度[v,u]",再按 Enter 键,即可得到向量 u 与 v 的夹角 α=63.43°。对于按逆时针方向的角,可输入"角度[u,v]",再按 Enter 键,即可得到向量 u 与 v 的夹角 β=296.57°。

单位向量:若向量 v=(4,−3),在指令栏中输入"单位向量[v]",再按 Enter 键,即可得到向量 v 的单位向量 w=(0.8,−0.6)。

法向量:若向量 v=(4,−3),在指令栏中输入"法向量[v]",再按 Enter 键,即可得到向量 v 的法向量 a=(3,4)。

单位法向量:若向量 v=(4,−3),在指令栏中输入"单位法向量[v]",再按 Enter 键,即可得到向量 v 的单位法向量 a=(0.6,0.8)。

11.3 坐标分量

可以利用函数 x()、y()、z()来提取点或向量的分坐标 x、y、z。例如,已知点 A=(2,1),向量 u=(2,3,4),在指令栏中输入"x(A)",再按 Enter 键,即可得到点 A 的横坐标 a=2;在指令栏中输入"y(A)",再按 Enter 键,即可得到点 A 的纵坐标 b=1;在指令栏中输入"z(u)",再按 Enter 键,即可得到向量 u 的竖坐标 c=1。

注意:在设定参数变量和函数名称时,千万不要用 x、y、z 这三个字母。

11.4 复数运算

加法:例如,已知复数 $z_1 = 2+i, z_2 = 4-3i$,在指令栏中输入"z_1+z_2",再按 Enter 键,即可得到复数 $z_3 = 6-2i$。

减法:例如,已知复数 $z_1 = 2+i, z_2 = 4-3i$,在指令栏中输入"z_1-z_2",再按 Enter 键,即可得到复数 $z_4 = -2+4i$。

乘法:例如,已知复数 $z_1 = 2+i, z_2 = 4-3i$,在指令栏中输入"z_1*z_2",再按 Enter 键,即可得到复数 $z_5 = 11-2i$。

除法:例如,已知复数 $z_1 = 2+i, z_2 = 4-3i$,在指令栏中输入"z_1/z_2",再按 Enter 键,即可得到复数 $z_5 = 0.2+0.4i$。

乘方:例如,已知复数 $a = 0.6+0.8i$,在指令栏中输入"a^2,a^3,a^4",即可直接计算其值。

辐角:例如,已知复数 $z_2 = 4-3i$,在指令栏中输入"函数 arg[z_2]",再按 Enter 键,即可得到复数 z_2 的辐角 $\alpha = -36.87°$。

复数的模:例如,已知复数 $z_2 = 4-3i$,在指令栏中输入"长度[z_2]"或"abs(z_2)",再按 Enter 键,即可得到复数 z_2 的模 $a = 5$。

复数的实部与虚部:例如,已知复数 $z_1 = 2+i$,在指令栏中输入"x(z_1)",再按 Enter 键,即可得到复数的 z_1 实部;在指令栏中输入"y(z_1)",再按 Enter 键,即可得到复数的 z_1 虚部。

共轭复数:例如,已知复数 $z_1 = 2+i$,在指令栏中输入"对称[z_1,x 轴]",再按 Enter 键,即可得到复数的共轭 z_1 复数。

11.5 数、点、向量混合运算

点与数:例如,已知点 $A = (2,1)$,在指令栏中输入"$A+3$",再按 Enter 键,即可得到点 $B = (5,4)$,相当于将点 A 的横、纵坐标均加上 3。

在指令栏中输入"2/A",再按 Enter 键,即可得到复数 $0.8-0.4i$。

点与向量:例如,已知点 $A = (2,1)$,向量 $u = (1,3)$,在指令栏中输入"$A+u$",再按 Enter 键,即可得到点 $C = (3,4)$,相当于将点 A 沿着向量 u 平移到点 C;在指令栏中输入"$A*u$",再按 Enter 键,即可得到数值 5,相当于数量积;在指令栏中输入"u/A",再按 Enter 键,即可得到复数 $1+i$,相当于复数除法。

向量与数:例如,已知向量 $u = (1,2)$,在指令栏中输入"$u+3$",再按 Enter 键,即可得到向量 $v = (4,5)$,相当于将向量 u 的横、纵坐标均加上 3。

在指令栏中输入"2/u",再按 Enter 键,即可得到复数 $0.4-0.8i$。

复数与点:例如,已知点 $A = (2,1)$,复数 $a = 1+3i$。在指令栏中输入"$A+a$",再按 Enter

键,即可得到复数 b＝3＋4i;在指令栏中输入"A ＊ a",再按 Enter 键,即可得到复数 c＝－1＋7i;在指令栏中输入"a/A",再按 Enter 键,即可得到复数 d＝1＋i。

　　复数与向量:已知向量 u＝(2,1),复数 a＝1＋3i。在指令栏中输入"u＋a",再按 Enter 键,即可得到复数 b＝3＋4i;在指令栏中输入"u ＊ a",再按 Enter 键,即可得到复数 f＝－1＋7i;在指令栏中输入"a/u",再按 Enter 键,即可得到复数 g＝1＋i。

11.6　直角坐标、极坐标、向量和复数的相互转化

　　打开对象的属性对话框,在"代数区"选项卡中选择转化的目标形式,即可进行相互转化,如图 11-2 所示。

图 11-2

第 12 章 动态图形制作

12.1 显示与隐藏

12.1.1 真假值

在 GeoGebra 中,可以使用布尔值 true 与 false(即真假值)来控制数学对象是否显示出来。产生真假值的方式有两种,一是在绘图区的工具中激活复选框工具 ⊡ 产生一个真假值 a＝true 或 a＝false;二是在指令栏中直接输入"a＝true"或"b＝false",并按 Enter 键,也可产生真假值,这时若在代数区中设置显示 a 或 b,会在绘图区相应地产生复选框按钮 ✔a 或 ☐b。

注意:有时布尔值(即真假值)用 1 或 0 来表示。

例如,绘制圆周角和圆心角,并设置显示/隐藏圆周角和圆心角的按钮,作图步骤如表 12-1 所示。其中表格中的图标是指"几何输入",定义是指"代数输入"。

表 12-1

序号	名称	图标	描述	定义
1	点 O	•A		O＝(−2,4)
2	圆 c	⊘	圆心为 O 且半径为 3 的圆	圆形[O,3]
3	点 A	•A	c 上的点	描点[c]
4	点 B	•A	c 上的点	描点[c]
5	点 C	•A	c 上的点	描点[c]
6	线段 f	✎	端点为 A、B 的线段	线段[A,B]
7	线段 g	✎	端点为 A、C 的线段	线段[A,C]
8	布尔值 a	⊡		a＝true

在绘图区工具中激活复选框工具 ⊡,在空白处单击,在弹出的对话框内输入标题,在"从下拉列表、代数区或绘图区中选择对象"中选择要显示/隐藏的对象,再单击"应用"按钮,即可观看显示/隐藏效果,如图 12-1 和图 12-2 所示。

图 12-1

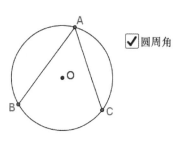

图 12-2

12.1.2 撤销对象显示/隐藏

在默认情况下,复选框工具是将所选择的数学对象的显示属性设置为布尔值 a,若希望某数学对象不受真假值的影响,只需将该对象在属性对话框的"高级"选项卡中的显示条件 a 删除即可。例如,将点 A 的显示条件取消,只需在点 A 的显示条件中删除 a 即可,如图 12-3 所示。

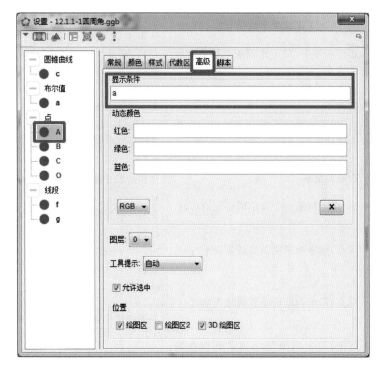

图 12-3

12.2 条件显示

12.2.1 布尔运算

在数学中,只要能产生真假值的运算都称为布尔运算,在 GeoGebra 中可以处理这些运算,运算符号的含义、输入方法及范例如表 12-2 所示。

表 12-2

运算	键盘	说明	范例
$\overset{?}{=}$	==	等于:用于比较两个数值、点、直线、圆锥曲线等数学对象是否相等	a:y=2x+1 b:y=3x+1 在指令栏中输入"a==b",结果为 false
≠	!=	不等于:用于比较两个数值、点、直线、圆锥曲线等数学对象是否不相等	a=3,b=2 在指令栏中输入"a!=b",结果为 true
<	<	小于:用于比较两个数值对象的大小	a=3,b=2 在指令栏中输入"a<b",结果为 false
>	>	大于:用于比较两个数值对象的大小	a=3,b=2 在指令栏中输入"a>b",结果为 true
≤	<=	小于或等于:用于比较两个数值对象的大小	a=3,b=2 在指令栏中输入"a<=b",结果为 false
≥	>=	大于或等于:用于比较两个数值对象的大小	a=3,b=2 在指令栏中输入"a>=b",结果为 true
∧	&&	且:用于判断两个布尔值得到的复合命题的真假	a=true,b=false 在指令栏中输入"a&&b"或"a∧b",结果为 false
∨	||	或:用于判断两个布尔值得到的复合命题的真假	a=true,b=false 在指令栏中输入"a||b"或"a∨b",结果为 true
¬	!	非:用于判断一个布尔值否定的真假	a=true 在指令栏中输入"! a"或"¬a",结果为 false
//		平行:用于判断两条直线是否平行	a:2x+y=1 b:2x+y=3 在指令栏中输入"a//b",结果为 true
⊥		垂直:用于判断两条直线是否垂直	a:x−2y=1 b:2x+y=3 在指令栏中输入"a⊥b",结果为 true
∈		属于:用于判断某个元素是否在集合内	A=(1,2) M={(1,2),(2,3),(4,3)} 在指令栏中输入"A∈M",结果为 true
⊆		包含于:用于判断一个集合是否是另一个集合的子集	A={1,2,3},B={1,2,3,4,5} 在指令栏中输入"A⊆B",结果为 true
⊂		真包含于:用于判断一个集合是否是另一个集合的真子集	A={0,1,2,3},B={0,3,2,1} 在指令栏中输入"A⊂B",结果为 false

另外,还可以在指令栏右边图标为 α 的选取列表中选取布尔运算的符号,如图 12-4 所示。

图 12-4

12.2.2　按条件依次显示对象

绘制圆周角、圆心角并度量其大小,同时判断圆周角的 2 倍与其圆心角是否相等,其操作步骤如表 12-3 所示。

表 12-3

序号	名称	图标	描述	定义
1	点 O	•ᴬ		O=(−2,4)
2	圆 c	⊘	圆心为 O 且半径为 3 的圆	圆形[O,3]
3	点 A	•ᴬ	c 上的点	描点[c]
4	点 B	•ᴬ	c 上的点	描点[c]
5	点 C	•ᴬ	c 上的点	描点[c]
6	线段 f	✐	端点为 A、B 的线段	线段[A,B]
7	线段 g	✐	端点为 A、C 的线段	线段[A,C]
8	线段 h	✐	端点为 B、O 的线段	线段[B,O]
9	线段 i	✐	端点为 O、C 的线段	线段[O,C]
10	角度 α	⦞	∠BAC	角度[B,A,C]
11	角度 β	⦞	∠BOC	角度[B,O,C]
12	数字 n	a=2	整数 n 最小值 0 最大值 5	n=5
13	布尔值 a		$2\alpha \overset{?}{=} \beta$	$2\alpha \overset{?}{=} \beta$

制作整数滑杆 n 的最小值为 0,最大值为 5,设置对象显示条件。在圆周角元素 A、B、C、f 和 g 属性的"高级"选项卡中将"显示条件"设置为 n>=1 并按 Enter 键,同理将圆心角元素 h 和 i 的"显示条件"设置为 n>=2 并按 Enter 键,将角 α 的"显示条件"设置为 n>=3,将角 β 的"显示条件"设置为 n>=4。用鼠标拖动滑杆点,即可依次显示设置的数学对象,也可以先选中滑杆点,然后按方向键来观察对象的显示情况,如图 12-5 所示。

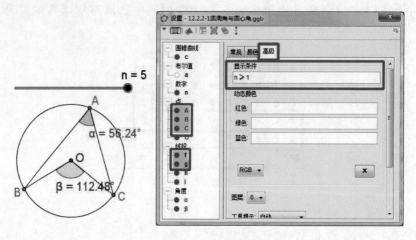

图 12-5

12.3 按钮制作方法

在 12.2.2 节中已经将圆周角与圆心角依次设置了显示条件,接下来就可以用按钮来切换显示对象了。激活绘图区的按钮工具 OK,在绘图区的空白处单击,在弹出的对话框中输入标题,设置脚本指令。例如,设置两个按钮,在第一个按钮中,输入"标题"为 n＝n＋1,输入脚本指令为"n＝n＋1";在第二个按钮中,输入"标题"为"n＝n－1",输入脚本指令为"n＝n－1",如图 12-6 所示。

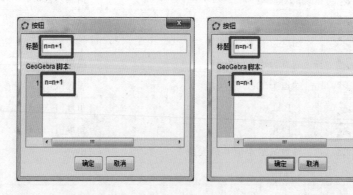

图 12-6

可以在按钮属性中设置按钮的样式、颜色和大小,单击按钮即可观察动态显示过程,如图 12-7 所示。

注意:按钮指令支持 JavaScript 指令,也可以在输入框右边的 ⑦ 按钮中查找 GeoGebra 内置的脚本指令,利用内置指令控制按钮动作。

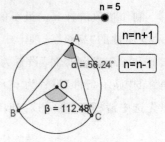

图 12-7

12.4　动点轨迹图形

用工具 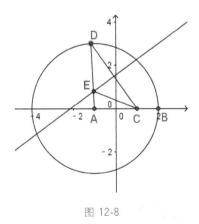（工具）或指令"轨迹［〈构造轨迹的点〉,〈控制点〉］"绘制动点轨迹。

例如,已知圆 A 的圆心为(−1,0)且经过点 B(2,0),点 C(1,0),点 D 为圆 A 上的动点,线段 CD 的垂直平分线与半径 AD 交于点 E,求点 E 的轨迹。

作图步骤如表 12-4 所示。

表 12-4

序号	名称	图标	描述	定义
1	点 A	$\bullet^A$	x 轴上的点	描点［x 轴］A＝(−1,0)
2	点 B	$\bullet^A$	x 轴上的点	描点［x 轴］B＝(2,0)
3	圆 c	⊙	圆心为 A 且经过 B 的圆	圆形［A,B］
4	点 C	$\bullet^A$	x 轴上的点	描点［x 轴］C＝(1,0)
5	点 D	$\bullet^A$	c 上的点	描点［c］
6	线段 f	✎	端点为 A、D 的线段	线段［A,D］
7	线段 g	✎	端点为 D、C 的线段	线段［D,C］
8	直线 h	✕	g 的中垂线	中垂线［g］
9	点 E	✕	f 与 h 的交点	交点［f,h］
10	线段 i	✎	端点为 E、C 的线段	线段［E,C］
11	轨迹 轨迹 1	✕	轨迹［E,D］	轨迹［E,D］

作图结果如图 12-8 所示。

图 12-8

12.4.1　跟踪动点轨迹

若想观察移动的数学对象轨迹的形成过程,可在对象上右击,在弹出的快捷菜单中选择"跟踪"命令。例如,在点 E 处右击,在弹出的快捷菜单中选择"追踪"命令,然后用鼠标拖动点 D,点 E 的轨迹会留在绘图上,如图 12-9 所示。

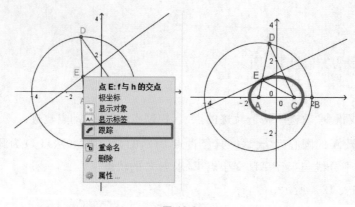

图 12-9

12. 4. 2 绘制动点轨迹

若要直接生成点 E 的轨迹,则可以激活绘图区的轨迹工
具▣,然后先选中点 E,再选择点 D,即可绘制点 E 的轨迹;
也可以用指令"轨迹[〈构造轨迹的点〉,〈控制点〉]"或"轨迹
[〈构造轨迹的点〉,〈滑动条〉]"生成轨迹图形。例如,在指令
栏中输入指令"轨迹[E,D]",按 Enter 键,即可产生点 E 的轨
迹,如图 12-10 所示。

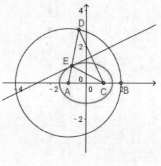

图 12-10

12. 4. 3 动画设定

对于数值滑杆、角度,或在线上的数学对象上的点,都可以设定"启动动画"功能,而且可
以一次设定多个。

例如,在点 D 处右击,在弹出的快捷菜单中选择"启动动画"命令后,点 D 将立刻在圆上
转动,同时相关联的点、线也随之运动(可以追踪这些点和线),此时在绘图区左下角将自动
出现一个"播放"按钮⏸,单击⏸或▶按钮,动画可停止或播放,如图12-11所示。

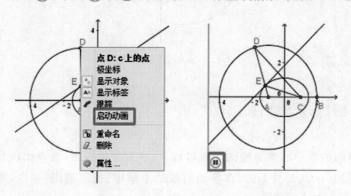

图 12-11

　　还可以在对象属性的"常规"选项卡中选中"启动动画"复选框来进行动画设定，如图 12-12 所示。

图 12-12

　　在"代数区"选项卡中还可以设置动画的增量、速度和动画方式，如图 12-13 所示。

图 12-13

12.4.4 自定义动画按钮

模拟行星绕太阳运转,如图 12-14 所示。

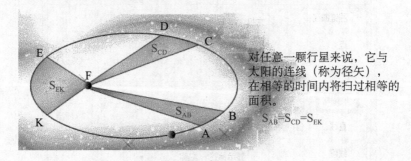

对任意一颗行星来说,它与太阳的连线(称为径矢),在相等的时间内将扫过相等的面积。

$S_{AB} = S_{CD} = S_{EK}$

图 12-14

由开普勒定律可知,行星运行的轨道是以太阳为焦点的椭圆,并且在相等的时间内,太阳和运动中的行星的连线(向量半径)所扫过的面积都是相等的。这一定律实际揭示了行星绕太阳公转的角动量守恒,即 $|\vec{r} \otimes \vec{v}| = r \cdot v\sin\alpha = k$,其中 r 为太阳与行星的连线半径,v 是行星运转速度,α 为半径矢量 $\vec{r}$ 与速度矢量 $\vec{v}$ 的夹角,k 为常量,且不同的行星其常量 k 也不同。

操作步骤如表 12-5 所示。

表 12-5

序号	名称	图标	描述	定义
1	点 A	•ᴬ	x 轴上的点	描点[x 轴] A=(−5,0)
2	点 B	•ᴬ	x 轴上的点	描点[x 轴] B=(5,0)
3	点 C	•ᴬ	y 轴上的点	描点[y 轴] C=(0,4)
4	椭圆 c	◔	焦点为 A、B 且经过点 C 的椭圆	椭圆[A,B,C]
5	圆 太阳	⊘	圆心为 A 且半径为 0.5 的圆	圆形[A,0.5]
6	点 D	•ᴬ	c 上的点	描点[c]
7	圆 行星	⊘	圆心为 D 且半径为 0.3 的圆	圆形[D,0.3]
8	直线 f	⊘	经过 D 且与 c 相切的线	切线[D,c]
9	线段 r	╱	端点为 A、D 的线段	线段[A,D]
10	角度 α	⦟	f 与 r 的夹角	角度[f,r]
11	数字 k	a=2		k=1.31
12	数字 v		k/(r sin(α))	k/(r sin(α))
13	布尔值 a	☑°	输入的真假值	a=false

绘图结果如图 12-15 所示。

设置点 D 的属性,在点 D 的属性对话框中的代数区选项卡内速度改为数值 v,增量为 0.1,重复为递增。

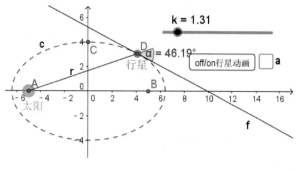

图 12-15

设置动画按钮：

激活绘图区的按钮工具 <kbd>OK</kbd> ,在绘图区的空白处单击,在弹出的对话框中输入"标题"为 "off/on 行星动画",并设置脚本指令,然后单击"确定"按钮,如图 12-16 所示。

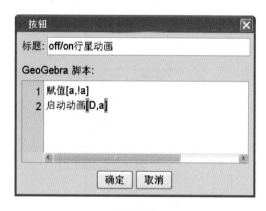

图 12-16

注意:脚本中的字母、符号和公式要在英文输入法下进行输入。

设置圆 A 和圆 D 的颜色并调整虚实,以填充圆 A 和圆 D,然后设置椭圆线的线型为虚线,隐藏不需要的点和线,单击动画按钮,拖动滑杆 k,即可观察动态效果,如图 12-17 所示。

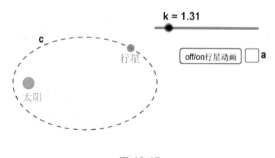

图 12-17

可以用手动的方式来改变一个数值或点的动态效果:先激活移动工具 ，然后单击自变的点、滑杆点或自变数字或角度,再按键盘上的＋、－键或上、下键,持续按这些键可产生手动动画。另外,在滑杆的属性对话框中可以通过调整滑杆的增量来调整动态的细腻程度。

还可以用快捷键来调整点或数的动态效果,例如按 Shift+方向键可以一次跳 0.1 个单位;按 Ctrl+方向键可以一次跳 10 个单位;按 Alt+方向键可以一次跳 100 个单位。

12.5 分页显示数学对象

可利用显示/隐藏图层脚本来设置对象按页面显示。

制作分页显示按钮:

(1)绘制整数数值滑杆,将最小值设为 1,最大值可以根据页数的需要进行设置(将滑杆属性中的高级图层设置为 0),用整数 a 控制页数位置,最多设置 10 页。

(2)制作两个页面来显示按钮的"下一页"和"上一页"。

激活按钮工具 OK,在绘图区的空白处单击,在弹出对话框的"标题"中输入"下一页",并设置按钮的脚本(将属性中的高级图层设置为 0),同理制作"上一页"的按钮,如图 12-18 所示。

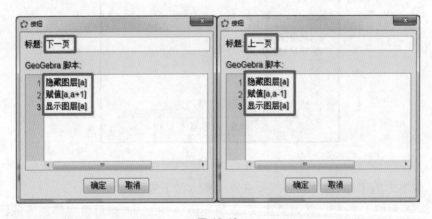

图 12-18

也可以在对象属性的"脚本"选项卡中设置按钮的脚本,如图 12-19 所示。

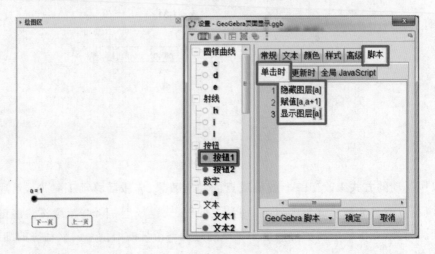

图 12-19

例如,分 3 页分别显示相交弦定理、割线定理和切割线定理,其制作方法如下。

将整数值滑杆调整到 a＝1,滑杆最大值设置为 3,制作第 1 页的相交弦定理,如表 12-6
所示。

表 12-6

序号	名称	图标	描述	定义
1	数字 a	a=2	整数滑杆 a 的范围为[0,3]	
2	按钮 按钮 1	OK	"下一页"按钮	
3	按钮 按钮 2	OK	"上一页"按钮	
4	文本 文本 2	ABC	相交弦定理	
5	点 A	A		A＝(1.57,4.6)
6	圆 c	⊙	圆心为 A 且半径为 3 的圆	圆形[A,3]
7	点 B	A	c 上的点	描点[c]
8	点 C	A	c 上的点	描点[c]
9	线段 f	✏	端点为 B、C 的线段	线段[B,C]
10	点 D	A	c 上的点	描点[c]
11	点 E	A	c 上的点	描点[c]
12	线段 g	✏	端点为 D、E 的线段	线段[D,E]
13	点 F	✕	f 与 g 的交点	交点[f,g]
14	文本 文本 1	ABC	BF·FC＝DF·FE	

用鼠标右键在绘图区拖曳一个矩形,选中第 4～14 步的对象,右击,打开对象的属性对
话框,将"高级"选项卡中的"图层"设置为 1,如图 12-20 所示。

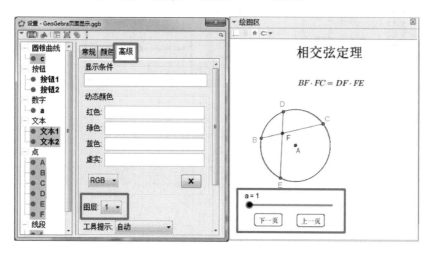

图 12-20

单击"下一页"按钮,制作第 2 页的割线定理,如表 12-7 所示。

表 12-7

序号	名称	图标	描述	定义
15	文本 文本 3	ABC	割线定理	
16	点 G	A		G＝(3.59,4.16)

续表

序号	名称	图标	描述	定义
17	圆 d	⊘	圆心为 G 且半径为 3 的圆	圆形[G,3]
18	点 H	•ᴬ		H=(−1.74,4.4)
19	点 I	•ᴬ	d 上的点	描点[d]
20	射线 h	⤢	端点为 H 且经过点 I 的射线	射线[H,I]
21	点 J	✕	d 与 h 的交点	交点[d,h,2]
22	点 K	•ᴬ	d 上的点	描点[d]
23	射线 i	⤢	端点为 H 且经过点 K 的射线	射线[H,K]
24	点 L	✕	d 与 i 的交点	交点[d,i,2]
25	文本 文本 4	ABC	HI·HJ=HL·HK	

选中第 15~25 步的对象,右击,打开对象的属性对话框,将"高级"选项卡中的"图层"均设置为 2,如图 12-21 所示。

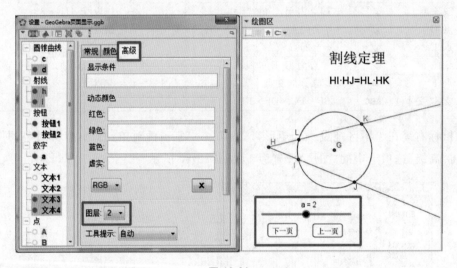

图 12-21

单击"下一页"按钮,制作第 3 页的切割线定理,如表 12-8 所示。

表 12-8

序号	名称	图标	描述	定义
26	文本 文本 5	ABC	切割线定理	
27	点 M	•ᴬ		M=(5.87,5.32)
28	圆 e	⊘	圆心为 M 且半径为 3 的圆	圆形[M,3]
29	点 N	•ᴬ		N=(−0.18,5.46)
30	直线 j	⟋◯	经过 N 且与 e 相切的线	切线[N,e]
30	直线 k	⟋◯	经过 N 且与 e 相切的线	切线[N,e]
31	点 O	✕	e 与 k 的交点	交点[e,k]
32	点 P	•ᴬ	e 上的点	描点[e]
33	射线 l	⤢	端点为 N 且经过点 P 的射线	射线[N,P]
34	点 Q	✕	e 与 l 的交点	交点[e,l,2]
35	文本 文本 6	ABC	NQ·NP=NO²	

选中第 26～35 步的对象，右击，打开对象的属性对话框，将"高级"选项卡中的"图层"均设置为 3，如图 12-22 所示。

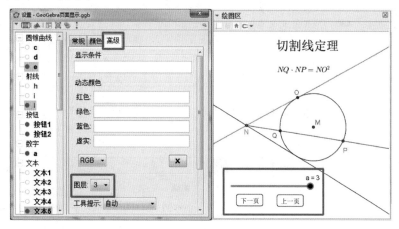

图 12-22

12.6　动态文本制作方法

案例：平面向量的基本定理。

制作步骤如表 12-9 所示。

表 12-9

序号	名称	图标	描述	定义
1	点 A		x 轴与 y 轴的交点	交点[x 轴,y 轴]
2	点 B			B=(1.2,2.74)
3	直线 a		经过点 A、B 的直线	直线[A,B]
4	点 C			C=(4.36,0.44)
5	直线 b		经过点 A、C 的直线	直线[A,C]
6	点 D			D=(7.2,4.76)
7	直线 c		经过点 A、D 的直线	直线[A,D]
8	直线 d		经过点 D 且平行于 b 的直线	直线[D,b]
9	直线 e		经过点 D 且平行于 a 的直线	直线[D,a]
10	点 E		a 与 d 的交点	交点[a,d]
11	点 F		b 与 e 的交点	交点[b,e]
12	数字 μ		仿射比 λ[A,C,F]	仿射比 λ[A,C,F]
13	向量 u		向量[A,B]	向量[A,B]
14	向量 v		向量[A,D]	向量[A,D]
15	向量 w		向量[A,C]	向量[A,C]
16	向量 g		向量[A,E]	向量[A,E]
17	向量 h		向量[A,F]	向量[A,F]
18	数字 λ		仿射比 λ[A,B,E]	仿射比 λ[A,B,E]

续表

序号	名称	图标	描述	定义
19	文本 文本1	**ABC**	"\vec{v}=λ\vec{u}+μ\vec{ω}=" +（公式文本[λ]）+"\vec{u}+("+ （公式文本[μ]）+")\vec{ω}"	"\vec{v}=λ\vec{u}+μ\vec{ω}=" +（公式文本[λ]）+"\vec{u}+("+ （公式文本[μ]）+")\vec{ω}"
20	数字 f		λ+μ	λ+μ
21	文本 文本2	**ABC**	"λ+μ="+f+""	"λ+μ="+f+""

其中，文本符号可以在文本窗口中的"LaTeX 数学式"及"符号"中选取，动态文本可以在其"对象"中选取，如图 12-23 所示。

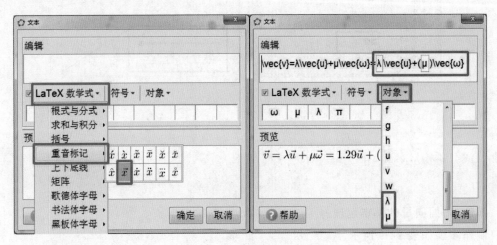

图 12-23

绘图结果如图 12-24 所示。

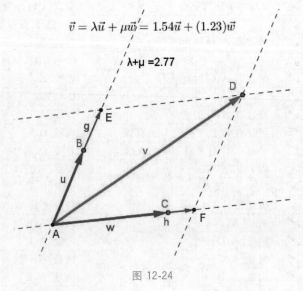

图 12-24

改变 D 点的位置，观察动态效果。

12.7　将 Word 中的数学公式复制到绘图区

先将 Word 中的数学公式一一转换成 LaTeX 公式,然后再将数学文本及公式复制到 GeoGebra 文本窗口内。

例如,选中数学文本及公式,在 MathType 菜单中单击 Toggle TeX,或按 Alt＋\ 快捷键,即可将 MathType 公式转换成 LaTeX 公式,如图 12-25 所示。

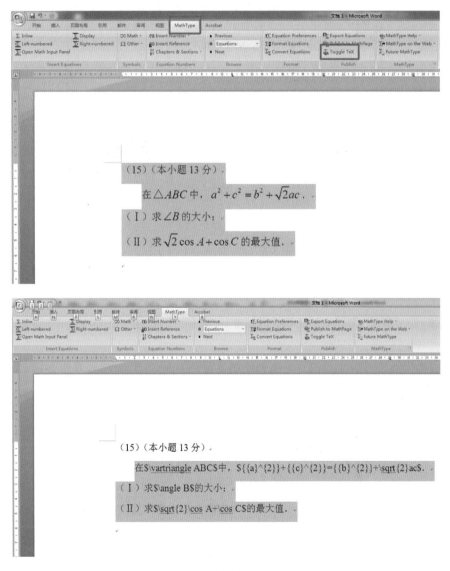

图 12-25

复制转换的文本,然后将光标移到 GeoGebra 的“文本”窗口内,按 Ctrl＋V 快捷键,选中 LaTex 数学公式复选框,再单击“确定”按钮即可,如图 12-26 所示。

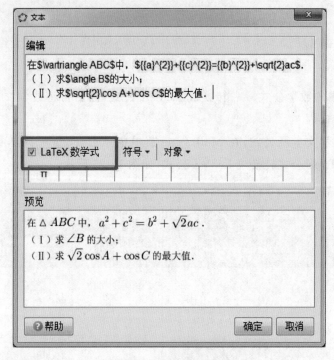

图 12-26

12.8　拖曳数学对象及文本或图片

12.8.1　将代数区的数学对象直接拖到绘图区

例如，将代数区 C＝(2.5,3.13)拖到绘图区得到 C＝(2.5,3.13)，其坐标随着点 C 的运动将呈现动态改变，如图 12-27 所示。

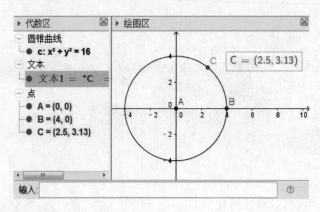

图 12-27

12.8.2　将代数区数学对象拖到指令栏

例如，将"多边形 1"拖到指令栏，将得到多边形 1＝多边形[A，B，C]，即显示"多边形 1"的定义，如图 12-28 所示。

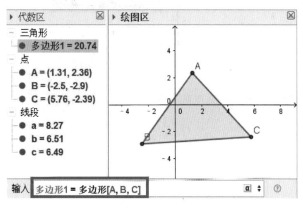

图 12-28

12.8.3　将外面的文字移到绘图区

例如，选中网页中的一段文字，将其拖到 GeoGebra 的绘图区后释放鼠标，即可复制文本，如图 12-29 所示。

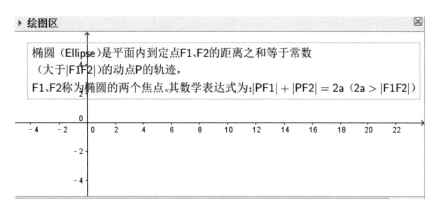

图 12-29

另外，还可以用鼠标左键在绘图区双击文本进行编辑，勾选 LaTeX 数学式，在文本中插入符号"\\"可以执行换行操作。

12.8.4　将图片拖到绘图区

例如，选中图片，直接将其拖曳到绘图区，如图 12-30 所示。

图 12-30

可以利用图片属性，选择 3 个顶点的位置。

第 13 章　导出图形、作图过程和自定义工具

13.1　更改标签字母的字体

对于在绘图区绘制的对象图形,系统会自动产生标签字母,但是有时系统产生的标签大小和字体不是自己想要的,下面就通过实例来讲解更改标签的方法。

例如,更改△ABC 的顶点字母标签。

方法 1:在代数区的对象类型名称"点"上右击,在弹出的快捷菜单中选择"显示标签"命令,这时将一次性隐藏所有点的标签字母,如图 13-1 所示。

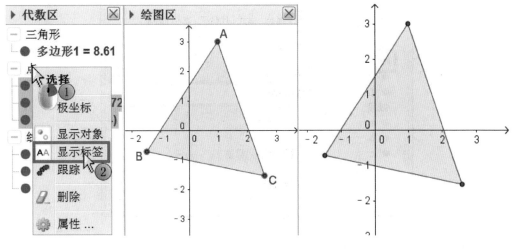

图 13-1

激活文本工具 ^{ABC},在相应点的位置上单击,在弹出的对话框中输入希望出现的字母,如输入 A,选中"LaTeX 数学式"复选框,单击"确定"按钮即可输入文本字母 A,还可以拖动文本 A 改变其位置,用同样的方法输入字母 B 和 C,如图 13-2 所示。

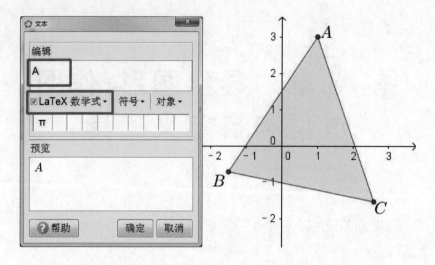

图 13-2

方法 2:分别打开字母 A、B 和 C 的属性对话框,在"常规"选项卡中的标题内分别输入 A、B、C,并按 Enter 键,即可将标签的显示标题更改为 LaTeX 字体的 A、B 和 C,如图 13-3 所示。

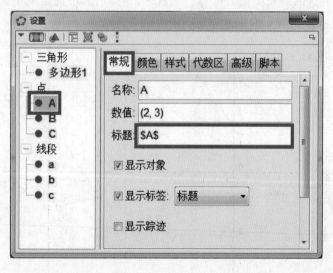

图 13-3

13.2　设置文本标签属性

方法 1:在文本上右击,打开文本属性对话框,可以设置文本的字体、大小、位置、颜色和高级等,例如设置文本标签 A 的属性,如图 13-4 所示。

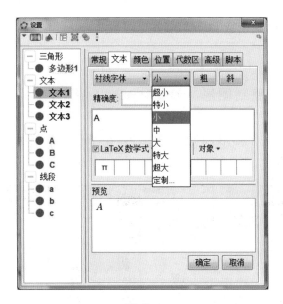

图 13-4

方法 2：用绘图区标题栏内的样式快捷工具设置对象属性。

激活移动工具 ，单击对象，如单击文本标签 A，即选中文本 A，然后单击绘图区标题栏前面的小三角，显示对象 A 样式的快捷工具，可以设置其背景颜色、字体颜色、大小、绝对位置和固定对象等，如图 13-5 所示。

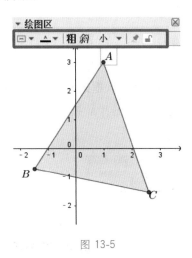

图 13-5

注意：不同的数学对象其样式工具也有所不同。

13.3 将 GeoGebra 图形复制到 Word 文档或 PPT 幻灯片上

使用 GeoGebra 不仅可以制作动态图形，还可以将绘制的图形进行输出，从而放在其他文件中,例如,放在 Word 文档或 PPT 幻灯片上。另外,还可以放在其他的绘图软件中,从而做进一步的编辑。

13.3.1 用截图复制图形

按住鼠标右键拖曳一个矩形,框选对象图形,在"编辑"菜单中选择"截图"命令,打开 Word 文档或 PPT 幻灯片,选择"粘贴"命令即可,如图 13-6 所示。

图 13-6

13.3.2 用导出复制图形

在绘图区按住鼠标右键,拖曳一个矩形,框选对象图形,在"文件"菜单中选择"导出"→"图片"命令,在弹出的对话框中选择输出图片的格式、比例尺和分辨率,然后单击"剪贴板"按钮,如图 13-7 所示。

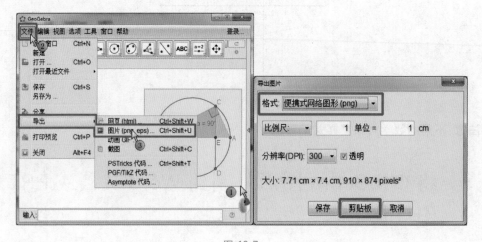

图 13-7

打开 Word 文档或 PPT 幻灯片,选择"粘贴"命令即可,如图 13-8 所示。

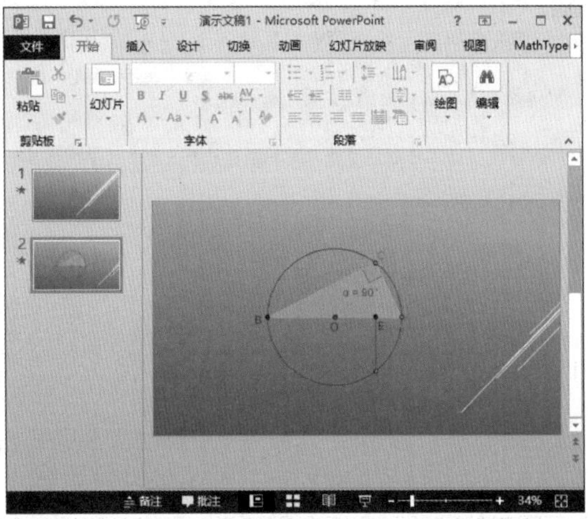

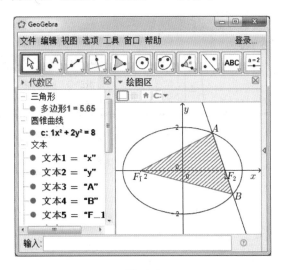

图 13-8

13.3.3 导出整个绘图区

有时需要导出整个绘图区,这时不需要在绘图区框选复制的对象图形,而是直接选择截图或导出图片,即可复制整个绘图区。

若想调整图片在整个绘图区的显示比例,可以在复制前先用鼠标拖动 GeoGebra 窗口的边框,将 GeoGebra 显示窗口缩小到适当的大小,然后使用与 13.3.2 节介绍的相同的方法,即在"文件"菜单中选择"导出"→"图片"命令,在弹出的对话框中选择输出图片的格式、比例尺和分辨率,最后单击"剪贴板"按钮即可,如图 13-9 所示。

图 13-9

打开 Word 文档或 PPT 幻灯片,选择"粘贴"命令即可,如图 13-10 所示。

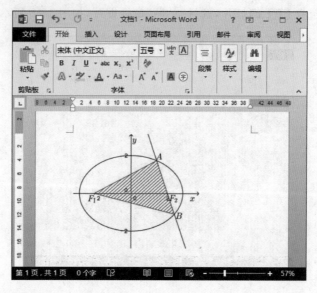

图 13-10

13.3.4　导出 GIF 动态图形

GIF 动态图形是必须用数值滑杆控制的动画。例如，制作动态函数 $f(x) = \dfrac{\sin(ax)}{x^2}$ 并导出 GIF 文件，绘制数值滑杆 a 的范围为 $[-5,5]$，在指令栏中输入"函数 $f(x) = \dfrac{\sin(ax)}{x^2}$"，在滑杆 a 上右击，启动动画，隐藏滑杆 a，在"文件"菜单中选择"导出动画 GIF"命令，在弹出的对话框中设置"间隔时间"并选中"循环播放"复选框，导出到指定文件夹中，即可使用任何浏览器打开此 GIF 动画文件，如图 13-11 所示。

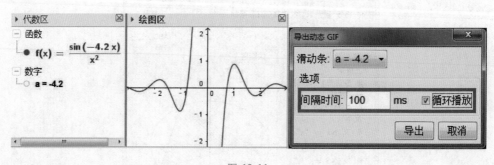

图 13-11

13.4　显示作图过程

在"视图"菜单中选择"作图过程"命令，在打开的窗口中记录了所有的作图过程，可以看

到作图的每一步细节。若想学习别人制作的 GeoGebra 课件，可以通过选择"作图过程"命令
来了解制作过程及细节。

13.4.1 显示作图过程窗口

在"视图"菜单中选择"作图过程"命令，可打开显示作图过程的窗口，如图 13-12 所示。

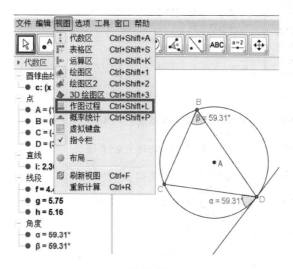

图 13-12

作图步骤窗口是以表格的形式显示作图的每个环节，在表格底部的导航栏中设有"播
放"按钮、播放速度及播放的当前步骤数值，如图 13-13 所示。

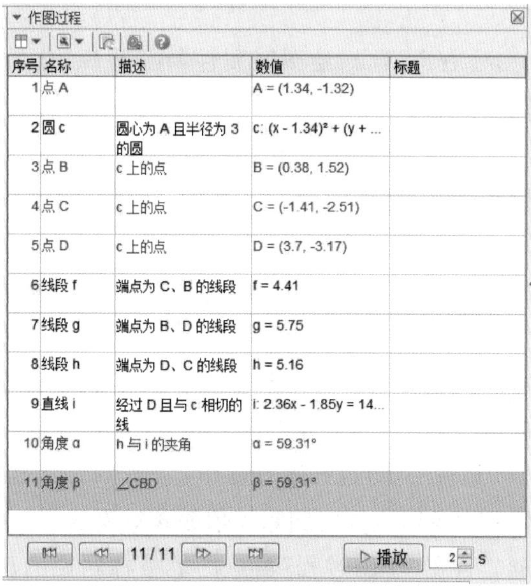

序号	名称	描述	数值	标题
1	点 A		A = (1.34, -1.32)	
2	圆 c	圆心为 A 且半径为 3 的圆	c: (x - 1.34)² + (y + ...	
3	点 B	c 上的点	B = (0.38, 1.52)	
4	点 C	c 上的点	C = (-1.41, -2.51)	
5	点 D	c 上的点	D = (3.7, -3.17)	
6	线段 f	端点为 C、B 的线段	f = 4.41	
7	线段 g	端点为 B、D 的线段	g = 5.75	
8	线段 h	端点为 D、C 的线段	h = 5.16	
9	直线 i	经过 D 且与 c 相切的线	i: 2.36x - 1.85y = 14...	
10	角度 α	h 与 i 的夹角	α = 59.31°	
11	角度 β	∠CBD	β = 59.31°	

图 13-13

可以在"作图过程"窗口内的工具图标中设置列、选项、导出网页和打印等内容。例如，

在列工具中选中"名称""图标""描述""定义""数值""标题"和"断点"复选框,如图 13-14
所示。

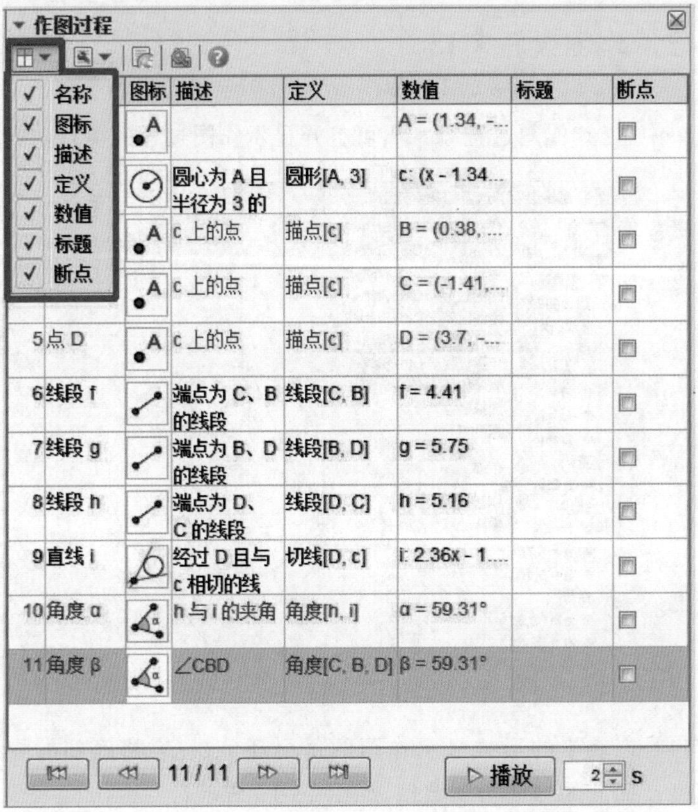

图 13-14

注意:在绘图区的空白处右击,选择绘图区属性,在"常规"选项卡中选中"显示作图过
程"复选框,即可在绘图区底部显示导航栏。

13.4.2　播放栏的基本操作

在"作图过程"窗口的底部有一个播放栏,通过播放栏中的各种按钮可以观察作图步骤
的动画演示。

可以通过单击回到第一步、上一步、下一步、到最后一步和播放等按钮进行播放操作(也
可以通过按键盘上的方向键↑(上一步)、↓(下一步)、→(下一步)、←(上一步)、Home 键
(回到第一步)和 End 键(到最后一步)进行播放操作)。按 Delete 键可以删除当前步骤对应
的对象,值得注意的是,删除对象时也同时删除了依赖该对象的其他对象。还可以在某一行
双击来选择一个播放步骤。若在"作图过程"窗口的表格标题栏上双击,可以快速跳到第 0
步,如图 13-15 所示。

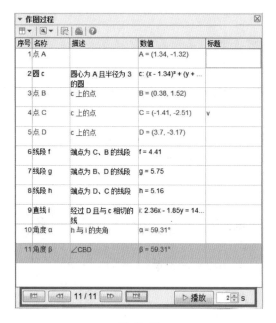

图 13-15

13.4.3　改变作图步骤的顺序

用鼠标左键可将某个作图步骤拖曳到另一个位置,但要注意这并不总是可行的,由于不同的对象之间存在依赖关系,不能将子对象拖到父对象的前面去。用鼠标右击一行,打开当前选定对象的快捷菜单,可以设置对象显示和属性等。

例如,在 13.4.2 节介绍的作图过程中,将第 6 步拖到第 9 步,其结果如图 13-16 所示。

序号	名称	描述	数值	标题
1	点 A		A = (1.34, -1.32)	
2	圆 c	圆心为 A 且半径为 3 的圆	c: (x - 1.34)² + (y + ...	
3	点 B	c 上的点	B = (0.38, 1.52)	
4	点 C	c 上的点	C = (-1.41, -2.51)	v
5	点 D	c 上的点	D = (3.7, -3.17)	
6	线段 g	端点为 B、D 的线段	g = 5.75	
7	线段 h	端点为 D、C 的线段	h = 5.16	
8	直线 i	经过 D 且与 c 相切的线	i: 2.36x - 1.85y = 14...	
9	线段 f	端点为 C、B 的线段	f = 4.41	
10	角度 α	h 与 i 的夹角	α = 59.31°	
11	角度 β	∠CBD	β = 59.31°	

图 13-16

13.4.4　插入作图步骤

可以在任何位置插入一个新的对象或步骤。

先将作图步骤调整到想要插入的对象的前一步(只需双击要插入的前一步即可),然后在绘图区开始建立新对象,这时新对象的步骤在其后会依次插入进去。

例如,在第 9 步后面插入 3 个对象,如图 13-17 所示。

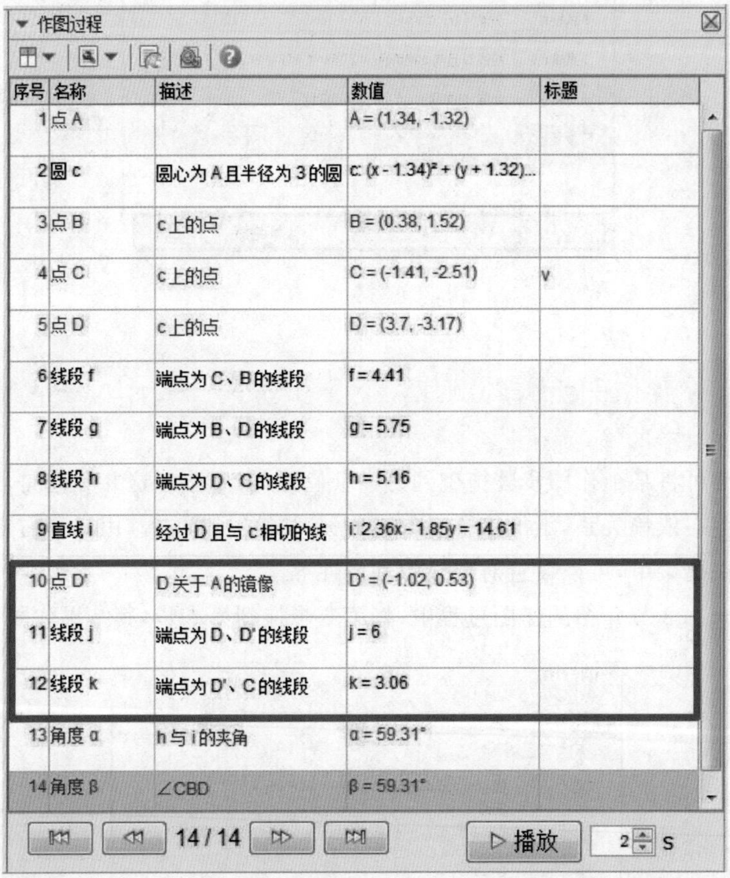

图 13-17

13.4.5　断点的设置

有时希望在数十个,甚至数百个步骤中只播放其中的几个步骤,这时可以利用断点来实现。

先选中希望播放的步骤的断点处的复选框,然后在"作图过程"窗口内的选项工具中单击"仅显示断点",这时窗口只显示选中的对象步骤,播放即可检查所选对象的作图过程,如图 13-18 所示。

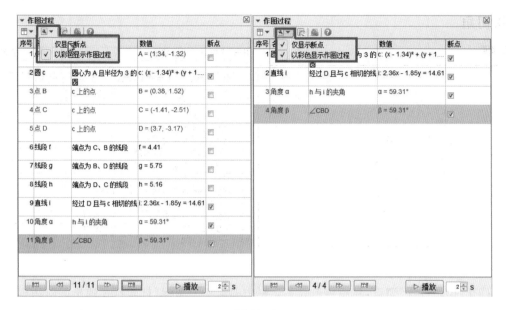

图 13-18

13.4.6 导出网页与打印

可将做好的 GeoGebra 文档的作图过程导出为一个网页。

打开"作图过程"窗口,然后单击其工具栏中的第三个图标(导出为网页),在弹出的对话框中,可以输入标题、创作者和日期,可以选中"插入绘图区的图片""以彩色显示作图过程""显示工具图标"复选框,如图 13-19 所示。

图 13-19

单击"导出"按钮后,即可输出网页文件,如图 13-20 所示。

弦切角

王贵军

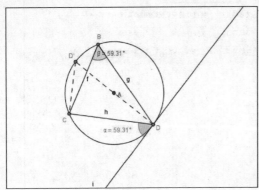

序号	名称	描述	数值	标题
1	点 A		A = (1.34, -1.32)	
2	圆 c	圆心为 A 且半径为 3 的圆	c: (x - 1.34)² + (y + 1.32)² = 9	
3	点 B	c 上的点	B = (0.38, 1.52)	
4	点 C	c 上的点	C = (-1.41, -2.51)	
5	点 D	c 上的点	D = (3.7, -3.17)	
6	线段 f	端点为 C、B 的线段	f = 4.41	
7	线段 g	端点为 B、D 的线段	g = 5.75	
8	线段 h	端点为 D、C 的线段	h = 5.16	
9	直线 i	经过 D 且与 c 相切的线	i: 2.36x - 1.85y = 14.61	
10	点 D'	D 关于 A 的镜像	D' = (-1.02, 0.53)	
11	线段 j	端点为 D、D' 的线段	j = 6	
12	线段 k	端点为 D'、C 的线段	k = 3.06	
13	角度 α	h 与 i 的夹角	α = 59.31°	
14	角度 β	∠CBD	β = 59.31°	

利用 GeoGebra 创建

图 13-20

打开"作图过程"窗口,然后单击其工具栏中的第四个图标(打印),在弹出的对话框中设置打印选项,单击"打印"按钮即可打印作图过程,如图 13-21 所示。

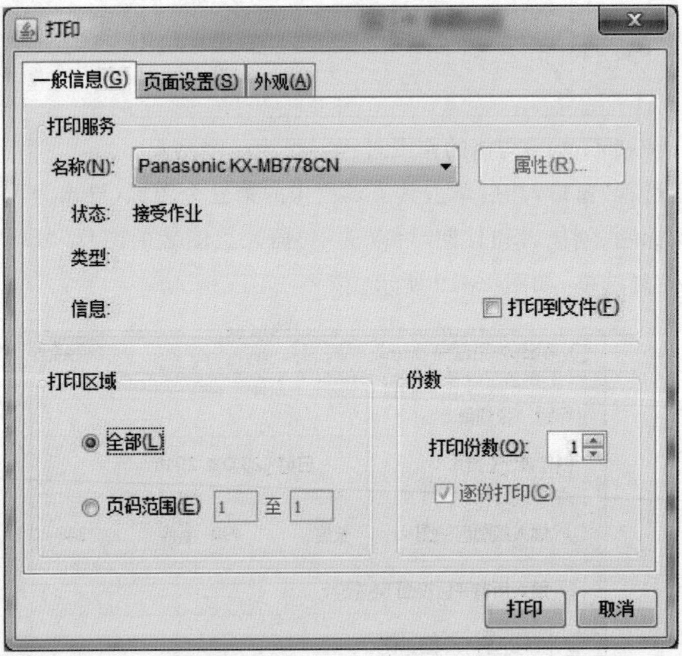

图 13-21

13.5 自定义工具

GeoGebra 提供了很多工具和指令,但是在绘图过程中还有某些使用频率较高的图形没有工具和指令,而 GeoGebra 可以根据用户需要的功能建立绘图工具和指令,所有的自定义工具会自动地存储在 GeoGebra 的工具档案中。自定义工具的使用方法与其他工具相同,既可以使用鼠标来直接绘图,也可以在指令栏中输入指令进行绘图。制作自定义工具,首先,必须先建立所需要的工具图形,然后在"工具"菜单中选择"新建工具"命令,打开"新建工具"对话框,必须在输入对象页面、输出对象页面以及名称与图标页面中输入相关的内容,即可建立自定义工具。

13.5.1　制作自定义工具

例如,制作平行四边形工具,其步骤如下。

第 1 步:在绘图区绘制一个平行四边形,作图步骤如表 13-1 所示。

表 13-1

序号	名称	图标	描述	定义
1	点 A	•ᴬ		A=(−0.44,5)
2	点 B	•ᴬ		B=(−1.2,0.96)
3	点 C	•ᴬ		C=(3.62,1.24)
4	向量 u	✦	向量[B,C]	向量[B,C]
5	点 D	✦	A 按向量 u 平移	平移[A,u]
6	四边形 多边形 1	▶	多边形 A,B,C,D	多边形[A,B,C,D]

将点 A 按向量 u 平移得到的点 A′重新命名为点 D,并隐藏向量 u,如图 13-22 所示。

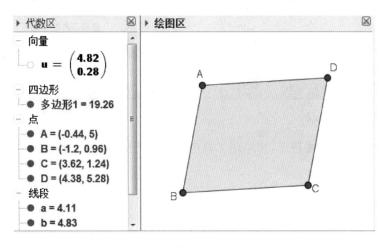

图 13-22

第 2 步:在"工具"菜单中选择"新建工具"命令,然后在弹出的对话框中执行以下操作。

①指定输出对象。单击输出对象"多边形 1"及"点 D",也可以从下拉式列表中选取,之后单击"下一步"按钮,如图 13-23 所示。

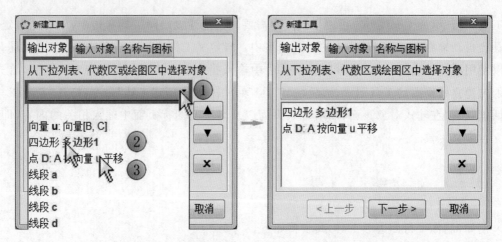

图 13-23

②指定输入对象。单击输入对象 A、B 和 C，也可以从下拉式列表中选取，然后单击"下一步"按钮。通常情况下默认显示输入对象，如图 13-24 所示。

③指定名称和图标。在"工具名称"中输入"平行四边形"，在"指令名称"中输入"平行四边形"，在"工具帮助"中输入"依次选择三点（逆时针）"，如图 13-25 所示。

图 13-24

图 13-25

第 3 步：单击"完成"按钮后，在绘图工具中将自动产生平行四边形工具 🔧，单击"确定"按钮即可。

13.5.2 使用自定义工具

只需在绘图区点选三个点即可产生一个平行四边形；也可以在指令栏中输入指令"平行四边形[〈点〉,〈点〉,〈点〉]"来产生一个平行四边形，如图 13-26 所示。

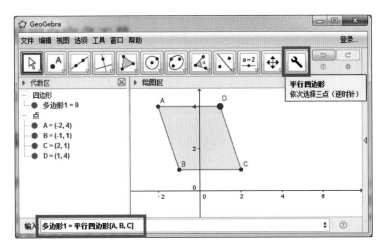

图 13-26

13.5.3　存储自定义工具

在"工具"菜单中选择"管理工具"命令,在弹出的对话框中选取要存储的自定义工具,然后单击"另存为"按钮即可存储工具,如图 13-27 所示,此时工具存储文件的扩展名是 .ggt,此工具可以在其他 GeoGebra 绘图中使用。

图 13-27

若想每次开启新的 GeoGebra 视窗都会出现自定义工具,只需打开"存储的工具 * .ggt"文件,然后在"选项"菜单中选择"保存设置"命令即可。

若想删除自定义工具,需要在"工具"菜单中选择"定制工具栏"命令,在弹出的对话框中选择要移除的工具,再单击"移除"按钮。移除工具后,还需要在"选项"菜单中选择"保存设置"命令。

第二部分 基于GeoGebra的数学实验

第14章 几 何 作 图

绘制数学对象有两种途径,一是利用图标对应的几何工具进行绘制;二是用对象的定义直接在指令栏中输入指令进行绘制。

注意:乘号" * "可以用空格代替,有些绘图工具和指令要考虑字母的顺序,顺序不同,绘制的结果也可能不同。

14.1 三角形的重心

三角形重心的作图步骤如表 14-1 所示,其中表格中的图标是指"几何输入",定义是指"代数输入"。

表 14-1

序号	名称	图标	描述	定义
1	点 A	•ᴬ		A=(3,3)
2	点 B	•ᴬ		B=(0,0)
3	点 C	•ᴬ		C=(4,0)
4	三角形 多边形 1	▷	多边形 A,B,C	多边形[A,B,C]
4	线段 c		三角形 多边形 1 的线段 AB	线段[A,B,多边形 1]
4	线段 a		三角形 多边形 1 的线段 BC	线段[B,C,多边形 1]
4	线段 b		三角形 多边形 1 的线段 CA	线段[C,A,多边形 1]
5	点 D		c 的中点	中点[c]
6	点 E		B 与 C 的中点	中点[B,C]
7	点 F		b 的中点	中点[b]
8	线段 f		端点为 B、F 的线段	线段[B,F]
9	线段 g		端点为 C、D 的线段	线段[C,D]
10	线段 h		端点为 A、E 的线段	线段[A,E]
11	点 G	✕	f 与 h 的交点	交点[f,h]

三角形重心的作图结果如图 14-1 所示。

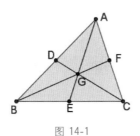

图 14-1

14.2　三角形的外心

三角形外心的生成步骤如表 14-2 所示。

表 14-2

序号	名称	图标	描述	定义
1	点 A			A=(4,5)
2	点 B			B=(0.94,−1.02)
3	点 C			C=(6.28,0.48)
4	三角形 多边形1		多边形 A,B,C	多边形[A,B,C]
4	线段 c		三角形 多边形1 的线段 AB	线段[A,B,多边形1]
4	线段 a		三角形 多边形1 的线段 BC	线段[B,C,多边形1]
4	线段 b		三角形 多边形1 的线段 CA	线段[C,A,多边形1]
5	点 D		A 与 B 的中点	中点[A,B]
6	直线 f		经过点 D 且垂直于 c 的直线	垂线[D,c]
7	直线 g		b 的中垂线	中垂线[b]
8	点 E		f 与 g 的交点	交点[f,g]
9	圆 d		圆心为 E 且经过 A 的圆	圆形[E,A]

三角形外心的作图结果如图 14-2 所示。

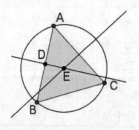

图 14-2

14.3　三角形的内心

三角形内心的生成步骤如表 14-3 所示。

表 14-3

序号	名称	图标	描述	定义
1	点 A			A=(0,0)
2	点 B			B=(4,0)

续表

序号	名称	图标	描述	定义
3	点 C			C=(3,3)
4	三角形 多边形1		多边形 A,B,C	多边形[A,B,C]
4	线段 c		三角形 多边形1 的线段 AB	线段[A,B,多边形1]
4	线段 a		三角形 多边形1 的线段 BC	线段[B,C,多边形1]
4	线段 b		三角形 多边形1 的线段 CA	线段[C,A,多边形1]
5	直线 f		∠BAC 的角平分线	角平分线[B,A,C]
6	直线 g		∠BCA 的角平分线	角平分线[B,C,A]
7	直线 h		∠ABC 的角平分线	角平分线[A,B,C]
8	点 D		f 与 g 的交点	交点[f,g]
9	直线 i		经过点 D 且垂直于 c 的直线	垂线[D,c]
10	点 E		i 与 c 的交点	交点[i,c]
11	圆 d		圆心为 D 且经过 E 的圆	圆形[D,E]

三角形内心的作图结果如图 14-3 所示。

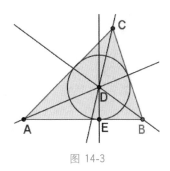

图 14-3

14.4　三角形的垂心

三角形垂心的生成步骤如表 14-4 所示。

表 14-4

序号	名称	图标	描述	定义
1	点 A			A=(2,4)
2	点 B			B=(−1,−1)
3	点 C			C=(5,1)
4	三角形 多边形1		多边形 A,B,C	多边形[A,B,C]
4	线段 c		三角形 多边形1 的线段 AB	线段[A,B,多边形1]

续表

序号	名称	图标	描述	定义
4	线段 a		三角形 多边形 1 的线段 BC	线段[B,C,多边形 1]
4	线段 b		三角形 多边形 1 的线段 CA	线段[C,A,多边形 1]
5	直线 f		经过点 A 且垂直于 a 的直线	垂线[A,a]
6	直线 g		经过点 B 且垂直于 b 的直线	垂线[B,b]
7	直线 h		经过点 C 且垂直于 c 的直线	垂线[C,c]
8	点 D		g 与 f 的交点	交点[g,f]

三角形垂心的作图结果如图 14-4 所示。

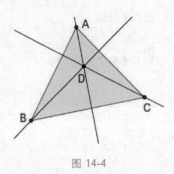

图 14-4

14.5 高考试题几何探究

例如,(2016 年浙江第 15 题)已知向量 $\mathbf{a},\mathbf{b}$,$|\mathbf{a}|=1$,$|\mathbf{b}|=2$,若对任意单位向量 $\mathbf{e}$,均有 $|\mathbf{a}\cdot\mathbf{e}|+|\mathbf{b}\cdot\mathbf{e}|\leqslant\sqrt{6}$,则 $\mathbf{a}\cdot\mathbf{b}$ 的最大值是_____。

答案为 0.5,其作图过程如表 14-5 所示。

表 14-5

序号	名称	图标	描述	定义
1	点 A		x 轴与 y 轴的交点	交点[x 轴,y 轴]
2	圆 c		圆心为 A 且半径为 1 的圆	圆形[A,1]
3	圆 d		圆心为 A 且半径为 2 的圆	圆形[A,2]
4	点 B		c 上的点	描点[c]
5	点 C		d 上的点	描点[d]
6	向量 a		向量[A,B]	向量[A,B]
7	向量 b		向量[A,C]	向量[A,C]
8	点 D		c 上的点	描点[c]
9	向量 e		向量[A,D]	向量[A,D]
10	直线 f		经过点 A,D 的直线	直线[A,D]
11	点 C'		C 按向量 a 平移	平移[C,a]

续表

序号	名称	图标	描述	定义
12	向量 a'	↗	向量[C,C′]	向量[C,C′]
13	直线 g	⊀	经过点 C′ 且垂直于 f 的直线	垂线[C′,f]
14	直线 h	⊀	经过点 C 且垂直于 f 的直线	垂线[C,f]
15	点 E	✕	f 与 h 的交点	交点[f,h]
16	点 F	✕	f 与 g 的交点	交点[f,g]
17	线段 i	↗	端点为 A、E 的线段	线段[A,E]
18	线段 j	↗	端点为 E、F 的线段	线段[E,F]
19	轨迹 轨迹 1	⟋	轨迹[F,D]	轨迹[F,D]
20	数字 n	a=2	整数滑杆 n 的范围为[0,7]	n=6
21	按钮 按钮 1	OK	按钮 1	
22	按钮 按钮 2	OK	按钮 2	
23	布尔值 k	☑●		k=true
24	布尔值 l	☑●		l=true

在"按钮 1"和"按钮 2"脚本中的"单击时"选项卡中分别输入"n=n+1"和"n=n-1"(参见第 12.3 节)。设置对象样式及显示条件,向量 a 和 b 的显示条件为 n≥1,颜色分别为黑色和蓝色;向量 e 的显示条件为 n≥2;直线 f 的显示条件为 n≥3,并在"样式"中将"线型"设置成虚线;向量 a′ 的显示条件为 n≥4;直线 h 和 g 的显示条件为 n≥5,"样式"为虚线,"颜色"为红色;线段 i 和 j 的显示条件为 n≥6,"颜色"分别为蓝色和红色;轨迹 1 的显示条件为 n≥7,"颜色"设置为绿色;"向量线径"为 5.5。在工具栏中激活复选框工具 ☑●,在绘图区中的空白处单击,在弹出的对话框中的标题栏中输入"圆 1",在下拉菜单中选择"圆 c",设置显示/隐藏圆 c 按钮。同时在代数区显示布尔值 k,当 k=true 时,显示圆 c;当 k=false 时,隐藏圆 c。同理设置显示/隐藏圆 d 按钮,如图 14-5 所示。

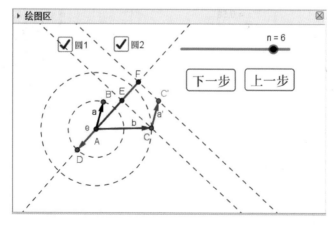

图 14-5

拖动点 D,单击按钮,可以发现,当点 F 与点 C′ 重合时,$|\mathbf{a}\cdot\mathbf{e}|+|\mathbf{b}\cdot\mathbf{e}|$ 最大,其值为 $|\mathbf{a}+\mathbf{b}|$,于是有 $|\mathbf{a}+\mathbf{b}|\leqslant\sqrt{6}$,所以 $\mathbf{a}\cdot\mathbf{b}\leqslant0.5$。

第15章　平移、旋转和位似

15.1　动态平移

15.1.1　点动态平移

将点 A 按向量 u 的方向动态平移到 A′ 的步骤如表 15-1 所示。

表 15-1

序号	名称	图标	描述	定义
1	点 A	$\bullet^{A}$	绘制点	A＝(1.33，−1.49)
2	向量 u		输入向量 u	u＝(1,3)
3	数字 a	a=2	范围为[0,1]的滑杆	
4	向量 v		计算 a＊u	a＊u
5	点 A′		A 按向量 v 平移	平移[A,v]

拖动滑杆点观察点 A 的移动过程，或在滑杆点上右击，启动动画，在绘图区的左下角将出现"播放"按钮，单击此按钮可以开启动画和停止动画，如图 15-1 所示。

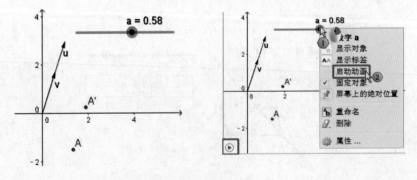

图 15-1

15.1.2　图形动态平移

(1)将三角形 ABC 按向量 $\overrightarrow{DE}$，$\overrightarrow{EF}$ 连续动态平移的步骤如表 15-2 所示。

表 15-2

序号	名称	图标	描述	定义
1	点 A			A=(-1,1)
2	点 B			B=(-2,0)
3	点 C			C=(1,0)
4	三角形 多边形 1		多边形 A,B,C	多边形[A,B,C]
4	线段 c		三角形 多边形 1 的线段 AB	线段[A,B,多边形 1]
4	线段 a		三角形 多边形 1 的线段 BC	线段[B,C,多边形 1]
4	线段 b		三角形 多边形 1 的线段 CA	线段[C,A,多边形 1]
5	点 D			D=(-2.4,2.7)
6	点 E			E=(-1,4)
7	向量 u		向量[D,E]	向量[D,E]
8	点 F			F=(2.16,3.08)
9	向量 v		向量[E,F]	向量[E,F]
10	数字 t1		参数 t1,范围为[0,1]	t1=1
11	数字 t2		参数 t2,范围为[0,1]	t2=0.43
12	数字 t		滑杆 t,范围为[0,2]	t=1.43
13	点 A′		A 按向量 u t1+v t2 平移	平移[A,向量[u t1+v t2]]
14	点 B′		B 按向量 u t1+v t2 平移	平移[B,向量[u t1+v t2]]
15	点 C′		C 按向量 u t1+v t2 平移	平移[C,向量[u t1+v t2]]
16	三角形 多边形 1′		多边形 A′,B′,C′	多边形[A′,B′,C′]
16	线段 c′		三角形 多边形 1′ 的线段 A′B′	线段[A′,B′,多边形 1′]
16	线段 a′		三角形 多边形 1′ 的线段 B′C′	线段[B′,C′,多边形 1′]
16	线段 b′		三角形 多边形 1′ 的线段 C′A′	线段[C′,A′,多边形 1′]

注意:在参数 t1、t2 的属性滑动条中设置最小值为 0、最大值为 1;在参数 t 的属性滑动条中设置最小值为 0、最大值为 2,在 t 的"脚本"选项卡下的"更新时"页面中的第一行和第二行分别输入"赋值[t1,t]"和"赋值[t2,t-1]",如图 15-2 所示。

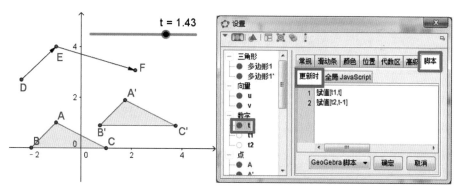

图 15-2

拖动绘图区中的滑杆点,即可观察动态效果。

(2)将函数 $f(x)=x^2$ 图像向左平移两个单位,再向上平移 3 个单位,步骤如表 15-3 所示。

表 15-3

序号	名称	图标	描述	定义
1	数字 a	a=2	数值滑杆的范围为[0,2]	$a=1.3$
2	数字 t1	a=2	参数 t1 的范围为[0,1]	$t1=1$
3	数字 t2	a=2	参数 t2 的范围为[0,1]	$t2=0.3$
4	函数 f			$f(x)=x^2$
5	向量 u			$u=(2,0)$
6	向量 v			$v=(0,3)$
7	函数 f_1		f 按向量(0,0)+t1 u+t2 v 平移	平移[f,(0,0)+t1 u+t2 v]

注意:在参数 t1、t2 的属性滑动条中设置最小值为 0、最大值为 1;在参数 a 的属性滑动条中设置最小值为 0、最大值为 2,在 a 的"脚本"选项卡下的"更新时"页面中的第一行和第二行分别输入"赋值[t1,a]"和"赋值[t2,a-1]",如图 15-3 所示。

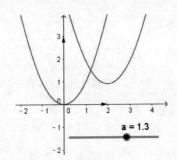

图 15-3

拖动绘图区中的滑杆点,即可观察动态效果。

(3)勾股定理的直观证明,步骤如表 15-4 所示。

表 15-4

序号	名称	图标	描述	定义
1	点 A	A	x 轴上的点	$A=(-1,0)$
2	点 B	A	x 轴上的点	$B=(4,0)$
3	圆弧 c_1		经过 A 与 B 的半圆	半圆[A,B]
4	点 C	A	c_1 上的点	描点[c_1]
5	线段 c		端点为 A、B 的线段	线段[A,B]
6	线段 b		端点为 B、C 的线段	线段[B,C]
7	线段 a		端点为 C、A 的线段	线段[C,A]
8	多边形 多边形 1		多边形[B,A,4]	多边形[B,A,4]
9	多边形 多边形 2		多边形[A,C,4]	多边形[A,C,4]
10	多边形 多边形 3		多边形[C,B,4]	多边形[C,B,4]

续表

序号	名称	图标	描述	定义
11	直线 b_1		经过点 G、F 的直线	直线[G,F]
12	直线 d_1		经过点 H、I 的直线	直线[H,I]
13	点 J		d_1 与 b_1 的交点	交点[d_1,b_1]
14	直线 e_1		经过点 C、J 的直线	直线[C,J]
15	向量 u		向量[F,J]	向量[F,J]
16	向量 v		向量[I,J]	向量[I,J]
17	点 K		e_1 与 c 的交点	交点[e_1,c]
18	向量 w		向量[C,K]	向量[C,K]
19	向量 p		向量[A,D]	向量[A,D]
20	数字 t1	a=2	参数 t1 的范围为[0,1]	t1=1
21	数字 t2	a=2	参数 t2 的范围为[0,1]	t2=0.5
22	数字 t3	a=2	参数 t3 的范围为[0,1]	t3=0
23	数字 t4	a=2	参数 t4 的范围为[0,1]	t4=0
24	数字 t5	a=2	参数 t5 的范围为[0,1]	t5=0
25	数字 t6	a=2	参数 t6 的范围为[0,1]	t6=0
26	数字 t	a=2	滑杆 t 的范围为[0,6]	t=1.5
27	点 G′		G+t1 u+t3 p	G+t1 u+t3 p
28	点 F′		F+t1 u+t2 w+t3 p	F+t1 u+t2 w+t3 p
29	点 C′		C+t2 w+t3 p	C+t2 w+t3 p
30	点 A′		A+t3 p	A+t3 p
31	四边形 多边形 4		多边形 A′,C′,F′,G′	多边形[A′,C′,F′,G′]
32	点 I′		I+t4 v+t5 w+t6 p	I+t4 v+t5 w+t6 p
33	点 H′		H+t4 v+t6 p	H+t4 v+t6 p
34	点 C″		C+t5 w+t6 p	C+t5 w+t6 p
35	点 B′		B+t6 p	B+t6 p
36	四边形 多边形 5		多边形 B′,C″,I′,H′	多边形[B′,C″,I′,H′]

设置滑杆 t 的脚本,如图 15-4 所示。

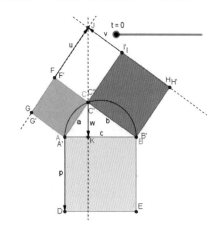

图 15-4

拖动滑杆点,观察效果。隐藏不需要的点、线和向量,拖动点 C,观察动态效果,如图15-5所示。

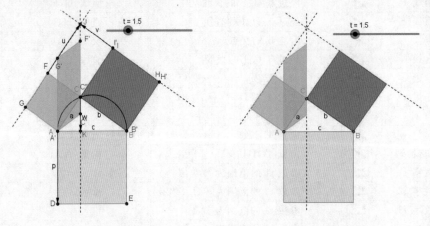

图 15-5

15.2 ◯ 动态旋转

15.2.1 平行四边形为中心对称图形

平行四边形为中心对称图形的作图步骤如表 15-5 所示。

表 15-5

序号	名称	图标	描述	定义
1	点 A			A=(−2,1)
2	点 B			B=(3,1)
3	点 C			C=(4,4)
4	线段 f		端点为 A、B 的线段	线段[A,B]
5	线段 g		端点为 B、C 的线段	线段[B,C]
6	向量 u		向量[B,C]	向量[B,C]
7	点 A′		A 按向量 u 平移	平移[A,u]
8	线段 h		端点为 A、A′ 的线段	线段[A,A′]
9	线段 i		端点为 A′、C 的线段	线段[A′,C]
10	线段 j		端点为 A′、B 的线段	线段[A′,B]
11	线段 k		端点为 A、C 的线段	线段[A,C]
12	点 D		k 与 j 的交点	交点[k,j]
13	三角形 多边形 1		多边形 B,A′,C	多边形[B,A′,C]
13	线段 c		三角形 多边形 1 的线段 BA′	线段[B,A′,多边形 1]
13	线段 b		三角形 多边形 1 的线段 A′C	线段[A′,C,多边形 1]

续表

序号	名称	图标	描述	定义
13	线段 a'		三角形 多边形 1 的线段 CB	线段[C,B,多边形 1]
14	角度 α	a=2	滑杆 α 设定范围[0°,180°]	$\alpha=15$
15	点 B'		B 旋转 α	旋转[B,α,D]
16	点 A''		A' 旋转 α	旋转[A',α,D]
17	点 C'		C 旋转 α	旋转[C,α,D]
18	三角形 多边形 $1'$		多边形 B',A'',C'	多边形[B',A'',C']
18	线段 c'		三角形 多边形 $1'$ 的线段 $B'A''$	线段[B',A'',多边形 $1'$]
18	线段 b'		三角形 多边形 $1'$ 的线段 $A''C'$	线段[A'',C',多边形 $1'$]
18	线段 a''		三角形 多边形 $1'$ 的线段 $C'B'$	线段[C',B',多边形 $1'$]

拖动滑杆点,即可观察旋转过程,如图 15-6 所示。

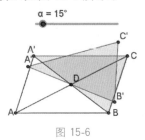

图 15-6

15.2.2 椭圆绕其中心旋转 90°动画

椭圆绕其中心旋转 90°动画的作图步骤如表 15-6 所示。

表 15-6

序号	名称	图标	描述	定义
1	点 A	A	x 轴上的点	描点[x 轴] A=(-2,0)
2	点 B	A	x 轴上的点	描点[x 轴] B=(2,0)
3	点 C	A	y 轴上的点	描点[y 轴] C=(0,2)
4	椭圆 c		焦点为 A,B 且经过点 C 的椭圆	椭圆[A,B,C]
5	数字 a	a=2	滑杆 a 的范围为[0,1]	a=0.54
6	椭圆 c'		c 旋转(a 90)°	旋转[c,(a 90)°,(0,0)]

拖动滑杆点,即可观察动态效果,如图 15-7 所示。

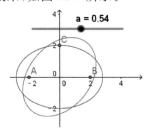

图 15-7

15.2.3　勾股定理 2

勾股定理 2 的作图步骤如表 15-7 所示。

表 15-7

序号	名称	图标	描述	定义
1	数字 n	a=2	滑杆 n 的范围为 [0,3]	n＝0
2	数字 t1		(abs(n)−abs(n−1)+1)/2	(abs(n)−abs(n−1)+1)/2
3	数字 t2		(abs(n−1)−abs(n−2)+1)/2	(abs(n−1)−abs(n−2)+1)/2
4	数字 t3		(abs(n−2)−abs(n−3)+1)/2	(abs(n−2)−abs(n−3)+1)/2
5	点 A	✕	x 轴与 y 轴的交点	交点[x 轴,y 轴]　A＝(0,0)
6	点 B	•A	x 轴上的点	描点[x 轴]　B＝(5,0)
7	多边形 多边形 1		多边形[A,B,4]	多边形[A,B,4]
7	线段 a		多边形 多边形 1 的线段 AB	线段[A,B,多边形 1]
7	线段 b		多边形 多边形 1 的线段 BC	线段[B,C,多边形 1]
7	点 C		多边形[A,B,4]	多边形[A,B,4]
7	点 D		多边形[A,B,4]	多边形[A,B,4]
7	线段 c		多边形 多边形 1 的线段 CD	线段[C,D,多边形 1]
7	线段 d		多边形 多边形 1 的线段 DA	线段[D,A,多边形 1]
8	线段 e	✎	端点为 D、B 的线段	线段[D,B]
9	线段 f	✎	端点为 A、C 的线段	线段[A,C]
10	点 E	✕	f 与 e 的交点	交点[f,e]
11	点 F	••	A 与 B 的中点	中点[A,B]
12	圆弧 g	••	圆弧过圆心与两点[F,B,E]	圆弧过圆心与两点[F,B,E]
13	点 G	•A	g 上的点	描点[g]
14	三角形 多边形 2	◣	多边形 A,B,G	多边形[A,B,G]
14	线段 g₁		三角形 多边形 2 的线段 AB	线段[A,B,多边形 2]
14	线段 a₁		三角形 多边形 2 的线段 BG	线段[B,G,多边形 2]
14	线段 b₁		三角形 多边形 2 的线段 GA	线段[G,A,多边形 2]
15	三角形 多边形 3	✐	多边形[旋转[A,(t1(−90))°, A],旋转[B,(t1(−90))°,A],旋转[G,(t1(−90))°,A]] 按向量 t1 向量[A,D] 平移	平移[多边形[旋转[A,(t1(−90))°, A],旋转[B,(t1(−90))°,A],旋转[G, (t1(−90))°,A]],向量[t1 向量[A, D]]]
16	三角形 多边形 4	✐	旋转[多边形 3,(t2(−90))°,D] 按向量 t2 向量[D,C] 平移	平移[旋转[多边形 3,(t2(−90))°, D],向量[t2 向量[D,C]]]
17	三角形 多边形 5	✐	旋转[多边形 4,(t3(−90))°,C] 按向量 t3 向量[C,B] 平移	平移[旋转[多边形 4,(t3(−90))°, C],向量[t3 向量[C,B]]]
18	点 G'₁	••	G 旋转 90°	旋转[G,90°,E]
19	点 H	••	G'₁ 旋转 90°	旋转[G'₁,90°,E]
20	点 H'	••	H 旋转 90°	旋转[H,90°,E]

续表

序号	名称	图标	描述	定义
21	四边形 多边形 7		多边形 H',G,G'_1,H	多边形[H',G,G'_1,H]
21	线段 h'		四边形 多边形 7 的线段 $H'G$	线段[H',G,多边形 7]
21	线段 g_2		四边形 多边形 7 的线段 GG_1	线段[G,G'_1,多边形 7]
21	线段 g'_1		四边形 多边形 7 的线段 G'_1H	线段[G'_1,H,多边形 7]
21	线段 h		四边形 多边形 7 的线段 HH'	线段[H,H',多边形 7]

拖动滑杆点或点 G,观察动态效果,并隐藏不需要显示的点、线和多边形,如图 15-8 所示。

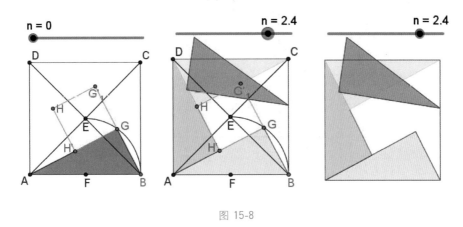

图 15-8

15.3 动态位似

三角形的动态位似作图步骤如表 15-8 所示。

表 15-8

序号	名称	图标	描述	定义
1	点 A	$\bullet^A$		A=(0,3)
2	点 B	$\bullet^A$		B=(−1,2)
3	点 C	$\bullet^A$		C=(2,1)
4	三角形 多边形 1		多边形 A,B,C	多边形[A,B,C]
4	线段 c		三角形 多边形 1 的线段 AB	线段[A,B,多边形 1]
4	线段 a		三角形 多边形 1 的线段 BC	线段[B,C,多边形 1]
4	线段 b		三角形 多边形 1 的线段 CA	线段[C,A,多边形 1]
5	数字 d	a=2	滑杆 d 的范围为[−5,5]	d=1.8
6	点 D	$\bullet^A$		D=(−0.84,1.18)
7	点 A'		A 以点 D 为中心缩放 d 倍	位似[A,d,D]
8	点 B'		B 以点 D 为中心缩放 d 倍	位似[B,d,D]

续表

序号	名称	图标	描述	定义
9	点 C′		C 以点 D 为中心缩放 d 倍	位似[C,d,D]
10	三角形 多边形 1′		多边形 A′,B′,C′	多边形[A′,B′,C′]
10	线段 c′		三角形 多边形 1′ 的线段 A′B′	线段[A′,B′,多边形 1′]
10	线段 a′		三角形 多边形 1′ 的线段 B′C′	线段[B′,C′,多边形 1′]
10	线段 b′		三角形 多边形 1′ 的线段 C′A′	线段[C′,A′,多边形 1′]

拖动滑杆点,观察放大与缩小的动态过程,如图 15-9 所示。

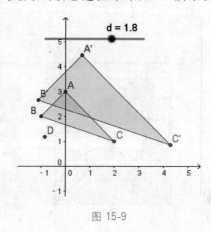

图 15-9

15.4　平面几何典型实验案例

15.4.1 三角形中的欧拉线

三角形的外心、重心和垂心三点共线,这条直线叫作三角形的欧拉线,且外心到重心的距离等于垂心到重心距离的 1/2。

三角形中欧拉线的绘制步骤如表 15-9 所示。

表 15-9

序号	名称	图标	描述	定义
1	点 A			A=(−1.8,3.99)
2	点 B			B=(−3,1)
3	点 C			C=(2,1)
4	三角形 多边形 1		多边形 A,B,C	多边形[A,B,C]
4	线段 c		三角形 多边形 1 的线段 AB	线段[A,B,多边形 1]
4	线段 a		三角形 多边形 1 的线段 BC	线段[B,C,多边形 1]

续表

序号	名称	图标	描述	定义
4	线段 b		三角形 多边形 1 的线段 CA	线段[C,A,多边形 1]
5	点 G		三角形中心[A,B,C,2]	三角形中心[A,B,C,2]
6	点 O		三角形中心[A,B,C,3]	三角形中心[A,B,C,3]
7	点 H		三角形中心[A,B,C,4]	三角形中心[A,B,C,4]
8	布尔值 d		共线[O,G,H]	共线[O,G,H]
9	点 M	•ˑˑ˙	a 的中点	中点[a]
10	线段 f	✐	端点为 A、M 的线段	线段[A,M]
11	直线 g	✐	经过点 H、O 的直线	直线[H,O]
12	线段 h	✐	端点为 A、H 的线段	线段[A,H]
13	线段 i	✐	端点为 O、M 的线段	线段[O,M]
14	线段 j	✐	端点为 H、C 的线段	线段[H,C]
15	点 D	•ˑˑ˙	j 的中点	中点[j]
16	点 E	•ˑˑ˙	b 的中点	中点[b]
17	线段 k	✐	端点为 D、M 的线段	线段[D,M]
18	线段 l	✐	端点为 E、D 的线段	线段[E,D]
19	线段 m	✐	端点为 E、O 的线段	线段[E,O]
20	线段 n	✐	端点为 H、B 的线段	线段[H,B]

用鼠标拖动三角形 ABC 的顶点,观察 O、G 和 H 的位置关系,如图 15-10 所示。

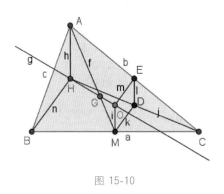

图 15-10

15.4.2 垂足三角形

锐角三角形内任意一点在三边上的射影点组成的三角形称为垂足三角形。在锐角 △ABC 的每条边上各取一点 D、E 和 F,△DEF 称为△ABC 的内接三角形。在锐角△ABC 的所有内接三角形中,周长最短的三角形是它的垂足三角形,且锐角三角形的垂心是垂足三角形的内心,其绘图步骤如表 15-10 所示。

表 15-10

序号	名称	图标	描述	定义
1	点 A	•ᴬ		A=(4.09,4.12)
2	点 B	•ᴬ		B=(−2,−2)

序号	名称	图标	描述	定义
3	点 C			C=(6,−2)
4	三角形 多边形 1		多边形 A,B,C	多边形[A,B,C]
4	线段 c		三角形 多边形 1 的线段 AB	线段[A,B,多边形 1]
4	线段 a		三角形 多边形 1 的线段 BC	线段[B,C,多边形 1]
4	线段 b		三角形 多边形 1 的线段 CA	线段[C,A,多边形 1]
5	点 D		a 上的点	描点[a]
6	点 E		b 上的点	描点[b]
7	点 F		c 上的点	描点[c]
8	三角形 多边形 2		多边形 F,E,D	多边形[F,E,D]
8	线段 d		三角形 多边形 2 的线段 FE	线段[F,E,多边形 2]
8	线段 f		三角形 多边形 2 的线段 ED	线段[E,D,多边形 2]
8	线段 e		三角形 多边形 2 的线段 DF	线段[D,F,多边形 2]
9	点 D′		D 关于 b 的镜像	对称[D,b]
10	点 D′$_1$		D 关于 c 的镜像	对称[D,c]
11	线段 g		端点为 E、D′ 的线段	线段[E,D′]
12	线段 h		端点为 F、D′$_1$ 的线段	线段[F,D′$_1$]
13	线段 k		端点为 A、D 的线段	线段[A,D]
14	三角形 多边形 3		多边形 A,D′$_1$,D′	多边形[A,D′$_1$,D′]
14	线段 d′		三角形 多边形 3 的线段 AD′$_1$	线段[A,D′$_1$,多边形 3]
14	线段 a$_1$		三角形 多边形 3 的线段 D′$_1$D′	线段[D′$_1$,D′,多边形 3]
14	线段 d′$_1$		三角形 多边形 3 的线段 D′A	线段[D′,A,多边形 3]
15	角度 α		∠BAC	角度[B,A,C]
16	角度 β		∠D′$_1$AD′	角度[D′$_1$,A,D′]
17	圆 p		△DEF 的内切圆	内切圆[D,E,F]

拖动点 D、E 和 F,当 AD 最短且 D′、E、F 和 D′$_1$ 共线时,△DEF 周长最短,此时△DEF 为垂足三角形,如图 15-11 所示。

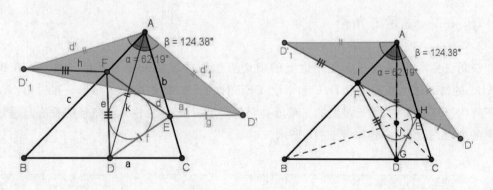

图 15-11

15.4.3 三角形的费马点

在△ABC 的外边作正三角形△ABD、△BCE 和△ACF,则 AE、BD 和 CF 三线共点,绘制步骤如表 15-11 所示。

表 15-11

序号	名称	图标	描述	定义
1	点 A	A		A=(−5.07,0.14)
2	点 B	A		B=(4.48,12.44)
3	点 C	A		C=(9.93,0.14)
4	三角形 多边形 1		多边形 A,B,C	多边形[A,B,C]
4	线段 c		三角形 多边形 1 的线段 AB	线段[A,B,多边形 1]
4	线段 a		三角形 多边形 1 的线段 BC	线段[B,C,多边形 1]
4	线段 b		三角形 多边形 1 的线段 CA	线段[C,A,多边形 1]
5	多边形 多边形 2		多边形[A,B,3]	多边形[A,B,3]
5	线段 f		多边形 多边形 2 的线段 AB	线段[A,B,多边形 2]
5	线段 g		多边形 多边形 2 的线段 BD	线段[B,D,多边形 2]
5	点 D		多边形[A,B,3]	多边形[A,B,3]
5	线段 h		多边形 多边形 2 的线段 DA	线段[D,A,多边形 2]
6	多边形 多边形 3		多边形[B,C,3]	多边形[B,C,3]
6	线段 i		多边形 多边形 3 的线段 BC	线段[B,C,多边形 3]
6	线段 j		多边形 多边形 3 的线段 CE	线段[C,E,多边形 3]
6	点 E		多边形[B,C,3]	多边形[B,C,3]
6	线段 k		多边形 多边形 3 的线段 EB	线段[E,B,多边形 3]
7	多边形 多边形 4		多边形[C,A,3]	多边形[C,A,3]
7	线段 l		多边形 多边形 4 的线段 CA	线段[C,A,多边形 4]
7	线段 m		多边形 多边形 4 的线段 AF	线段[A,F,多边形 4]
7	点 F		多边形[C,A,3]	多边形[C,A,3]
7	线段 n		多边形 多边形 4 的线段 FC	线段[F,C,多边形 4]
8	线段 p_1		端点为 D,C 的线段	线段[D,C]
9	线段 q		端点为 E,A 的线段	线段[E,A]
10	点 G		p_1 与 q 的交点	交点[p_1,q]
11	数字 p	a=2	数值滑杆 p 的范围为[0,1]	
12	点 A′		A 旋转 −((p 60)°)	旋转[A,−((p 60)°),B]
13	点 E′		E 旋转 −((p 60)°)	旋转[E,−((p 60)°),B]
14	三角形 多边形 5		多边形 A′,B,E′	多边形[A′,B,E′]
14	线段 e′		三角形 多边形 5 的线段 A′B	线段[A′,B,多边形 5]
14	线段 a′		三角形 多边形 5 的线段 BE′	线段[B,E′,多边形 5]

续表

序号	名称	图标	描述	定义
14	线段 b_1		三角形 多边形 5 的线段 E'A'	线段[E',A',多边形 5]
15	线段 t		端点为 B、G 的线段	线段[B,G]
16	线段 f_1		端点为 G、F 的线段	线段[G,F]
17	线段 r		端点为 B、F 的线段	线段[B,F]
18	布尔值 o		共点[q,p_1,r]	共点[q,p_1,r]
19	圆 d		经过 A、B、D 三点的圆	圆形[A,B,D]
20	圆 e		经过 C、E、B 三点的圆	圆形[C,E,B]
21	角度 α		∠BGD	角度[B,G,D]
22	角度 β		∠EGB	角度[E,G,B]
23	角度 γ		∠DGA	角度[D,G,A]
24	角度 δ		∠CGE	角度[C,G,E]
25	圆 s		经过 A、C、F 三点的圆	圆形[A,C,F]

三角形的费马点作图结果如图 15-12 所示。

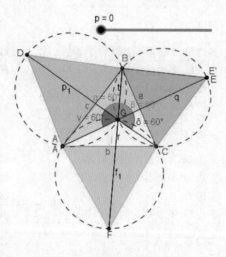

图 15-12

注意:拖动滑杆可以证明△ABE≌△BCD,AE=CD,同理得 AE=CD=BF。

位于三角形内且到三角形三个顶点距离之和最短的点叫费马点。

①若三角形 3 个内角均小于 120°,那么 3 条边正好三等分费马点所在的周角,即该点所对三角形三边的张角相等,均为 120°,所以三角形的费马点也称为三角形的等角中心(托里拆利的解法中对这个点的描述是:对于每一个角都小于 120°的三角形 ABC 的每一条边为底边,向外作正三角形,然后作这 3 个正三角形的外接圆。托里拆利指出,这 3 个外接圆会有一个共同的交点,而这个交点就是所要求的点,这个点和当时已知的三角形特殊点都不一样,因此这个点也叫作托里拆利点)。

②若三角形有一个内角大于等于 120°,则此钝角的顶点就是距离和最小的点。

若 H 为△ABC 内的任意一点,作正△HCI,连接 FI,则 HA+HB+HC=FI+HB+IH≤BF,当 H 与 G 重合时,F、I、H 和 B 共线,等号成立,故点 G 为费马点,如图 15-13 所示。

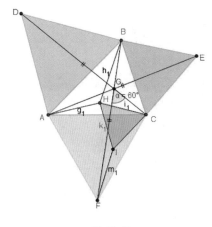

图 15-13

15.4.4 拿破仑三角形

拿破仑定理:"以三角形各边为边分别向外侧作等边三角形,则它们的中心构成一个等边三角形。"该等边三角形称为拿破仑三角形。如果向内(原三角形不为等边三角形)作三角形,结论同样成立,因为是拿破仑发现的所以称为拿破仑定理。

拿破仑三角形的作图过程如表 15-12 所示。

表 15-12

序号	名称	图标	描述	定义
1	点 A			A=(3,3)
2	点 B			B=(4,1)
3	点 C			C=(1,1)
4	三角形 多边形 1		多边形 A,B,C	多边形[A,B,C]
4	线段 c		三角形 多边形 1 的线段 AB	线段[A,B,多边形 1]
4	线段 a		三角形 多边形 1 的线段 BC	线段[B,C,多边形 1]
4	线段 b		三角形 多边形 1 的线段 CA	线段[C,A,多边形 1]
5	多边形 多边形 2		多边形[A,B,3]	多边形[A,B,3]
5	线段 f		多边形 多边形 2 的线段 AB	线段[A,B,多边形 2]
5	线段 g		多边形 多边形 2 的线段 BD	线段[B,D,多边形 2]
5	点 D		多边形[A,B,3]	多边形[A,B,3]
5	线段 h		多边形 多边形 2 的线段 DA	线段[D,A,多边形 2]
6	多边形 多边形 3		多边形[B,C,3]	多边形[B,C,3]
6	线段 i		多边形 多边形 3 的线段 BC	线段[B,C,多边形 3]
6	线段 j		多边形 多边形 3 的线段 CE	线段[C,E,多边形 3]
6	点 E		多边形[B,C,3]	多边形[B,C,3]
6	线段 k		多边形 多边形 3 的线段 EB	线段[E,B,多边形 3]

序号	名称	图标	描述	定义
7	多边形 多边形 4		多边形[C,A,3]	多边形[C,A,3]
7	线段 l		多边形 多边形 4 的线段 CA	线段[C,A,多边形 4]
7	线段 m		多边形 多边形 4 的线段 AF	线段[A,F,多边形 4]
7	点 F		多边形[C,A,3]	多边形[C,A,3]
7	线段 n		多边形 多边形 4 的线段 FC	线段[F,C,多边形 4]
8	线段 p		端点为 A、E 的线段	线段[A,E]
9	线段 q		端点为 B、F 的线段	线段[B,F]
10	线段 r		端点为 C、D 的线段	线段[C,D]
11	点 G		r 与 q 的交点	交点[r,q]
12	圆 d		经过 A、C、F 三点的圆	圆形[A,C,F]
13	圆 e		经过 D、B、A 三点的圆	圆形[D,B,A]
14	布尔值 o		共圆[C,G,B,E]	共圆[C,G,B,E]
15	圆 s		经过 B、E、C 三点的圆	圆形[B,E,C]
16	点 H		三角形中心[A,B,D,1]	三角形中心[A,B,D,1]
17	点 I		三角形中心[B,C,E,1]	三角形中心[B,C,E,1]
18	点 J		三角形中心[C,A,F,1]	三角形中心[C,A,F,1]
19	线段 t		端点为 J、H 的线段	线段[J,H]
20	线段 f_1		端点为 H、I 的线段	线段[H,I]
21	线段 g_1		端点为 I、J 的线段	线段[I,J]
22	点 K		p 与 t 的交点	交点[p,t]
23	点 L		q 与 f_1 的交点	交点[q,f_1]
24	点 M		r 与 g_1 的交点	交点[r,g_1]
25	圆 c_1		经过 L、G、H 三点的圆	圆形[L,G,H]
26	圆 d_1		经过 I、L、G 三点的圆	圆形[I,L,G]
27	圆 e_1		经过 M、J、K 三点的圆	圆形[M,J,K]

拿破仑三角形的作图结果如图 15-14 所示。

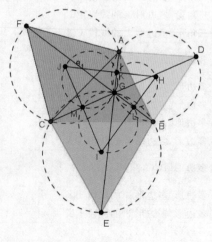

图 15-14

第16章 函数图像的画法

在 GeoGebra 中,除了内置的函数之外,还可以自定义所需的一元函数和多元函数。

16.1 函数

16.1.1 任意函数

直接在指令栏中输入函数表达式,例如,输入"f(x)=x^3-2x+1",然后按 Enter 键,即可绘制函数 f(x)的图像,如图 16-1 所示。

也可以在输入栏中输入"f(-1)"和"f(2)"等,求其相应的函数值;还可以在指令栏中输入"描点[f]",以绘制函数图像上的一个自由点。

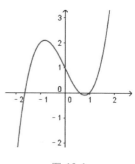

图 16-1

16.1.2 动态二次函数的画法

先制作动态滑杆 a、b 和 c,范围均为[-5,5],a≠0,然后在指令栏中输入"f(x)=ax^2+bx+c",按 Enter 键,即可绘制二次函数图像,如图 16-2 所示。

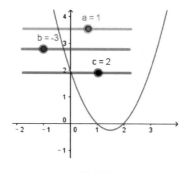

图 16-2

也可以直接在指令栏中输入"f(x)=a x^2+bx+c",按 Enter 键后弹出创建滑动条 a,b,c 对话框,单击创建滑动条,即可绘制该函数图像。

拖动滑杆 a、b 和 c,即可观察图形变化。

16.1.3 动态幂函数图像的画法

先制作一个动态滑杆 a,范围为[0,5],然后在指令栏中输入"f(x)＝x^a",按 Enter 键,即可绘制幂函数图像,如图 16-3 所示。

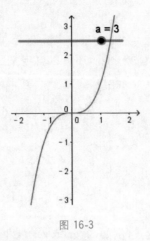

图 16-3

拖动滑杆 a,即可观察图形的变化。

16.1.4 动态指数函数图像的画法

先制作一个动态滑杆 a,范围为[0.001,5],a≠1,然后在指令栏中输入"f(x)＝a^x",按 Enter 键,即可绘制指数函数的图像,如图 16-4 所示。

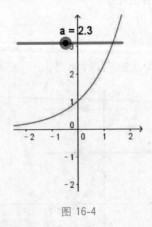

图 16-4

拖动滑杆 a,即可观察图形变化。

16.1.5 动态对数函数图像的画法

先制作一个动态滑杆 a,范围为[0.001,5],a≠1,然后在指令栏中输入"f(x)＝log(a,x)",按

Enter 键,即可绘制对数函数的图像,如图 16-5 所示。

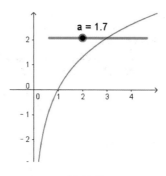

图 16-5

拖动滑杆 a,即可观察图形变化。

16.1.6　三角函数

1. 正弦函数

正弦函数的作图过程如表 16-1 所示。

表 16-1

序号	名称	图标	描述	定义
1	点 A		x 轴上的点	描点[x轴]A=(1.11,0)
2	点 B		x 轴上的点	描点[x轴]B=(−1.9,0)
3	圆 c		圆心为 B 且半径为 1 的圆	圆形[B,1]
4	点 C		c 与 x 轴的交点	交点[c,x轴,2]
5	点 C′		C 旋转 x(A)180°/π	旋转[C,x(A)180°/π,B]
6	直线 a		经过点 C′ 且垂直于 x 轴的直线	垂线[C′,x轴]
7	点 D		a 与 x 轴的交点	交点[a,x轴]
8	向量 u		向量[D,C′]	向量[D,C′]
9	直线 b		经过点 C′ 且平行于 x 轴 的直线	直线[C′,x轴]
10	直线 d		经过点 A 且垂直于 b 的直线	垂线[A,b]
11	点 E		b 与 d 的交点	交点[b,d]
12	向量 v		向量[A,E]	向量[A,E]
13	线段 e		端点为 C′、E 的线段	线段[C′,E]
14	线段 f		端点为 C′、B 的线段	线段[C′,B]
15	文本 文本 1	ABC	"∠C′BC="+(公式文本[x(A)180°/π])+""	"∠C′BC="+(公式文本[x(A)180°/π])+""

编辑动态文本∠C′BC 的值:激活文本工具 ABC ,在绘图区的空白处单击一下,在弹出的对话框中输入符号"∠C′BC=",然后在"对象"下拉列表中选择 A,在出现的动态文本框内输入"x(A)180°/π",并选中"LaTeX 数学式"复选框,单击"确定"按钮即可,如图 16-6 所示。

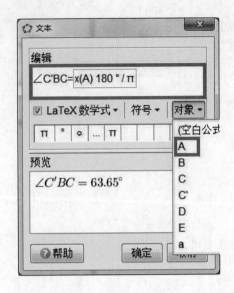

图 16-6

跟踪点 E，拖动点 A 即可产生点 E 的轨迹，如图 16-7 所示。

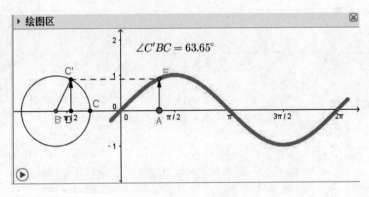

图 16-7

2. 动态三角函数

先制作动态滑杆 A、w 和 φ，范围均为[−5,5]，然后在指令栏中输入"f(x)＝Asin(wx＋φ)"，按 Enter 键，即可绘制三角函数图像，如图 16-8 所示。

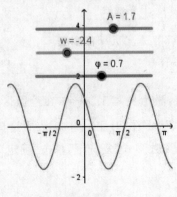

图 16-8

拖动滑杆 A、w 和 φ，观察图形的变化。可以在绘图区内的空白处右击，设置绘图区 x 轴的属性，改变 x 轴刻度，并设置其单位，如图 16-9 所示。

图 16-9

16.1.7　绘制批量函数

例如，绘制多个幂函数图像，方法如下：

打开表格区，在 A1 和 A2 内依次输入−1 和 0。框选 A1 和 A2，然后按住其右下角小方块向下拖到 A7，产生一列数−1,0,1,2,3,4,5，然后在 B1 处输入"x^A1"并按 Enter 键，得到曲线 $B1(x)=x^{-1}$，制作数值滑杆 n，范围为[−5,20]，选中 B1，打开 B1 的属性对话框，设置曲线的动态颜色，如图 16-10 所示。

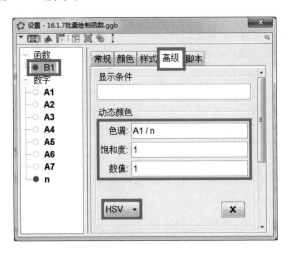

图 16-10

注意：色调、饱和度和数值的范围为[0,1]，当数值动态变化时，对象的颜色也会发生动态变化。

选中 B1,然后按住其右下角的小方块向下拖到 B7,即可产生批量图像,如图 16-11 所示。

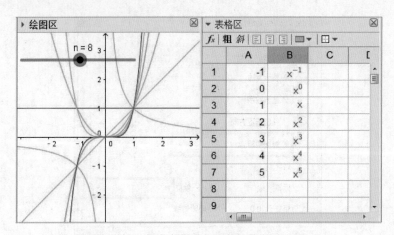

图 16-11

绘制批量函数的作图过程如表 16-2 所示。

表 16-2

序号	名称	图标	描述	定义	数值
1	数字 A1	a=2			A1=−1
2	数字 A2	a=2			A2=0
3	数字 A3	a=2			A3=1
4	数字 A4	a=2			A4=2
5	数字 A5	a=2			A5=3
6	数字 A6	a=2			A6=4
7	数字 A7	a=2			A7=5
8	函数 B1		B1(x)=x^A1	B1(x)=x^A1	B1(x)=x^2
9	数字 n	a=2	滑杆 n 的范围为[−5,20]		n=7
10	函数 B2		B2(x)=x^A2	B2(x)=x^A2	B2(x)=x^0
11	函数 B3		B3(x)=x^A3	B3(x)=x^A3	B3(x)=x^1
12	函数 B4		B4(x)=x^A4	B4(x)=x^A4	B4(x)=x^2
13	函数 B5		B5(x)=x^A5	B5(x)=x^A5	B5(x)=x^3
14	函数 B6		B6(x)=x^A6	B6(x)=x^A6	B6(x)=x^4
15	函数 B7		B7(x)=x^A7	B7(x)=x^A7	B7(x)=x^5

动态颜色设置同图 16-10,拖动滑杆 n,即可观察动态颜色变化。

16.2 复合函数

若函数 $f(x)=\sin(x)-\ln(x)$,$g(x)=2^x$,则在指令栏中输入"g(f(x))"可得到复合函数 $h(x)=g(f(x))$ 的图像,如图 16-12 所示。

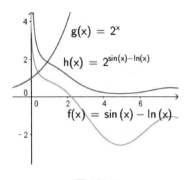

图 16-12

16.3　限定区间函数

16.3.1　利用函数指令绘制区间函数

例如，用"函数[〈函数〉,〈x－起始值〉,〈x－终止值〉]"指令绘制函数 x^2 在[－1,2]上的图形，只需在指令栏中输入"函数[x^2,－1,2]"，按 Enter 键，即可绘制限定区间函数的图像，如图 16-13 所示。

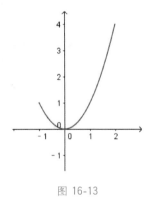

图 16-13

此时求 f(－2)会出现没有定义的结果。

16.3.2　利用条件函数绘制区间函数

例如，用"如果[〈条件〉,〈结果〉]"指令绘制函数 x^2 在[－1,2]上的图形，只需在指令栏中输入"条件[－1＜＝x＜＝2,x^2]"，按 Enter 键，即可绘制限定区间函数的图像，如图 16-14所示。

结果与指令"函数[〈函数〉,〈x－起始值〉,〈x－终止值〉]"相同。

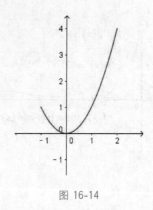

图 16-14

16.3.3 绘制开区间内的函数图像

例如,绘制函数 x^2 在 $(-1,2)$ 内的图形,只需在指令栏中输入"函数$[x^2,-1,2]$",按 Enter 键,然后绘制图形端点 $A=(-1,f(-1))$,$B=(2,f(2))$,再设置端点的"点型"为圆圈,适当改变圆圈,即点径的大小,在点 A 和 B 处右击,选择隐藏端点标签,如图 16-15 所示。

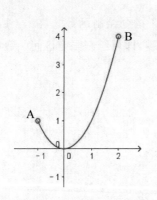

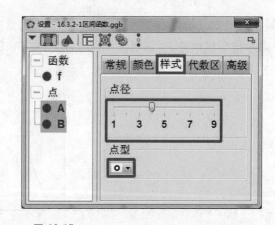

图 16-15

16.4 分段函数

16.4.1 分两段的函数

例如,用指令"如果$[\langle$条件$\rangle,\langle$结果$\rangle,\langle$否则$\rangle]$" 绘制函数 $f(x)=\begin{cases}x^2, & x\leqslant 1, \\ \ln x, & x>1\end{cases}$ 的图像,在指令栏中输入"如果$[x<=1,x^2,\ln(x)]$",按 Enter 键,然后绘制图形分段点 $A=(1,0)$,再设置"点型"为圆圈,并设置点径的大小,隐藏点 A 标签,如图 16-16 所示。

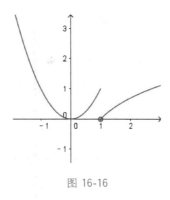

图 16-16

16.4.2　分三段的函数

例 如 , 用 指 令 " 如 果 [〈条 件 〉, 〈结 果 〉, 〈否 则 〉]" 嵌 套 , 绘 制 函 数
$f(x)=\begin{cases} -x, x<-1, \\ -x^2+2, -1\leqslant x\leqslant 1, \\ 2^x-1, x>1 \end{cases}$ 的图像。在指令栏中输入"f(x)= 如果[x<-1,-x, 如果
$[-1\leqslant x\leqslant 1, -x^2+2, 2\hat{\ }x-1]]$"，按 Enter 键，即可绘制图像，如图 16-17 所示。

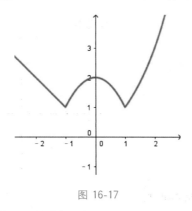

图 16-17

16.4.3　缓慢绘制函数

利用指令"缓慢绘制[〈函数〉]"可以动态绘制函数。

例如，在指令栏中输入"缓慢绘制[x^2]"，按 Enter 键，即可动态绘制函数 $y=x^2$，如图 16-18所示。

可以通过单击绘图区左下角的⏸按钮停止或播放动态效果；也可以拖动滑杆 a，观察动态绘制情况。

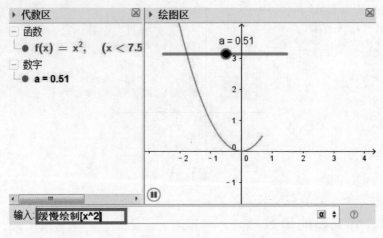

图 16-18

16.4.4　反函数

利用指令"逆反[⟨函数⟩]"可求函数的反函数,例如,在指令栏中输入"f(x)＝逆反[sin(x)]",按 Enter 键,即可得到 sin(x)的反函数,如图 16-19 所示。

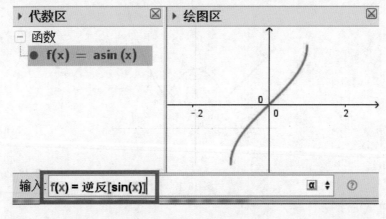

图 16-19

16.5　多元函数

16.5.1　二元函数

例如,要绘制函数 $f(x,y)＝xy$ 的图像,可以直接在指令栏中输入"$f(x,y)＝xy$",按Enter键,即可绘制图像。选中"视图"菜单中的 3D 绘图区,可查看其图形,如图 16-20 所示。

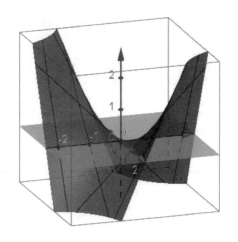

图 16-20

输入"f(2,3)",按 Enter 键,即可得到数值 a＝6。

16.5.2 三元函数

例如,定义 f(a,b,c)＝a＋b＋c,输入"f(1,2,3)",按 Enter 键,即可得到数值 c＝6。

16.6 函数图像变换

16.6.1 平移变换

(1)上下平移的作图过程如表 16-3 所示。

表 16-3

序号	名称	图标	描述	定义
1	文本 文本1	**ABC**	平移变换	
2	文本 文本4	**ABC**	y＝f(x)⇒y＝f(x)＋a	
3	函数 f			$f(x)＝x^2－3x$
4	输入框 输入框1	a=1	输入框[f] 标题 f(x)＝	输入框[f]
5	数字 a	a=2	数值滑杆 a 的范围为[－5,5]	
6	函数 g		g(x)＝f(x)＋a	g(x)＝f(x)＋a
7	文本 文本5		公式文本[g,true,true]	公式文本[g,true,true]

文本 5 是将代数区的公式 g(x)直接拖曳到绘图区,即可在绘图区中产生 g(x)的动态文本,如图 16-21 所示。

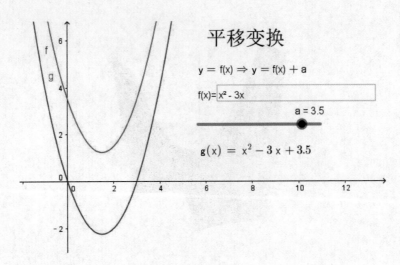

图 16-21

(2)左右平移的作图过程如表 16-4 所示。

表 16-4

序号	名称	图标	描述	定义
1	文本 文本1	ABC	平移变换	
2	文本 文本2	ABC	y＝f(x)⇒y＝f(x+a)	
3	函数 f			f(x)＝x²－3x
4	输入框 输入框1	a=1	输入框[f] 标题 f(x)＝	输入框[f]
5	数字 a	a=2	数值滑杆 a 的范围为[－5,5]	a＝1.6
6	函数 g		g(x)＝f(x+a)	g(x)＝f(x+a)
7	文本 文本3		公式文本[g,true,true]	公式文本[g,true,true]

文本 3 可以将代数区的公式 g(x)直接拖曳到绘图区内得到，如图 16-22 所示。

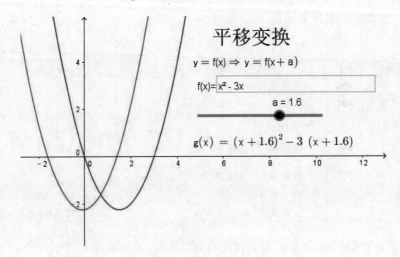

图 16-22

拖动滑杆 a,即可观察平移效果,也可以在输入框中输入新函数并按 Enter 键,改变函数类型。

16.6.2　对称变换

(1)关于 y 轴对称、关于 x 轴对称、关于原点对称和关于 y＝x 对称的作图过程如表 16-5 所示。

表 16-5

序号	名称	图标	描述	定义
1	文本 文本 1	ABC	对称变换	
2	数字 n	a=2	整数滑杆 n 的范围为[1,5]	
3	函数 f			f(x)＝ln(x)
4	输入框 输入框 1	a=1	输入框[f]	输入框[f]
5	函数 g		g(x)＝f(－x)	g(x)＝f(－x)
6	函数 h		h(x)＝－f(x)	h(x)＝－f(x)
7	函数 p		p(x)＝－f(－x)	p(x)＝－f(－x)
8	直线 i			i: y＝x
9	曲线 f₁		f 关于 i 的镜像	对称[f,i]
10	按钮 按钮 1	OK	按钮 1 标题 n＝n＋1	
11	按钮 按钮 2	OK	按钮 2 标题 n＝n－1	

在对象属性的"高级"选项卡中,将函数 g 的显示条件设置为 n＝2,函数 h 的显示条件设置为 n＝3,函数 p 的显示条件设置为 n＝4,曲线 f₁ 的显示条件设置为 n＝5。可以按 12.3 节的方法设置"按钮 1"的"标题"为"n＝n＋1",脚本为"n＝n＋1";"按钮 2"的"标题"为"n＝n－1",脚本为"n＝n－1",如图 16-23 所示。

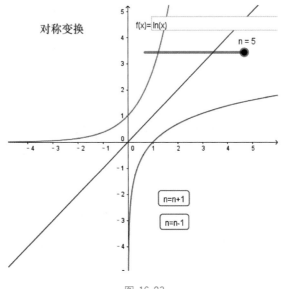

图 16-23

单击按钮,即可观察显示效果。

(2)含有绝对值函数的部分对称变换的作图过程如表 16-6 所示。

表 16-6

序号	名称	图标	描述	定义	数值	标题
1	函数 f				f(x)＝log(2,x)	
2	输入框 输入框 1	a=1	输入框[f]	输入框[f]	输入框 1	f(x)＝
3	函数 g		g(x)＝f(abs(x))	g(x)＝f(abs(x))	g(x)＝log(2,abs(x))	
4	函数 h		h(x)＝abs(f(x))	h(x)＝abs(f(x))	h(x)＝abs(log(2,x))	
5	布尔值 a	☑			a＝false	f(｜x｜)
6	布尔值 b	☑			b＝true	｜f(x)｜
7	布尔值 c	☑			c＝false	f(x)

在绘图区可以用鼠标单击复选框来显示或隐藏对应的函数,如图 16-24 所示。

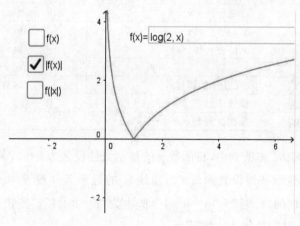

图 16-24

16.6.3 伸缩变换

伸缩变换的作图过程如表 16-7 所示。

表 16-7

序号	名称	图标	描述	定义	标题
1	函数 f			f(x)＝x²－3x	
2	数字 a	a=2	滑杆 a 的范围为[0,5]		
3	函数 g		g(x)＝f(a x)	g(x)＝f(a x)	
4	输入框 输入框 1	a=1	输入框[f]	输入框[f]	f(x)＝
5	点 A	•ᴬ	g 上的点	描点[g]	
6	点 B		(a x(A),y(A))	(a x(A),y(A))	

拖动滑杆 a,即可观察动态效果,如图 16-25 所示。

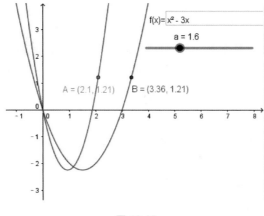

图 16-25

16.7　迭代

16.7.1　函数值的迭代

利用指令"迭代[⟨函数⟩,⟨起始值⟩,⟨迭代次数⟩]"即可求函数值的迭代。例如,若 $f(x)=x^2$,在指令栏中输入"a＝迭代[f,2,3]",按 Enter 键,即可得到结果为 256,即为 $((2^2)^2)^2$ 的值;又如,在指令栏中输入"b＝迭代[x＋5,3,4]",按 Enter 键,即可得到结果为 23,即为 $(((3＋5)＋5)＋5)＋5$ 的值。

16.7.2　函数迭代列表

利用指令"迭代列表[⟨函数⟩,⟨起始值⟩,⟨迭代次数⟩]"可产生包括初值的函数迭代列表,例如,若 $f(x)=x^2$,在指令栏中输入"迭代列表[f,2,3]",按 Enter 键,即可得到结果为"列表 $1＝\{2,4,16,256\}$",即当迭代次数为 n 时,产生长度为 n＋1 的列表(初值是第一个元素)。

16.7.3　表达式迭代

利用指令"迭代[⟨表达式⟩,⟨变量⟩,⟨起始值列表⟩,⟨次数⟩]"即可产生表达式迭代结果,例如,若 $A＝(0,0)$,$B＝(8,0)$,在指令栏中输入"迭代[中点[A,C],C,{B},3]",按 Enter 键,即可得到结果为"$C_3＝(1,0)$",即 $C_0＝B$,$C_1＝$ 中点$[A,C_0]$,$C_2＝$ 中点$[A,C_1]$,$C_3＝$ 中点$[A,C_2]$。

16.7.4　表达式迭代列表

利用指令"迭代列表[〈表达式〉,〈变量〉,〈起始值〉,〈次数〉]"即可产生表达式列表。

案例 1：若 $A=(0,0)$，$B=(8,0)$，在指令栏中输入"迭代列表[中点[A,C],C,{B},3]"，按 Enter 键，即得到结果为"列表 $1=\{(8,0),(4,0),(2,0),(1,0)\}$"，即 $C_0=B$，$C_1=$ 中点 $[A,C_0]$，$C_2=$ 中点 $[A,C_1]$，$C_3=$ 中点 $[A,C_2]$ 的集合。

案例 2：若 $f_0=1$，$f_1=1$，在指令栏中输入"列表 2=迭代列表[a+b,a,b,{f_0,f_1},5]"，按 Enter 键，即可得到包括初值的列表"列表 $2=\{1,1,2,3,5,8\}$"，即 $f_2=f_0+f_1$，$f_3=f_1+f_2$，$f_4=f_2+f_3$，$f_5=f_3+f_4$，迭代结果为 $\{f_0,f_1,f_2,f_3,f_4,f_5\}$。

案例 3：圆形迭代。已知圆心 $A=(4,4)$ 且过点 $B=(6,4)$ 的圆，在指令栏中输入"迭代列表[旋转[d,30°],d,{c},9]"，按 Enter 键，即可得到包括初值的 10 个圆，作图过程如表 16-8 所示。

表 16-8

序号	名称	图标	描述	定义
1	点 A	●A		$A=(4,4)$
2	点 B	●A		$B=(6,4)$
3	圆 c	⊘	圆心为 A 且经过 B 的圆	圆形[A,B]
4	列表 列表1		迭代列表[旋转[d,30°],d,{c},9]	迭代列表[旋转[d,30°],d,{c},9]

圆形迭代的作图结果如图 16-26 所示。

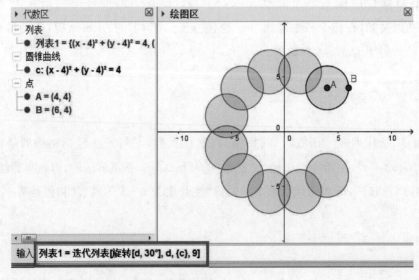

图 16-26

注意：变量 d 和初值 c 和列表 1 的元素应属于同一类。

第17章 方程与不等式

17.1 线性规划

线性规划可行域及目标函数的作图过程如表 17-1 所示。

表 17-1

序号	名称	图标	描述	定义	数值	标题
1	不等式 a		可行域	a:(x≥1)∧(y≥x)∧(x+y<6)		
2	输入框 输入框1	a=1	输入框[a]	输入框[a]	输入框1	可行域
3	点 A		顶点[a]	顶点[a]	A=(1,1)	
3	点 B		顶点[a]	顶点[a]	B=(1,5)	
3	点 C		顶点[a]	顶点[a]	C=(3,3)	
4	数字 b	a=2	滑杆 b		b=−0.4	
5	直线 f		2x−y=b	2x−y=b	f:2x−y=−0.4	

拖动滑杆 b 可观察目标函数的变化,通过输入框也可以改变可行域,如图 17-1 所示。

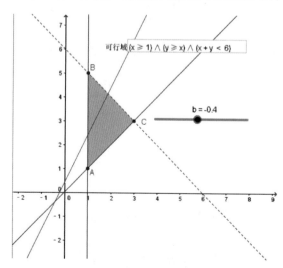

图 17-1

注意:在指令栏中,不等式的使用方法类似函数。

例如,已知不等式 a,M＝(2,3),在指令栏中输入"a(M)"或"a(2,3)",按 Enter 键,即可判断点 M 是否满足不等式 a。

17.2　平面区域

17.2.1　二元不等式表示的平面区域

二元不等式表示的平面区域的作图过程如表 17-2 所示。

表 17-2

序号	名称	图标	描述	定义	数值
1	不等式 a			a：$x^2+y^2<4$	a：$x^2+y^2<4$
2	输入框 输入框 1	a=1	输入框[a]	输入框[a]	输入框 1

二元不等式表示的平面区域的作图结果如图 17-2 所示。

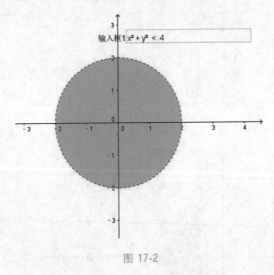

图 17-2

17.2.2　绘制非线性平面区域

绘制非线性平面区域的作图过程如表 17-3 所示。

表 17-3

序号	名称	图标	描述	定义
1	不等式 a			a：$(x\,y \leqslant 1) \wedge (x^2+y^2 \leqslant 4)$
2	输入框 输入框 1	a=1	输入框[a]	输入框[a]

绘制非线性平面区域的作图结果如图 17-3 所示。

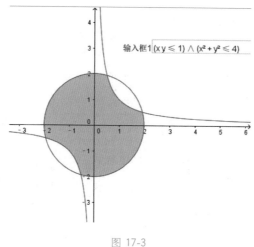

图 17-3

17.2.3 一元不等式表示的平面区域

例如,在指令栏中输入"x^3＞2x－1",按 Enter 键,即可在绘图区产生平面区域,如图 17-4所示。

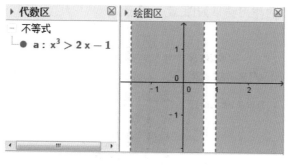

图 17-4

若在关于 x 的不等式 x^3＞2x－1 的属性对话框中的"样式"页面中选中"显示 x 轴"复选框,即可将不等式的解集显示在 x 轴上,如图 17-5 所示。

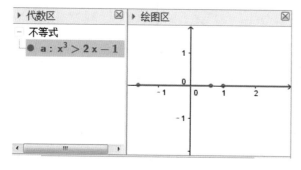

图 17-5

17.3　平面区域整点个数

平面区域整点个数的作图过程如表 17-4 所示。

表 17-4

序号	名称	图标	描述	定义	标题
1	不等式 a			$a:(x\geqslant-1)\wedge(y\geqslant x)\wedge(x+y\leqslant6)$	
2	列表 集合 1		移除未定义对象[合并[序列[序列[(i,j)/在区域内[(i,j),a],i,floor(x(角落[1])),ceil(x(角落[3])),j,floor(y(角落[1])),ceil(y(角落[3]))]]]	移除未定义对象[合并[序列[序列[(i,j)/在区域内[(i,j),a],i,floor(x(角落[1])),ceil(x(角落[3]))],j,floor(y(角落[1])),ceil(y(角落[3]))]]]	
3	数字 b		长度[集合 1]	长度[集合 1]	
4	输入框 输入框 1	a=1	输入框[a]	输入框[a]	可行域
5	布尔值 c	☑		c＝true	显示隐藏整点
6	文本 文本 1	ABC	"整数点个数为 b="+b+""	"整数点个数为 b="+b+""	

平面区域整点个数的作图结果如图 17-6 所示。

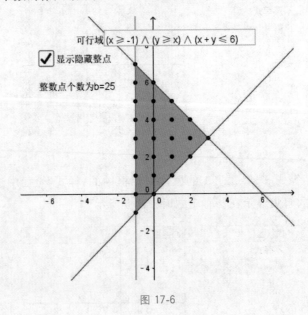

图 17-6

17.4　方程近似解

17.4.1　二分法

求方程 lnx＋2x－6＝0 实数解的近似值,作图过程如表 17-5 所示。

表 17-5

序号	名称	图标	描述	定义
1	函数 f			f(x)＝ln(x)＋2x－6
2	点 A1	●A	x轴上的点	描点[x轴] A1＝(－1.40717,0)
3	点 A2	●A	x轴上的点	描点[x轴] A2＝(3.31185,0)
4	点 A3		(如果［f(x(A1))f((x(A1)＋x(Λ2))/2)＜0,x(A1),(x(A1)＋x(A2))/2],0)	(如果[f(x(A1))f((x(A1)＋x(A2))/2)＜0,x(A1),(x(A1)＋x(A2))/2],0)
5	数字 B3		abs(A2－A3)	abs(A2－A3)

打开"选项"菜单,设置精确度,例如,保留 5 位小数。再打开"视图"菜单中的表格区,选中 A3:B3,然后拖动右下角的小方块到 B17,拖曳的个数可以根据精确度的大小来确定,如图 17-7 所示。

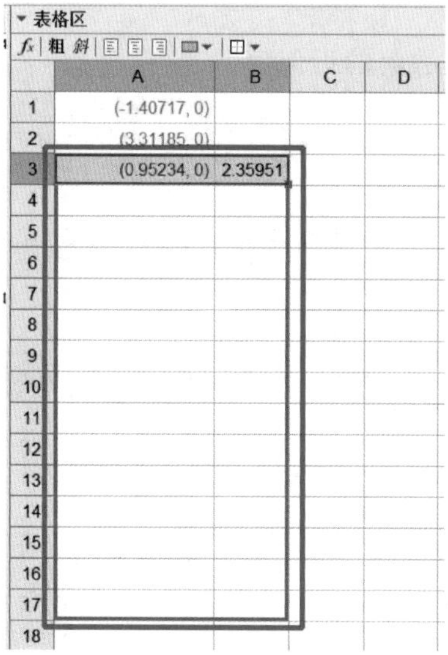

图 17-7

释放鼠标,结果如图 17-8 所示。

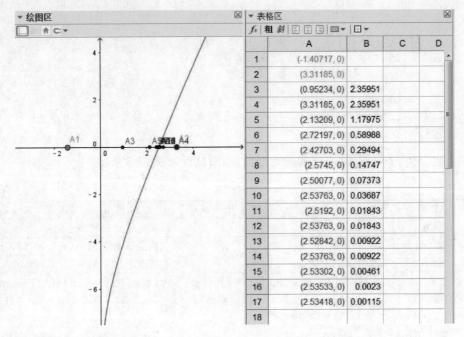

图 17-8

可以滚动鼠标滑轮放大或缩小零点附近的视图,以观察点列逼近零点的程度。

17.4.2　迭代法

求方程 $\ln x+2x-6=0$ 实数解的近似值。

(1)用两条曲线的交点求近似解。将方程 $\ln x+2x-6=0$ 化成 $x=\dfrac{1}{2}(-\ln x+6)$,设

$f(x)=\dfrac{1}{2}(-\ln x+6)$,$g(x)=x$,操作过程如表 17-6 所示。

表 17-6

序号	名称	图标	描述	定义	数值
1	函数 f				$f(x)=(-\ln(x)+6)/2$
2	函数 g				$g(x)=x$
3	点 A	●A	x 轴上的点	描点[x 轴]	$A=(0.76,0)$
4	点 A1		$(x(A),f(x(A)))$	$A1=(x(A),f(x(A)))$	$A1=(0.76,3.14)$
5	点 A2		$(y(A1),f(y(A1)))$	$A2=(y(A1),f(y(A1)))$	$A2=(3.14,2.43)$
6	点 B1		$(y(A1),y(A1))$	$B1=(y(A1),y(A1))$	$B1=(3.14,3.14)$
7	点 B2		$(y(A2),y(A2))$	$B2=(y(A2),y(A2))$	$B2=(2.43,2.43)$
8	线段 C1	✏	端点为 A1,B1 的线段	线段[A1,B1]	$C1=2.38$
9	线段 D1	✏	端点为 B1,A2 的线段	线段[B1,A2]	$D1=0.71$
10	线段 h	✏	端点为 A1,A 的线段	线段[A1,A]	$h=3.14$

打开"选项"菜单,设置精确度,例如,保留 5 位小数。再打开"视图"菜单中的表格区,选

中 A2:B2,然后拖动右下角的小方块到 B14,同理选中 C1:D1,然后拖动右下角的小方块到 D14,拖曳的个数可以根据精确度的大小来确定,如图 17-9 所示。

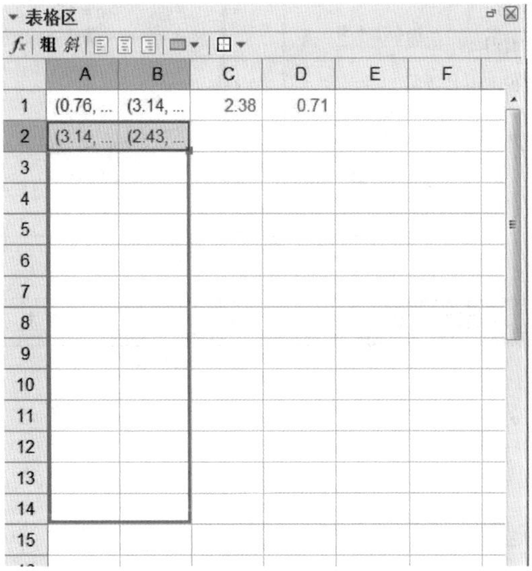

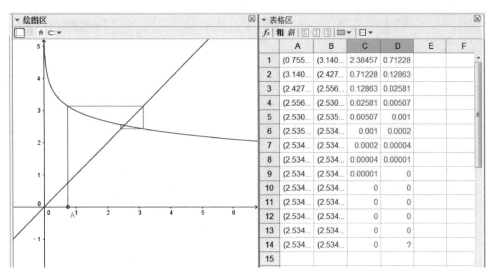

图 17-9

隐藏点及标签,得到的结果如图 17-10 所示。

图 17-10

在直线与曲线的交点处,滚动鼠标滑轮放大或缩小交点附近的视图,即可观察迭代程度。

(2)用迭代指令求近似解。利用指令" 迭代[〈函数〉,〈起始值〉,〈迭代次数〉]"可求方程的近似解。例如,将方程 $\ln x+2x-6=0$ 化成 $x=\dfrac{1}{2}(-\ln x+6)$,设 $f(x)=\dfrac{1}{2}(-\ln x+6)$,在选项精度中,设置保留 15 位小数,整数滑杆 n 的范围为[1,30],在指令栏中输入"a=迭代[f,1,n]",

按 Enter 键,即可得到零点近似值 a＝2.534919132082403,如图 17-11 所示。

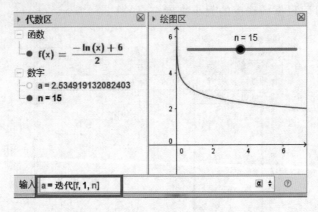

图 17-11

拖动迭代次数滑杆 n,即可观察动态变化。

17.4.3　牛顿切线法

求方程 $0.4(x＋1)(x－2)(x－3)＝1$ 实数根的近似值,操作过程如表 17-7 所示。

表 17-7

序号	名称	图标	描述	定义
1	函数 f			$f(x)=0.4(x+1)(x-2)(x-3)-1$
2	点 A1		x 轴上的点	描点[x 轴]　A1＝(0.2,0)
3	直线 g		x＝x(A1)上切于 f 的线	切线[A1,f]
4	点 A2		(x(A1)－f(x(A1))/f'(x(A1)),0)	(x(A1)－f(x(A1))/f'(x(A1)),0)

打开表格区,选中 A2,拖动右下角的小方块到 A12,拖曳的个数可以根据精确度的大小来确定,如图 17-12 所示。

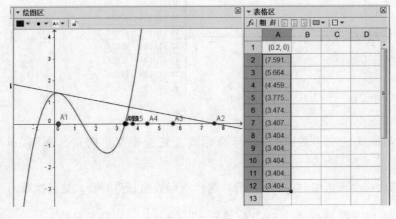

图 17-12

拖动自由点 A1,即可观察迭代情况。

第18章 平面曲线的画法

18.1 直线

18.1.1 直线方程

直接在指令栏中输入直线方程式,例如,在指令栏中输入"f:2x+y=3",按 Enter 键,即可绘制直线,如图 18-1 所示。

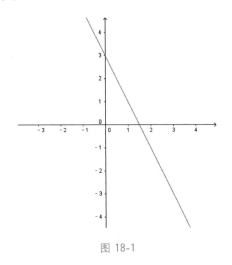

图 18-1

可以用指令"描点[〈几何对象〉]"绘制曲线上的自由点,例如,在指令栏中输入"描点[f]",按 Enter 键,即可在该曲线上绘制一个自由点。若输入"描点[x 轴]",按 Enter 键,即可绘制 x 轴上的一个自由点。

18.1.2 直线参数式方程

直线参数式方程的绘制过程如表 18-1 所示。

表 18-1

序号	名称	图标	描述	定义	数值
1	点 A	●A			A=(1,−2)

续表

序号	名称	图标	描述	定义	数值
2	点 B	A●			B＝(4,2)
3	向量 u	●	向量[A,B]	向量[A,B]	u＝(3,4)
4	直线 f		X＝A＋t u	X＝A＋t u	f: X＝(2.5,0)＋t(3,4)

直线参数式方程的绘制结果如图 18-2 所示。

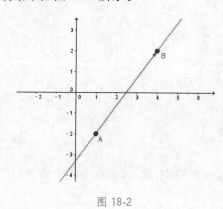

图 18-2

18.2 圆锥曲线

除了用绘图区的圆锥曲线工具绘制圆锥曲线以外,还可以通过指令栏直接输入其二元二次方程进行绘制。

18.2.1 椭圆

在指令栏中输入"x^2/4＋y^2/3＝1",按 Enter 键,即可绘制相应的椭圆,如图 18-3所示。

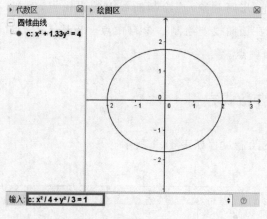

图 18-3

也可以在指令栏中输入参数式"X＝(0,0)＋(2cos(t),sqrt(3) sin(t))",然后按 Enter 键,即可绘制椭圆。

18.2.2 双曲线

在指令栏中输入"x^2/9－y^2/16＝1",按 Enter 键,即可绘制相应的双曲线,如图 18-4 所示。

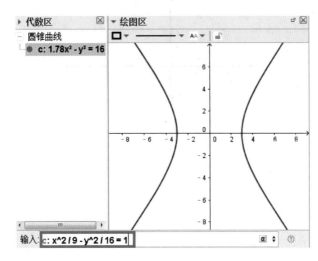

图 18-4

18.2.3 抛物线

在指令栏中输入"y^2＝4x",按 Enter 键,即可绘制相应的抛物线,如图 18-5 所示。

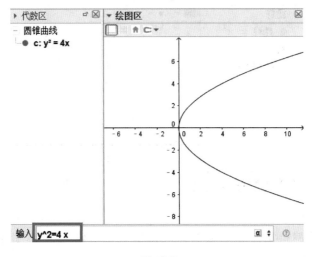

图 18-5

18. 2. 4　圆

在指令栏中可以直接输入圆的方程来绘制圆,例如,在指令栏中输入"x^2＋y^2＝4",按 Enter 键,即可绘制相应的圆,如图 18-6 所示。

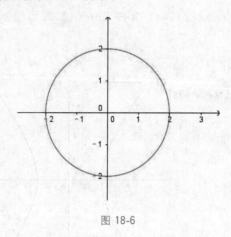

图 18-6

18. 2. 5　描点及路径参数

用点工具 ⁕ 在路径上单击一下即可绘制路径上的点 A,还可以使用指令"描点[⟨几何对象⟩]""描点[⟨列表⟩]""描点[⟨几何对象⟩,⟨路径参数⟩]"或"描点[⟨点⟩,⟨向量⟩]"在函数图像上画点、在曲线上描点画点、在列表上画点,以及在多边形上画点,示例如下。

（1）在函数上绘制点。可以用鼠标拖动点 A 到所需的位置,如图 18-7 所示。

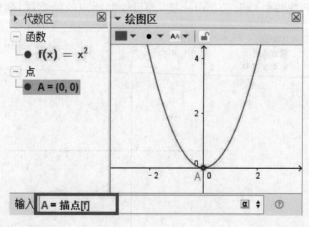

图 18-7

（2）在曲线上绘制指定路径参数的点。在指令栏中输入指令"路径参数[⟨路径上的点⟩]",按 Enter 键,可以得到该点的路径参数。

注意:路径的参数范围是[0,1]的实数,利用路径参数可以绘制曲线上指定位置的点,还可以通过滑杆参数绘制路径上的动点,拖动滑杆 a,可观察动态效果,如图 18-8 所示。

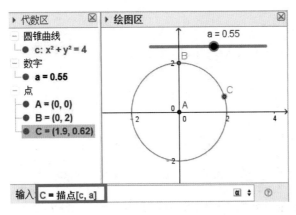

图 18-8

(3)在列表中绘制点。例如,在列表 1＝{f,g,h}上描点,如图 18-9 所示。

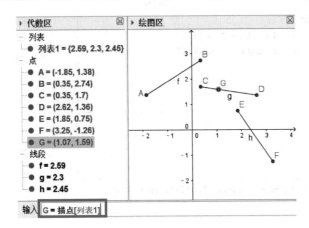

图 18-9

拖动点 G 可观察移动效果,此点可以在线段 f、g 和 h 上连续移动。

(4)绘制按已知向量平移的点。绘制效果如图 18-10 所示。

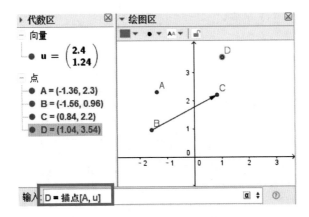

图 18-10

18.3 参数曲线

18.3.1 静态参数曲线

参数曲线可以直接通过指令栏输入指令"曲线$[\langle x(t)\rangle,\langle y(t)\rangle,\langle 参变量\ t\rangle$, $\langle t-起始值\rangle,\langle t-终止值\rangle]$"进行绘制,例如,绘制参数方程$\begin{cases} x=3\cos t+2\sin 2t, \\ y=2\sin t-\cos 2t, \end{cases} 0\leqslant t\leqslant 2\pi,$ 对应的参数曲线,只需在指令栏中输入"a=曲线$[3\cos(t)+2\sin(2t),2\sin(t)-3\cos(2t),t,$ $0,2\pi]$",按 Enter 键,即可绘制,如图 18-11 所示。

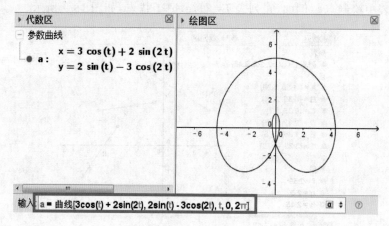

图 18-11

曲线的参数式可以当成一般的函数来使用,例如,在指令栏中输入"a(2)"时,可以绘制该曲线上 t=2 时对应的点$(3\cos 2+2\sin 4,2\sin 2-3\cos 4)$;还可以在输入栏中输入指令"描点$[a]$",绘制曲线上的自由点。

注意:参数不要使用 x、y 字母。

18.3.2 动态参数曲线

动态参数曲线的绘制步骤如表 18-2 所示。

表 18-2

序号	名称	图标	描述	定义
1	数字 a	a=2	数值滑杆 a 的范围为$[-5,5]$	a=1.2
2	数字 b	a=2	数值滑杆 b 的范围为$[1,50]$	b=31.6
3	曲线 c		曲线$[4\cos(a\ t)\ \cos(t),4\cos(a$ $t)\ \sin(t),t,0,b]$	曲线$[4\cos(a\ t)\ \cos(t),4\cos(a$ $t)\ \sin(t),t,0,b]$

拖动滑杆 a 或 b，即可观察动态效果，如图 18-12 所示。

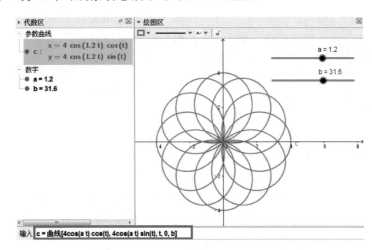

图 18-12

18.4　极坐标与极坐标曲线

18.4.1　极坐标

在指令栏中输入"(x，y)"，其中两个坐标 x、y 之间是用"，"隔开的。点的极坐标在中学教材中一般用(ρ，θ)表示，那么如何输入点的极坐标呢? 只需在指令栏中输入"(x；y)"，按 Enter 键后即可得到点的极坐标，这里的两个坐标 x、y 之间是用"；"隔开的，其中，x 表示该点的极径，y 表示该点的极角，单位可以是度，也可以是弧度。

当 y 的单位为度时，无论 y 多大，GeoGebra 系统都会自动转换成[0，360°)范围的角；当 y 的单位为弧度时，无论 y 多大，GeoGebra 系统都会自动转换成(−π，π]范围的角。

例如，在指令栏中输入"(3；60°)"，绘制点 A，如图 18-13 所示。

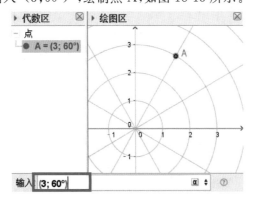

图 18-13

极坐标转化成直角坐标的方法是：若 $A=(\rho;\theta)$，则 $(x(A),y(A))$ 表示点 A 的直角坐标，其中 $x(A)=\rho\cos(\theta)$，$y(A)=\rho\sin(\theta)$。若要使极坐标与直角坐标互相转化，可以在直角坐标点上右击，在弹出的快捷菜单中选择"极坐标"即可；在极坐标点上右击，在弹出的快捷菜单中选择"直角坐标"即可。

向量极坐标的输入方法是：在指令栏中输入"u＝(x;y)"，即可得到向量，注意向量的名称要用小写字母。

18.4.2　显示极坐标系

在绘图区的空白处右击，打开绘图区属性对话框，在"网格"选项卡中选中"显示网格"复选框，并将"网格类型"设置为"极坐标"，同时设置"刻度间距"及"线型"，如图 18-14 所示。

图 18-14

18.4.3　极坐标曲线

案例 1：极坐标曲线

绘制极坐标曲线的步骤如表 18-3 所示。

表 18-3

序号	名称	图标	描述	定义	数值
1	数字 a	a=2	数值滑杆的范围是 $[-15,15]$		$a=1.65$
2	角度 α	a=2	角度滑杆的范围是 $[0°,3600°]$		$\alpha=1300°$
3	数字 r		$\sin(a\,\alpha)$	$\sin(a\,\alpha)$	$r=-0.26$
4	点 A		$(r;\alpha)$	$(r;\alpha)$	$A=(0.2,0.17)$
5	轨迹 轨迹 1	✗	轨迹$[A,\alpha]$	轨迹$[A,\alpha]$	轨迹 1＝轨迹$[A,\alpha]$

拖动滑杆 a 或 α，即可观察动态效果，如图 18-15 所示。

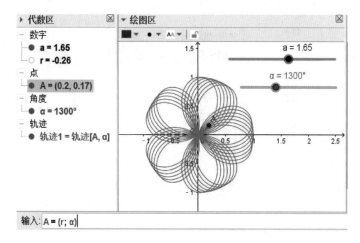

图 18-15

案例 2：蝴蝶曲线

蝴蝶曲线的作图过程如表 18-4 所示。

表 18-4

序号	名称	图标	描述	定义
1	角度 α	a=2	角度滑杆的范围是 $[0°,36000°]$	
2	数字 a	a=2	数值滑杆的范围是 $[0,1]$	
3	数字 r		$e^{\cos(\alpha)}-2\cos(4\alpha)+\sin(\alpha/12)^5$	$e^{\cos(\alpha)}-2\cos(4\alpha)+\sin(\alpha/12)^5$
4	点 A		$(r;\ \alpha)$	$(r;\ \alpha)$
5	轨迹 轨迹 1		轨迹$[A,\alpha]$	轨迹$[A,\alpha]$

蝴蝶曲线的绘制结果如图 18-16 所示。

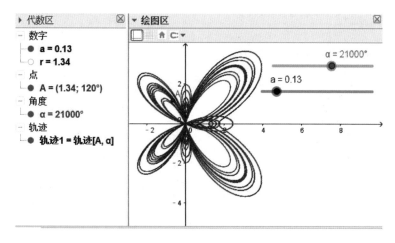

图 18-16

在"轨迹 1"上右击，打开对象的属性对话框，在"高级"选项卡中设置动态颜色，如图 18-17所示。

图 18-17

拖动滑杆 a，即可观察颜色的动态效果。

案例 3：玫瑰线

玫瑰线的绘制步骤如表 18-5 所示。

表 18-5

序号	名称	图标	描述	定义
1	数字 a	a=2	滑杆 a 的范围为 [−5,5]	a=2.9
2	角度 α	a=2	角度滑杆 α 的范围为 [0°,360°]	α=235°
3	数字 n	a=2	整数滑杆 n 的范围为 [1,30]	n=12
4	数字 r		$a\cos(n\,\alpha)$	$a\cos(n\,\alpha)$
5	点 A		$(r\cos(\alpha), r\sin(\alpha))$	$(r\cos(\alpha), r\sin(\alpha))$
6	轨迹 轨迹 1	✂	轨迹[A,α]	轨迹[A,α]

玫瑰线的绘制结果如图 18-18 所示。

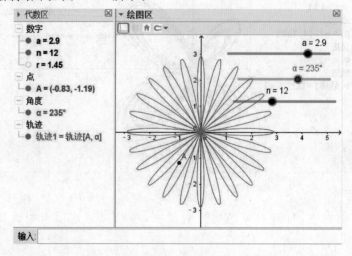

图 18-18

18.5　隐式曲线方程

直接在指令中输入二元方程式即可得到相应的曲线。

案例 1：方形曲线

方形曲线的绘制结果如图 18-19 所示。

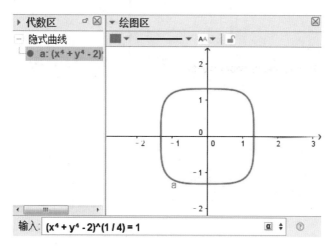

图 18-19

案例 2：到两个定点距离之积为常数的点的集合

到两个定点距离之积为常数的点的集合绘制结果如图 18-20 所示。

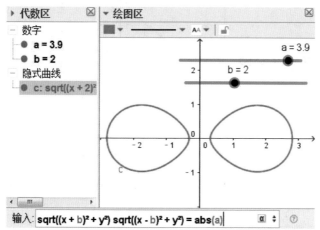

图 18-20

拖动滑杆 a 或 b，即可观察动态效果。

案例 3：心脏曲线

心脏曲线的绘制结果如图 18-21 所示。

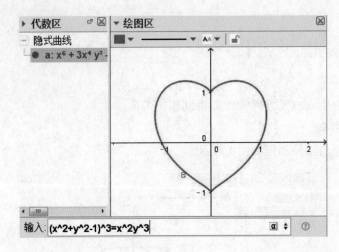

图 18-21

案例 4：隐式多项式曲线

隐式多项式曲线的绘制结果如图 18-22 所示。

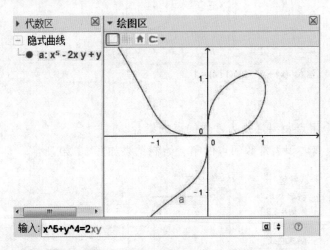

图 18-22

案例 5：蔓叶线

假设 C1 和 C2 是两条曲线，O 是一个定点，一条经过 O 的直线 L 分别相交 C1 和 C2 于 A 和 B，则在 L 上的点 P 使得 AB＝OP 的 P 点轨迹就是一条蔓叶线。

若 C1 为一个圆，C2 是圆的切线，O 是圆上的点且在切线的对面，那么 P 的轨迹就是本页的图像，称为 Diocle 蔓叶线。

蔓叶线的绘制步骤如表 18-6 所示。

表 18-6

序号	名称	图标	描述	定义
1	数字 a	$\stackrel{a=2}{\bullet}$	数值滑杆 a 的范围为 $[-5,5]$	
2	隐式曲线 b		$y^2 = x^3/(2a-x)$	$y^2 = x^3/(2a-x)$
3	直线 f		$x = 2a$	$x = 2a$

续表

序号	名称	图标	描述	定义
4	圆 c		$(x-a)^2+y^3=a^2$	$(x-a)^2+y^3=a^2$
5	点 O	$\bullet^A$		$O=(0,0)$
6	点 A	$\bullet^A$	c 上的点	描点[c]
7	直线 g		经过点 O、A 的直线	直线[O,A]
8	点 B		f 与 g 的交点	交点[f,g]
9	点 P		b 与 g 的交点	交点[b,g]
10	线段 h		端点为 O、P 的线段	线段[O,P]
11	线段 i		端点为 A、B 的线段	线段[A,B]
12	布尔值 d		h ≗ i	h ≗ i

蔓叶线的绘制结果如图 18-23 所示。

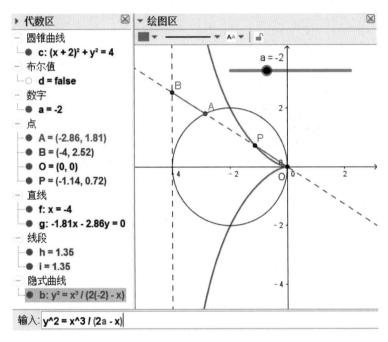

图 18-23

18.6 隐式曲线上的切线

案例 1：在隐式曲线上绘制点

利用点工具 在曲线上单击一下即可绘制曲线上的一点；也可以在指令栏中输入"A=描点[a]"，按 Enter 键，即可绘制曲线上的一点，如图 18-24 所示。

案例 2：隐式曲线切线

激活切线工具 ，然后依次点选点 A 及曲线，即可产生曲线的切线；也可以在指令栏中输入"切线[A,a]",按 Enter 键,即可产生曲线切线,如图 18-25 所示。

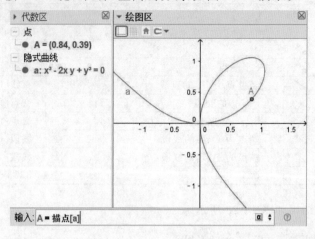

图 18-24

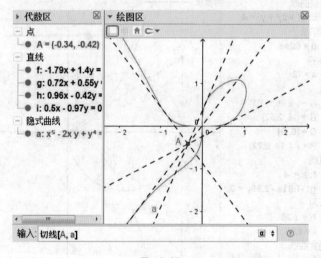

图 18-25

18.7 过已知点列的隐式曲线

案例 1:绘制过五点的隐式曲线

过五点的隐式曲线的绘制步骤如表 18-7 所示。

表 18-7

序号	名称	图标	描述	定义
1	点 A	_A		A=(1.16,0.44)
2	点 B	_A		B=(-0.96,-0.74)
3	点 C	_A		C=(-1.38,0.5)
4	点 D	_A		D=(-1.5,-2.42)

续表

序号	名称	图标	描述	定义
5	点 E	A●		E＝(3.98,−1.8)
6	列表 列表 1	{1,2}	{A,B,C,D,E}	{A,B,C,D,E}
7	隐式曲线 a		隐式曲线[列表 1]	隐式曲线[列表 1]

绘制结果如图 18-26 所示。

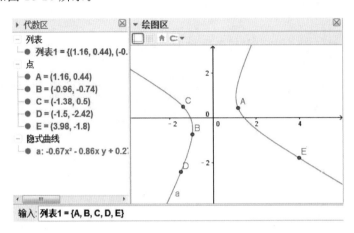

图 18-26

本例可以用指令"圆锥曲线[〈点 1〉,〈点 2〉,〈点 3〉,〈点 4〉,〈点 5〉]"绘制过五点的圆锥曲线。

注意:绘制隐式曲线时,当已知点的个数为 $\dfrac{n(n+3)}{2}$ 个时,可以绘制次数 n 隐式曲线,且曲线与点的顺序无关。

案例 2:过九点的三次隐式曲线

过九点的三次隐式曲线的绘制结果如图 18-27 所示。

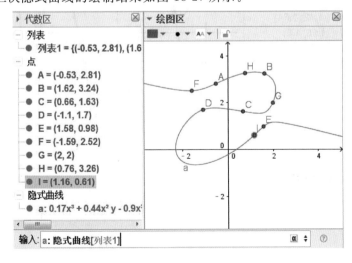

图 18-27

18.8 最佳拟合曲线

18.8.1 多项式函数

用指令"多项式函数[〈点列〉]"可绘制过七点的多项式函数,绘制步骤如表 18-8 所示。

表 18-8

序号	名称	图标	描述	定义
1	点 A	$\bullet^A$		A=(-1.42,1.64)
2	点 B	$\bullet^A$		B=(1.66,1.6)
3	点 C	$\bullet^A$		C=(-1.68,0.6)
4	点 D	$\bullet^A$		D=(-2.58,-0.94)
5	点 E	$\bullet^A$		E=(1,-1)
6	点 F	$\bullet^A$		F=(2.38,-0.06)
7	点 G	$\bullet^A$		G=(3,1)
8	列表 列表 1	{1,2}	{A,B,C,D,E,F,G}	{A,B,C,D,E,F,G}
9	函数 f		多项式函数[列表 1]	多项式函数[列表 1]

过七点的多项式函数的绘制结果如图 18-28 所示。

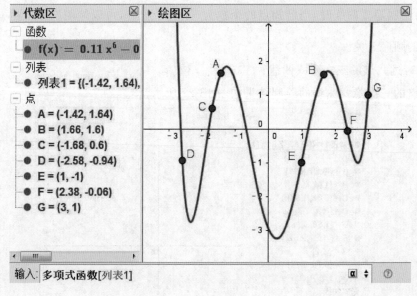

图 18-28

18.8.2 多项式拟合

(1)多项式拟合散点。用指令"多项式拟合[〈点列〉,〈多项式次数〉]"可绘制最近逼近已知点的多项式,绘制步骤如表 18-9 所示。

表 18-9

序号	名称	图标	描述	定义
1	点 A	A		A=(−1.42,1.64)
2	点 B	A		B=(1.66,1.6)
3	点 C	A		C=(−1.68,0.6)
4	点 D	A		D=(−2.58,−0.94)
5	点 E	A		E=(1,−1)
6	点 F	A		F=(2.38,−0.06)
7	点 G	A		G=(3,1)
8	列表 列表 1	{1,2}	{A,B,C,D,E,F,G}	{A,B,C,D,E,F,G}
9	函数 f		多项式拟合[列表1,3]	多项式拟合[列表1,3]

多项式拟合散点的绘制结果如图 18-29 所示。

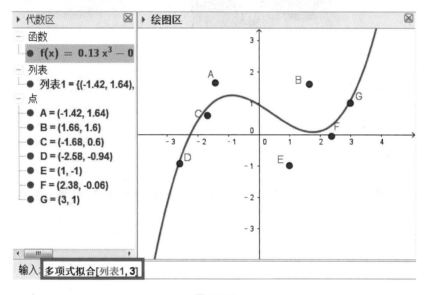

图 18-29

(2)用多项式拟合实物轮廓。选择插入图片位置的控制点 A 和 B,激活图像工具,在弹出的窗口中选择要插入的图片,在图片物体轮廓边缘选取若干个点,建立列表 1,分别输入指令"f(x)＝多项式拟合[列表 1,8]"和"曲面[u,f(u) cos(v),f(u) sin(v),u,0.5,12.5,v,0, 2π]",打开视图窗口 3D 绘图区观察效果,操作步骤如表 18-10 所示。

表 18-10

序号	名称	图标	描述	定义
1	点 A	A	y 轴上的点	描点[y 轴] A=(0,−3)
2	点 B	A		B=(12.6,−3)
3	图像 图片 2	✿	插入图片	图片 2
4	列表 列表 1	{1,2}	{C,D,E,F,G,H,I,J,K,L,M,N}	{C,D,E,F,G,H,I,J,K,L,M,N}
5	函数 f		多项式拟合[列表 1,8]	多项式拟合[列表 1,8]
6	曲面 a		曲面[u,f(u) cos(v),f(u) sin(v),u, 0.5,12.5,v,0,2π]	曲面[u,f(u) cos(v),f(u) sin(v),u, 0.5,12.5,v,0,2π]

在"视图"菜单中打开 3D 绘图区,观察空间曲面的形状,如图 18-30 所示。

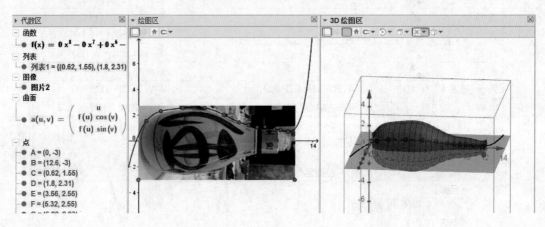

图 18-30

18.9　指数拟合

将数据导入表格区,然后框选数据并按鼠标右键创建点列,绘制步骤如表 18-11 所示。

表 18-11

序号	名称	图标	描述	定义
1	列表 列表 1	{1,2}	{A,B,C,D,E,F,G,H,I,J,K,L}	{A,B,C,D,E,F,G,H,I,J,K,L}
2	函数 f		指数拟合[列表 1]	指数拟合[列表 1]
3	数字 a		可决系数 R 方[列表 1,f]	可决系数 R 方[列表 1,f]

注意:在"选项"菜单的"精确度"中设置保留 4 位小数,观察 a 的变化,可决系数 R^2 越接近 1,拟合得越好。

指数拟合的绘制结果如图 18-31 所示。

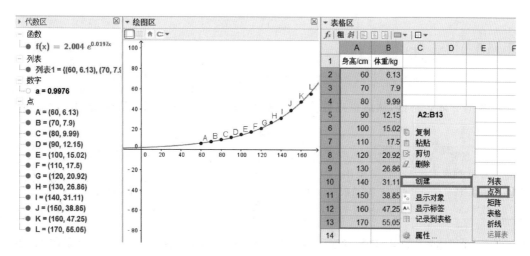

图 18-31

18.10　对数拟合

将数据导入表格区,然后框选数据并按鼠标右键创建点列,绘制步骤如表 18-12 所示。

表 18-12

序号	名称	图标	描述	定义
1	列表 列表1	{1,2}	{A,B,C,D,E,F,G,H}	{A,B,C,D,E,F,G,H}
2	函数 f		对数拟合[列表1]	对数拟合[列表1]
3	数字 a		可决系数 R 方[列表1,f]	可决系数 R 方[列表1,f]

将"精确度"设置为保留 4 位小数,通过 a 的值可观看拟合的效果,如图 18-32 所示。

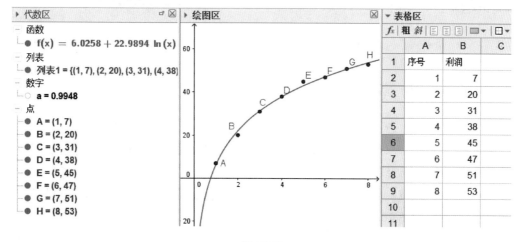

图 18-32

18.11 幂函数拟合

将数据导入表格区,然后框选数据并按鼠标右键创建点列,绘制步骤如表 18-13 所示。

表 18-13

序号	名称	图标	描述	定义
1	列表 列表1	{1,2}	{A,B,C,D,E,F,G,H,I,J,K,L}	{A,B,C,D,E,F,G,H,I,J,K,L}
2	函数 f		幂函数拟合[列表1]	幂函数拟合[列表1]
3	数字 a		可决系数 R 方[列表1,f]	可决系数 R 方[列表1,f]

注意:在"选项"菜单的"精确度"中设置保留 4 位小数,观察 a 的变化,可决系数 R^2 越接近 1,拟合得越好。

幂函数拟合的绘制结果如图 18-33 所示。

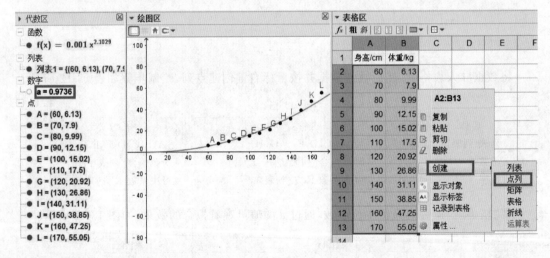

图 18-33

18.12 渐近线

用指令"渐近线[〈双曲线〉]""渐近线[〈函数〉]"或"渐近线[〈隐式曲线〉]"可求双曲线、函数或隐式曲线的渐近线。

(1)双曲线渐近线。已知双曲线 c,在指令栏中输入"g:渐近线[c]",按 Enter 键,即可得到双曲线渐近线,如图 18-34 所示。

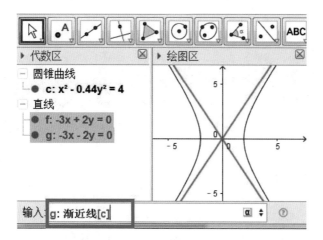

图 18-34

（2）函数渐近线。已知函数 f，在指令栏中输入"列表 1＝渐近线［f］"，按 Enter 键，即可得到函数 f(x)的渐近线，如图 18-35 所示。

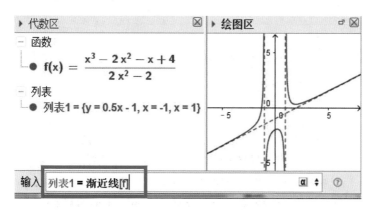

图 18-35

（3）隐式曲线渐近线。已知函数 a，在指令栏中输入"列表 1＝渐近线［a］"，按 Enter 键，即可得到曲线 a 的渐近线，如图 18-36 所示。

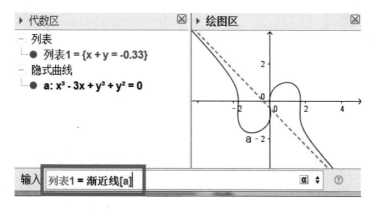

图 18-36

第 19 章　代 数 运 算

19.1　因式分解

在运算区直接输入多项式,然后单击分解工具 即可分解;也可以通过指令"因式分解[〈表达式〉,〈变量〉]"进行分解,指令"无理数因式分解[〈表达式〉]"可以进行无理系数因式分解,如图 19-1 所示。

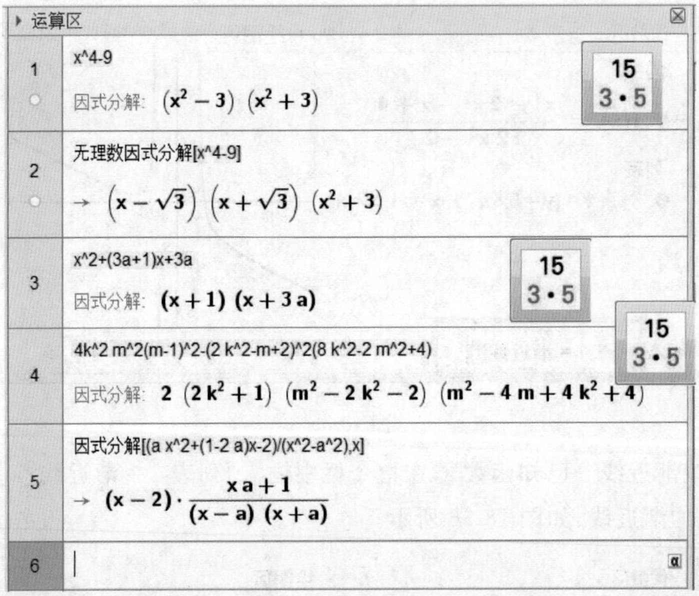

图 19-1

19.2　方程的近似解及精确解

在视图菜单中打开运算区窗口,在第 1 行中输入"ln(x)+2x-6=0",然后单击近似解工具 $\boxed{x\approx}$,可得该方程近似解。在第 2 行中输入"{x^2/a^2+y^2/b^2=1,y=kx+m}",然后单击精确解工具 $\boxed{x=}$,可得两个方程公共解。在第 3 行中输入"零点[x^3-3x^2-4x+12]",

然后按 Enter 键,即可得到函数 $f(x)=x^3-3x^2-4x+12$ 的零点,如图 19-2 所示。

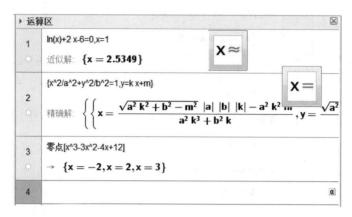

图 19-2

19.3　化简

直接在运算区输入指令"化简""多项式函数"可以对函数式化简并按照多项式显示函数,如图 19-3 所示。

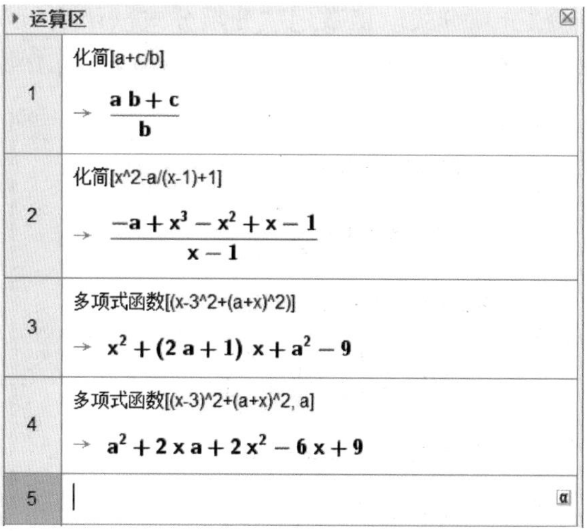

图 19-3

19.4　除法、商式和余式

在运算区中输入指令"除法[〈被除式_整式〉,〈除式_整式〉]""整商[〈被除式_整式〉,〈除式_整式〉]""余式[〈被除式_整式〉,〈除式_整式〉]"或"元素[〈列表〉,〈元素位置〉]",可以得到相应的结果,如图 19-4 所示。

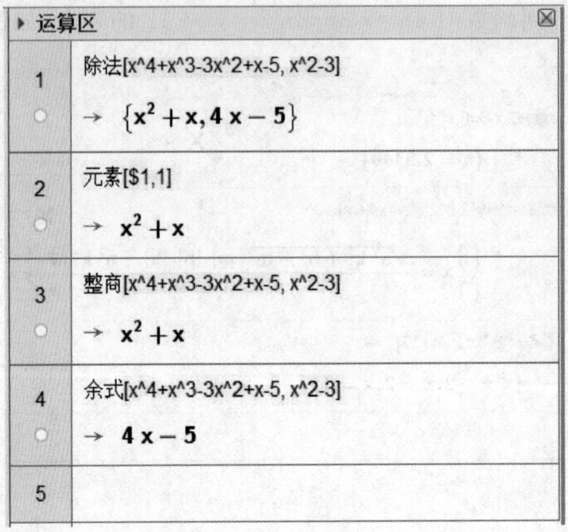

图 19-4

19.5 分项分式、分子、分母

在运算区内输入指令"分项分式[〈函数〉]""分项分式[〈函数〉,〈变量〉]""分子[〈表达式〉]"或"分母[〈表达式〉]",可以得到分项分式、分子和分母,如图 19-5 所示。

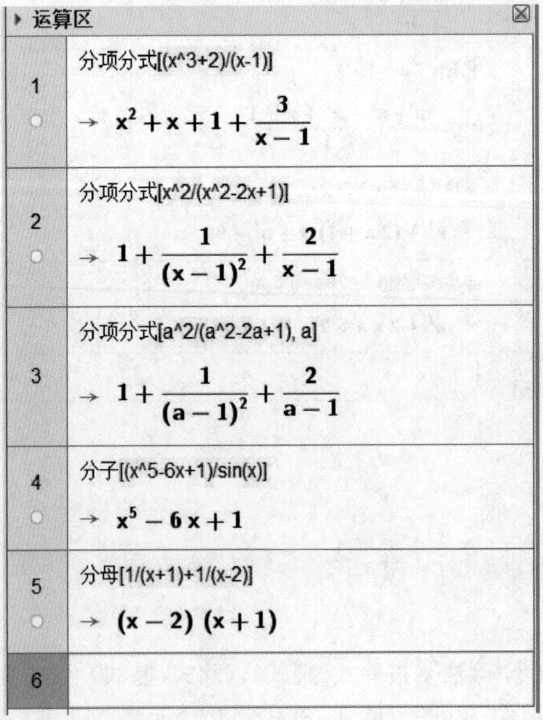

图 19-5

19.6　复数因式分解

用指令"复数因式分解[〈表达式〉]""复数因式分解[〈表达式〉,〈变量〉]""复杂无理数因式分解[〈表达式〉]"或"复杂无理数因式分解[〈表达式〉,〈变量〉]"可进行因式分解,如图 19-6所示。

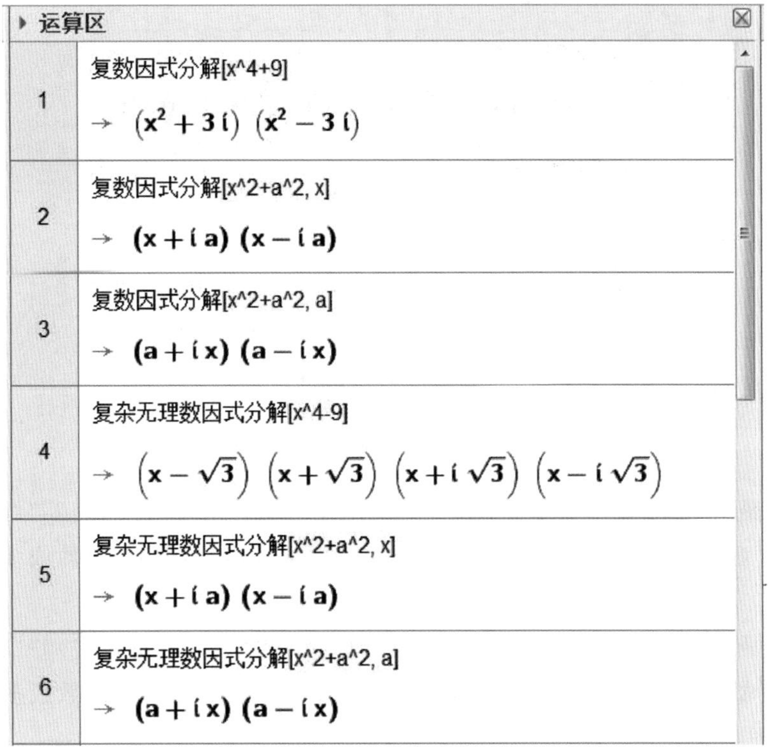

图 19-6

19.7　复数解

用指令"复数根[〈多项式〉]""复数解[〈方程〉]""复数解[〈方程〉,〈变量〉]""复数解集[〈方程〉]"或"复数解集[〈方程〉,〈变量〉]"可解方程,如图 19-7 所示。

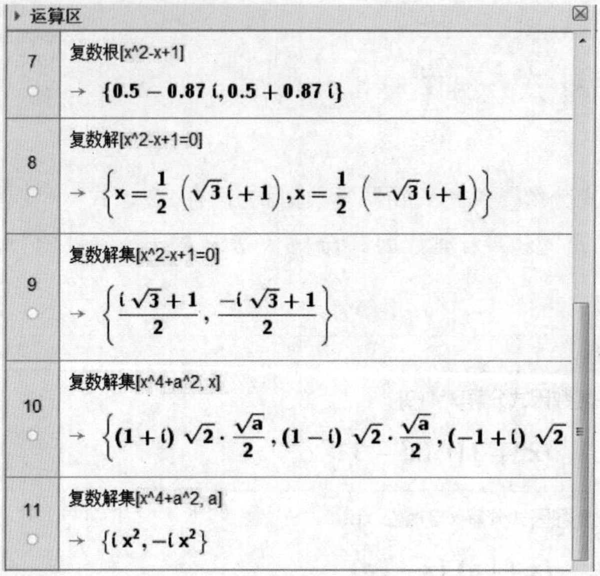

图 19-7

19.8 最大公约数与最小公倍数

用指令"最大公约数[⟨整数列表⟩]""最大公约数[⟨多项式列表⟩]""最大公约数[⟨整数 1⟩,⟨整数 2⟩]""最大公约数[⟨多项式 1⟩,⟨多项式 2⟩]"求几个整数或多项式最大公约数(式)。

用指令"最小公倍数[⟨整数列表⟩]""最小公倍数[⟨多项式列表⟩]""最小公倍数[⟨整数 1⟩,⟨整数 2⟩]""最小公倍数[⟨多项式 1⟩,⟨多项式 2⟩]"求几个整数或多项式最小公倍数(式),如图 19-8 所示。

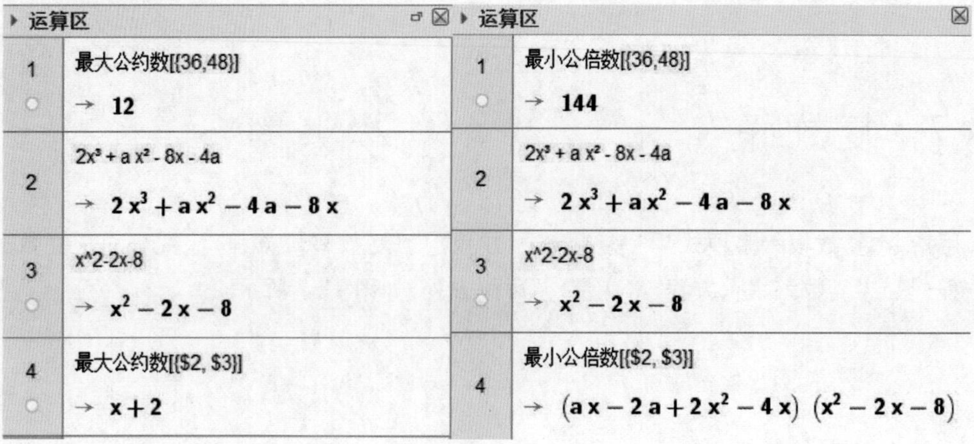

图 19-8

第 20 章 集合、序列与逻辑

20.1 集合

20.1.1 集合的表示

(1)建立集合的方法。集合的输入方法与集合的列举法相同,即将集合的元素写在"{}"内来表示集合。例如,已知点 A、B、C、D,在指令中输入 M={A,B,C,D},按 Enter 键,即可得到一个集合 M,如图 20-1 所示。

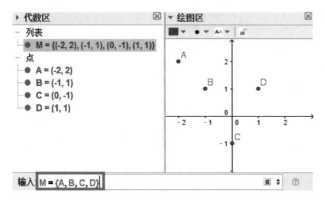

图 20-1

若直接输入"{(2,1),(−1,1),(3,3)}",按 Enter 键,即可得到由三个点的坐标组成的集合列表 1,如图 20-2 所示。

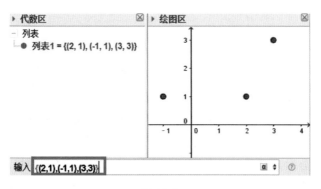

图 20-2

注意：字母之间的逗号是在英文输入法状态下输入的，同一个集合内的元素可以是不同类型的点、线和多边形等。

（2）在绘图区显示集合的下拉列表。打开集合的对象属性，在"常规"选项卡中选中"显示下拉列表"复选框，即可在绘图区产生一个下拉列表，例如，设置"列表1＝{f,g,h}"的下拉列表如图 20-3 所示。

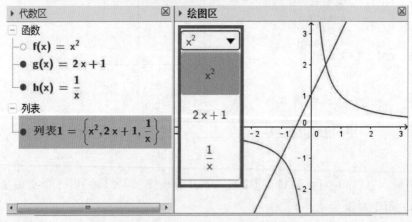

图 20-3

（3）选取集合指定位置的元素。用指令"元素[〈列表〉,〈元素位置〉]"或"元素[〈列表〉,〈索引 1〉,〈索引 2〉,…]"选择集合指定位置的元素，例如，在指令栏中输入"元素[{1,3,2},2]"，按 Enter 键，结果为 3，即得到集合{1,3,2}的第二个元素。

若集合 L={{{1,2},{3,4}},{{5,6},{7,8}}}，在指令栏中输入"元素[L,1,2,1]"，按Enter 键，结果为 3，即 L 中第一个元素中的第二个元素的第一个元素。

（4）提取集合部分元素。利用指令"提取[〈列表〉,〈起始位置〉]""提取[〈列表〉,〈起始位置〉,〈终止位置〉]"或"提取["〈文本〉",〈起始位置〉,〈终止位置〉]"提取集合部分元素，例如,在指令栏中输入"提取[{2,4,3,7,4},3]",按 Enter 键,得到{3,7,4},即得到第 3 个位置以后的所有元素;输入"提取[{2,4,3,7,4},3,4]",按 Enter 键,得到{3,7},即得到第 3~4 个位置的所有元素;输入"提取["GeoGebra",3,6]",按 Enter 键,得到{oGeb},即得到第 3~6 个位置的所有元素。

(5)合并集合。用指令"合并[〈列表的列表〉]"或"合并[〈列表 1〉,〈列表 2〉,…]"合并集合,例如,在指令栏中输入"合并[{{1,2}}]",按 Enter 键,得到{1,2};输入"合并[{{1,2,3},{3,4},{7,8}}]",按 Enter 键,得到{1,2,3,3,4,7,8};输入"合并[{5,4,3},{1,2,3}]",按 Enter 键,得到{5,4,3,1,2,3}。

(6)元素互异的集合。用指令"互异[〈列表〉]"去掉集合中相同的元素,例如,在指令栏中输入"互异[{1,2,2,3,2,4}]",按 Enter 键,得到{1,2,3,4}。

(7)升序排列集合。利用指令"升序排列[〈列表〉]"或"升序排列[〈数值列表〉,〈关键字列表〉]",例如,在指令栏中输入"升序排列[{3,2,1}]",按 Enter 键,得到{1,2,3};输入"升序排列[{(3,2),(2,5),(4,1)}]",按 Enter 键,得到{(2,5),(3,2),(4,1)}。

(8)逆序排列集合。用指令"逆序排列[〈列表〉]"可将集合按序号逆序排列,例如,在指令栏中输入"逆序排列[{1,2,3,4,2,8}]",按 Enter 键,得到{8,2,4,3,2,1};输入"逆序排列[{(1,2),(6,3),(3,4)}]",按 Enter 键,得到{(3,4),(6,3),(1,2)}。

(9)序数列表。用指令"序数列表[〈列表〉]"可以得到集合或序列中的元素在该集合中的排序位置,例如,在指令栏中直接输入"序数列表[{4,6,9,1,2,8}]",按 Enter 键,得到{3,4,6,1,2,5}。

(10)映射。用指令"映射[〈表达式〉,〈变量 1〉,〈列表 1〉,〈变量 2〉,〈列表2〉,…]"确定对应结果,例如,在指令栏中输入"映射[中点[A,B],A,{C,D},B,{E,F}]",按 Enter 键,可以绘制 CD 和 EF 中点;输入"映射[次数[a],a,{$x^2 x^3$,x^5}]",按 Enter 键,即可得到{2,3,5}。

20.1.2 集合的运算

(1)属于与不属于。若元素属于集合,结果为 true,否则为 false,如图 20-4 所示。

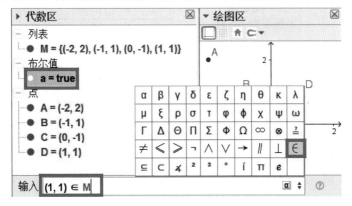

图 20-4

(2)子集。若集合 N 是集合 M 的子集,结果为 true,否则为 false,如图 20-5 所示。

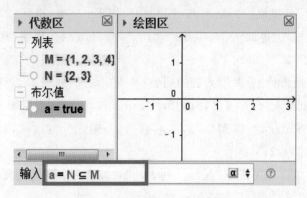

图 20-5

(3)真子集。若集合 N 是集合 M 的真子集,结果为 true,否则为 false,如图 20-6 所示。

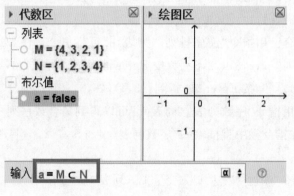

图 20-6

(4)交集。在指令栏中输入"交集[M,N]",然后按 Enter 键,即可得到集合 M 与集合 N 的交集,如图 20-7 所示。

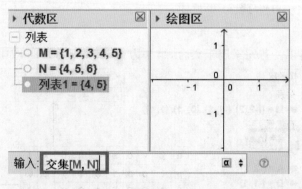

图 20-7

(5)并集。在指令栏中输入"并集[M,N]",然后按 Enter 键,即可得到集合 M 与集合 N 的并集,如图 20-8 所示。

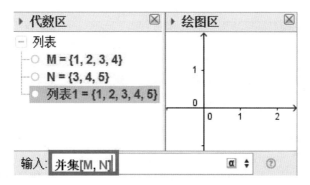

图 20-8

（6）差集。在指令栏中输入"M\N"，然后按 Enter 键，即可得到集合 M 与集合 N 的差集。例如，直接在键盘上输入符号"M\N"，即可得到结果{1,4,5}，如图 20-9 所示。

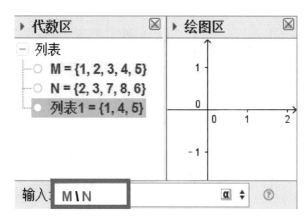

图 20-9

也可以在指令栏中输入"移除[M,N]"，按 Enter 键，即可得到结果{1,4,5}。

20.2 在封闭区域涂色

在封闭区域涂色的步骤如表 20-1 所示。

表 20-1

序号	名称	图标	描述	定义
1	点 A			A＝(－2,0)
2	点 B			B＝(2,0)
3	点 C		y 轴上的点	描点[y 轴] C＝(0,2)
4	椭圆 c		焦点为 A、B 且经过点 C 的椭圆	椭圆[A,B,C]
5	点 D		c 与 x 轴的交点	交点[c,x 轴,2]
6	点 E		x 轴与 y 轴的交点	交点[x 轴,y 轴]
7	直线 f		经过点 C 且平行于 x 轴的直线	直线[C,x 轴]

序号	名称	图标	描述	定义
8	直线 g	✎	经过点 D 且平行于 y 轴的直线	直线[D,y轴]
9	点 F	✕	g 与 f 的交点	交点[g,f]
10	线段 h	✎	端点为 C、F 的线段	线段[C,F]
11	线段 i	✎	端点为 F、D 的线段	线段[F,D]
12	圆弧 d		圆弧[c,D,C]	圆弧[c,D,C]
13	列表 列表 1	{1,2}	{d,h,i}	{d,h,i}
14	点 G	•ᴬ	列表 1 上的点	描点[列表 1]
15	点 M		G+(0,0)	G+(0,0)
16	轨迹 轨迹 1	✕	轨迹[M,G]	轨迹[M,G]

设置"轨迹 1"的对象属性,在"样式"选项卡的"填色"选项中选择"斜线",如图 20-10 所示。

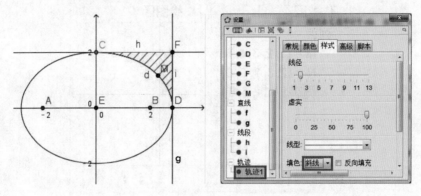

图 20-10

区域涂色的思路是:先将包围区域的各个边界元素(如线段、圆弧等)整合成一个元素,例如,列表 1＝{d,h,i},然后在边界"列表 1"上描出点 G＝描点[列表 1],制作一个动点 M＝G＋(0,0),再利用轨迹工具 ✕ 或指令"轨迹[〈构造轨迹的点〉,〈控制点〉]"产生点 M 的轨迹,即为区域的边界图形,利用轨迹内部的填充颜色或图案。

20.3　序列

用指令"序列[〈终止值〉]""序列[〈通项公式〉,〈变量〉,〈起始索引〉,〈终止索引〉]"或"序列[〈通项公式〉,〈变量〉,〈起始索引〉,〈终止索引〉,〈增量〉]"可以快速产生一个集合(这里所指的集合,元素不一定互异)。

20.3.1　用序列产生正整数集合和数集

(1)正整数集。用指令"序列[〈终止值〉]"可产生正整数集,例如,在指令栏中输入"序列

[20]"，按 Enter 键，可以得到正整数集"列表 1＝{1,2,3,4,5,6,7,8,9,10,11,12,13,14,15,16,17,18,19,20}"，如图 20-11 所示。

(2)数集。用指令"序列[〈通项公式〉,〈变量〉,〈起始索引〉,〈终止索引〉]"可产生数集，例如，在指令栏中直接输入"列表 1＝序列[t/(1＋t),t,1,4]"，按 Enter 键，可以得到数集"列表 1＝{0.5,0.67,0.75,0.8}"，如图 20-12 所示。

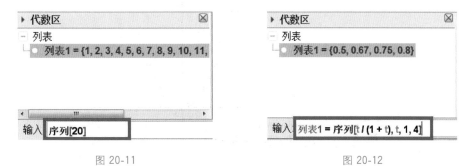

图 20-11　　　　　　　　　　　图 20-12

指令"序列[t/(1＋t),t,1,4]"中的"t/(1＋t)"表示要产生的是一系列数值，其值为 t/(1＋t)。

指令"序列[t/(1＋t),t,1,4]"中的"t,1,4"表示变数 t 从 1 变到 4，即 t＝1,2,3,4。指令"序列[〈通项公式〉,〈变量〉,〈起始索引〉,〈终止索引〉]"默认增量为 1。

(3)序列函数。在指令栏中直接输入"2^序列[4]"，按 Enter 键，可以得到数集"列表2＝{2,4,8,16}"。

20.3.2　用序列产生点集

(1)增量为 1 的点列。用指令"序列[〈通项公式〉,〈变量〉,〈起始索引〉,〈终止索引〉]"可产生点集，例如，在指令栏中输入"序列[(t,2^t),t,－2,2]"，按 Enter 键，即可产生相应的点集，如图 20-13 所示。

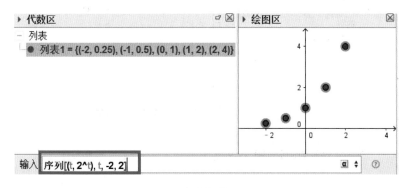

图 20-13

(2)增量不是 1 的点列。用指令"序列[〈通项公式〉,〈变量〉,〈起始索引〉,〈终止索引〉,〈增量〉]"可产生点列，例如，在指令栏中输入"序列[(k,k²),k,－2,2,0.2]"，按 Enter 键，即可产生抛物线 y＝x² 上的点列,这里的增量设置为 0.2,即 k 的第一个取值为－2,以后取值依次增加 0.2,直至取到 2 为止,如图 20-14 所示。

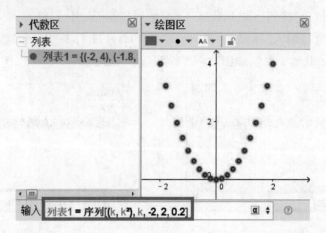

图 20-14

(3)移除未定义对象。在指令栏中输入"序列[(−1)^t,t,−3,−1,0.5]",按 Enter 键,即可得到"列表 1＝{−1,?,1,?,−1}"。

用指令"移除未定义对象[〈列表〉]"可移除集合中未定义的对象,例如,在指令栏中输入"移除未定义对象[序列[(−1)^t,t,−3,−1,0.5]]",按 Enter 键,即可得到{−1,1,−1}。

20.3.3　用序列产生一系列线段

1. 绘制线段

在指令栏中输入"序列[线段[(t,0),(t,6)],t,0,6,a]",其中增量为滑杆 a,范围为[0,1],增量为 0.01,按 Enter 键可绘制一系列的线段,如图 20-15 所示。

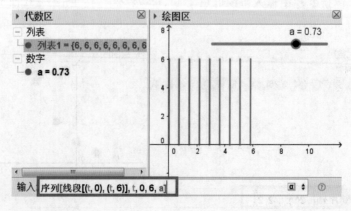

图 20-15

拖动滑杆 a,可观察动态效果。

2. 绘制正多边形

绘制正多边形的步骤如表 20-2 所示。

表 20-2

序号	名称	图标	描述	定义
1	数字 n	a=2	整数滑杆 n 的范围为[3,30]	
2	列表 列表1		序列[线段[(4；t 360°/n)， (4；(t+1)(360)°/n)]，t,1,n]	序列[线段[(4；t 360°/n)， (4；(t+1)(360)°/n)]，t,1,n]

拖动整数滑杆 n，可观察参数变化，如图 20-16 所示。

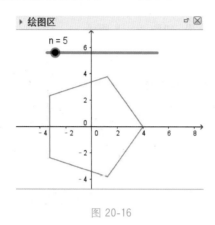

图 20-16

20.3.4　用序列绘制一系列圆

例如，在指令栏中输入"序列[圆形[(t,2sin(t)),1],t,−5,5,a]"，按 Enter 键，即可绘制一系列圆，其中，增量为滑杆参数 a，范围为[0,1]，增量为 0.01，如图 20-17 所示。

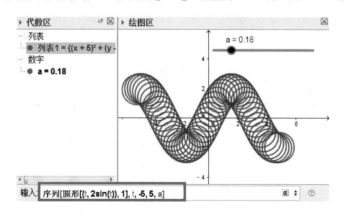

图 20-17

拖动滑杆 a，可观察动态效果。

20.3.5　用序列绘制一系列向量

例如，绘制椭圆的切向量，方法如表 20-3 所示。

表 20-3

序号	名称	图标	描述	定义
1	椭圆 c			c：X＝(0,0)＋(3 cos(t)，2 sin(t))
2	数字 a		滑杆 a 的范围为[0,1]，增量为 0.01	a＝0.2
3	列表 列表1		序列[向量[(3cos(t)，2sin(t))，(3cos(t)－3sin(t)，2sin(t)＋2cos(t))]，t，0，2π，a]	序列[向量[(3cos(t)，2sin(t))，(3cos(t)－3sin(t)，2sin(t)＋2cos(t))]，t，0，2π，a]

拖动滑杆 a，可观察动态效果，如图 20-18 所示。

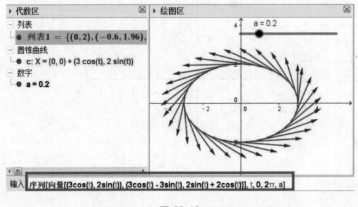

图 20-18

20.3.6 多层序列指令的使用方法

例如，在指令栏中输入指令"序列[序列[(u,v)，u,1,3]，v,1,3]"，按 Enter 键，即可绘制九个点，如图 20-19 所示。

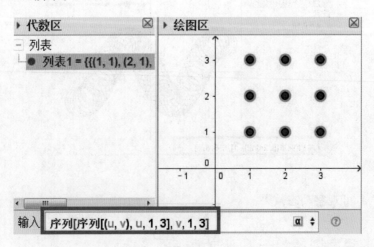

图 20-19

在指令"序列[序列[(u,v)，u,1,3]，v,1,3]"中，所绘制的数学对象是"序列[(u,v)，u,1,3]"，具体来说，当 v＝1 时，序列[(u,v)，u,1,3]＝{(1,1)，(2,1)，(3,1)}；当 v＝2 时，序列[(u, v),u,1,3]={(1,2),(2,2),(3,2)};当 v=3 时,序列[(u,v),u,1,3]={(1,3),(2,3),(3,3)}。

因此"序列[序列[(u,v),u,1,3],v,1,3]"可产生一个以集合为元素的集合"列表 1＝{{(1,1),(2,1),(3,1)},{(1,2),(2,2),(3,2)},{(1,3),(2,3),(3,3)}}"。

若要得到以点为元素的集合,可以用指令"合并[〈列表的列表〉]"或"合并[〈列表 1〉,〈列表 2〉,…]"将集合元素合并,例如,在指令栏中输入"合并[列表 1]",按 Enter 键,即可得到"列表 2＝{(1,1),(2,1),(3,1),(1,2),(2,2),(3,2),(1,3),(2,3),(3,3)}"。

案例 1:正方形序列

正方形序列的绘制过程如表 20-4 所示。

表 20-4

序号	名称	图标	描述	定义
1	数字 n	a=2	整数滑杆 n 的范围为[1,30]	n=4
2	点 A	·A		A=(1,2)
3	列表 列表1		序列[序列[多边形[A+(i,j),A+(i+1,j),4],i,0,n−j],j,0,n]	序列[序列[多边形[A+(i,j),A+(i+1,j),4],i,0,n−j],j,0,n]

当 n=4 时,得到正方形序列"列表 1＝{{1,1,1,1,1},{1,1,1,1},{1,1,1},{1,1},{1}}",如图 20-20 所示。

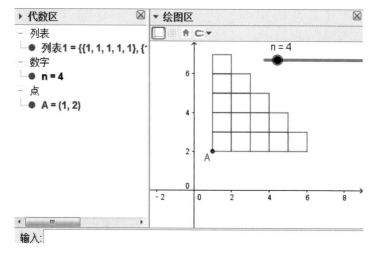

图 20-20

案例 2:圆序列

圆序列的绘制过程如表 20-5 所示。

表 20-5

序号	名称	图标	描述	定义
1	数字 n	a=2	正整数滑杆 n 的范围为[1,30]	n=5
2	列表 列表1		序列[序列[圆形[(2i−1+j−1,1+sqrt(3)(j−1)),1],i,1,n−j],j,1,n−1]	序列[序列[圆形[(2i−1+j−1,1+sqrt(3)(j−1)),1],i,1,n−j],j,1,n−1]

当 n=5 时,得到的圆序列为"列表 1={{(x−1)²+(y−1)²=1,(x−3)²+(y−1)²=1,(x−5)²+(y−1)²=1,(x−7)²+(y−1)²=1},{(x−2)²+(y−2.73)²=1,(x−4)²+(y−2.73)²=1,(x−6)²+(y−2.73)²=1},{(x−3)²+(y−4.46)²=1,(x−5)²+(y−4.46)²=1},{(x−4)²+(y−6.2)²=1}}",如图 20-21 所示。

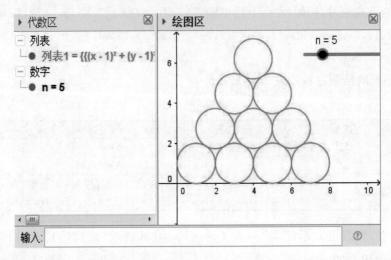

图 20-21

20.3.7 文本序列

例如,制作平面直角坐标系的刻度及文本数据,其绘制步骤如表 20-6 所示。

表 20-6

序号	名称	图标	描述	定义
1	点 A	●ᴬ	x 轴 上的点	描点[x 轴] A=(−3,0)
2	点 B	●ᴬ		B=(7,0)
3	向量 u	✏	向量[A,B]	向量[A,B] u=(10,0)
4	点 C	●ᴬ	y 轴上的点	描点[y 轴] C=(0,−3)
5	点 D	●ᴬ	y 轴上的点	描点[y 轴] D=(0,7)
6	向量 v	✏	向量[C,D]	向量[C,D] v=(0,10)
7	列表 列表 3		序列[文本[""+(t),(t+0.07,−0.4)],t,−2,6]	序列[文本[""+(t),(t+0.07,−0.4)],t,−2,6]
8	列表 列表 1		序列[线段[(i,0),(i,−0.13)],i,−2,6]	序列[线段[(i,0),(i,−0.13)],i,−2,6]
9	列表 列表 4		序列[文本[""+(t),(−0.35,t+0.1)],t,−2,6]	序列[文本[""+(t),(−0.35,t+0.1)],t,−2,6]
10	列表 列表 2		序列[线段[(−0.13,j),(0,j)],j,−2,6]	序列[线段[(−0.13,j),(0,j)],j,−2,6]

绘制结果如图 20-22 所示。

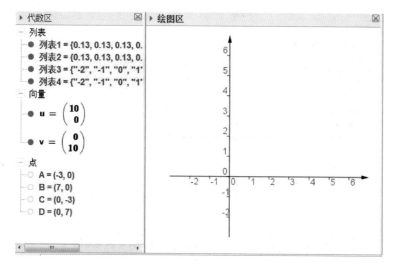

图 20-22

20.4　逻辑连接词

20.4.1　在指定区域内显示函数图像

绘制过程及步骤如表 20-7 所示。

表 20-7

序号	名称	图标	描述	定义
1	点 A	•A		A＝(−5.54,5.55)
2	点 B	•A		B＝(7.28,−4.52)
3	数字 a		最大值[x(A),x(B)]	最大值[x(A),x(B)]
4	数字 b		最小值[x(A),x(B)]	最小值[x(A),x(B)]
5	数字 c		最大值[y(A),y(B)]	最大值[y(A),y(B)]
6	数字 d		最小值[y(A),y(B)]	最小值[y(A),y(B)]
7	四边形 多边形 1		多边形(a,c),(a,d),(b,d),(b,c)	多边形[(a,c),(a,d),(b,d),(b,c)]
7	线段 f		四边形 多边形 1 的线段(a,c)(a,d)	线段[(a,c),(a,d),多边形 1]
7	线段 g		四边形 多边形 1 的线段(a,d)(b,d)	线段[(a,d),(b,d),多边形 1]
7	线段 h		四边形 多边形 1 的线段(b,d)(b,c)	线段[(b,d),(b,c),多边形 1]
7	线段 i		四边形 多边形 1 的线段(b,c)(a,c)	线段[(b,c),(a,c),多边形 1]
8	函数 e		$e(x)=$ 如果$[(b<x) \wedge (x<a) \wedge (d< \tan(x)) \wedge (\tan(x)<c), \tan(x)]$	$e(x)=$ 如果$[(b<x) \wedge (x<a) \wedge (d< \tan(x)) \wedge (\tan(x)<c), \tan(x)]$

绘制结果如图 20-23 所示。

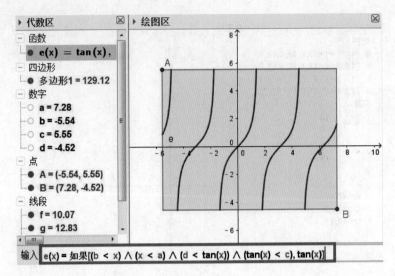

图 20-23

20.4.2 在指定区域内显示曲线

绘制过程及步骤如表 20-8 所示。

表 20-8

序号	名称	图标	描述	定义
1	点 A	●ᴬ		A＝(−3.34,3.8)
2	点 B	●ᴬ		B＝(4.64,−3.66)
3	数字 a		最大值[x(A),x(B)]	最大值[x(A),x(B)]
4	数字 b		最小值[x(A),x(B)]	最小值[x(A),x(B)]
5	数字 c		最大值[y(A),y(B)]	最大值[y(A),y(B)]
6	数字 d		最小值[y(A),y(B)]	最小值[y(A),y(B)]
7	四边形 多边形 1	▶	多边形(a,c),(a,d),(b,d),(b,c)	多边形[(a,c),(a,d),(b,d),(b,c)]
7	线段 f		四边形 多边形 1 的线段(a,c)(a,d)	线段[(a,c),(a,d),多边形 1]
7	线段 g		四边形 多边形 1 的线段(a,d)(b,d)	线段[(a,d),(b,d),多边形 1]
7	线段 h		四边形 多边形 1 的线段(b,d)(b,c)	线段[(b,d),(b,c),多边形 1]
7	线段 i		四边形 多边形 1 的线段(b,c)(a,c)	线段[(b,c),(a,c),多边形 1]
8	隐式曲线 j			$j: x^{(1/3)}+y^{(1/3)}=x\,y$
9	点 C	●ᴬ	j 上的点	描点[j]
10	点 D		如果[(b<x(C))∧(x(C)<a)∧(d<y(C))∧(y(C)<c),C]	如果[(b<x(C))∧(x(C)<a)∧(d<y(C))∧(y(C)<c),C]
11	轨迹 轨迹 1	⟋	轨迹[D,C]	轨迹[D,C]

绘制结果如图 20-24 所示。

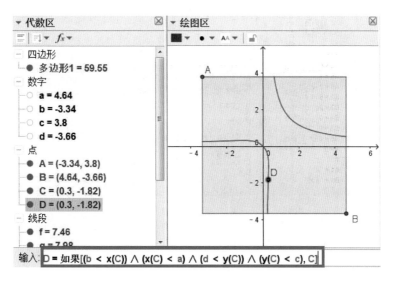

图 20-24

20.5　图表文本

20.5.1　用表格区或其表格工具创建表格文本

方法 1：在表格区内框选制表内容，然后右击，在弹出的快捷菜单中选择"创建"→"表格"命令，即可得到纵向动态表格，如图 20-25 所示。

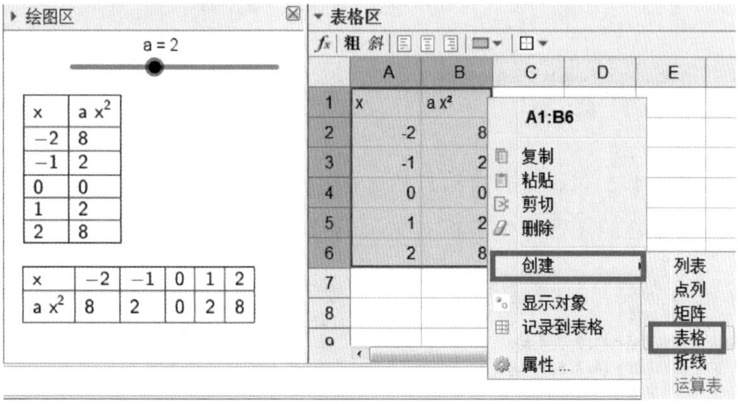

图 20-25

方法 2：框选表格内容后，在表格工具中激活表格工具 $\boxed{\begin{smallmatrix}1&2\\3&4\end{smallmatrix}}$，在弹出的对话框中选中"转置"复选框，即可得到横向动态表格，如图 20-26 所示。

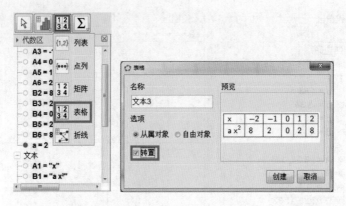

图 20-26

20.5.2　利用表格文本指令创建表格文本

利用指令"表格文本[〈列表 1〉,〈列表 2〉,…]"或"表格文本[〈列表 1〉,〈列表 2〉,…,〈对齐方式
"v"_垂直|"h"_水平|"l"_靠左|"r"_靠右|"c"_居中|…〉]"可创建表格文本。

（1）若 M=\{1,2,3,4,5\},N=\{4,6,8,1,3\},P=\{9,4,3,6,0\},在指令栏中输入"文本 1=
表格文本[\{M,N,P\}]",按 Enter 键,可以在绘图区产生表格文本,如图 20-27 所示。

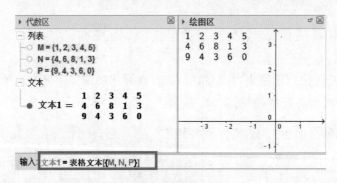

图 20-27

（2）若 M=\{1,2,3,4,5\},N=\{4,7,8,1,13\},在指令栏中输入"文本 1=表格文本[\{M,N\},
"v"]",按 Enter 键,可以在绘图区产生表格文本,如图 20-28 所示的垂直列表（默认左对齐）。

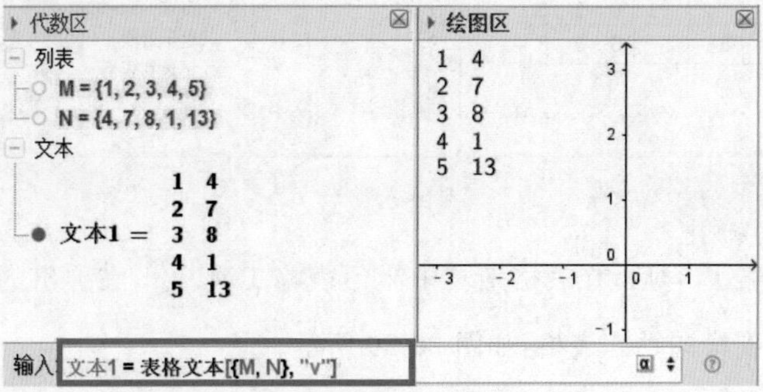

图 20-28

(3)若 M＝{1,2,3,4,5},N＝{4,7,8,1,13},在指令栏中输入"文本 1＝表格文本[{M,N},"h"]",按 Enter 键,可以在绘图区产生表格文本,如图 20-29 所示的水平列表。

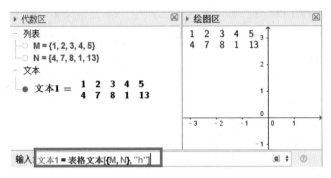

图 20-29

(4)若 M＝{1,2,3,4,5},N＝{4,7,8,1,13},在指令栏中输入"文本 1＝表格文本[{M,N},"r"]",按 Enter 键,可以在绘图区产生表格文本,如图 20-30 所示的右对齐列表。

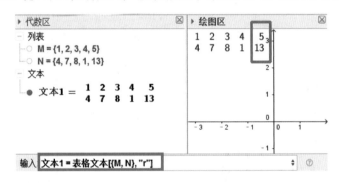

图 20-30

(5)若 M＝{1,2,3,4,5},N＝{4,7,8,1,13},在指令栏中输入"文本 1＝表格文本[{M,N},"vc"]",按 Enter 键,可以在绘图区产生表格文本,如图 20-31 所示的垂直且居中列表。

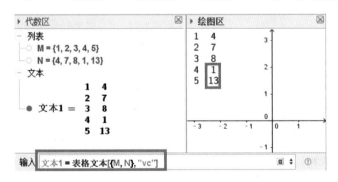

图 20-31

20.5.3 创建矩阵、有分隔线的表格、行列式和方程组等

用指令"表格文本[〈列表 1〉,〈列表 2〉,…,〈对齐方式 "v"_垂直|"h"_水平|"l"_靠左|"

r"_靠右 | "c"_居中 | …〉]"可创建表格文本。

(1)若 M={3,4,5},N={4,7,10},P={5,1,2},在指令栏中输入"文本 1=表格文本 [{M,N,P},"()"]",按 Enter 键,可以在绘图区产生矩阵表格文本,如图 20-32 所示。

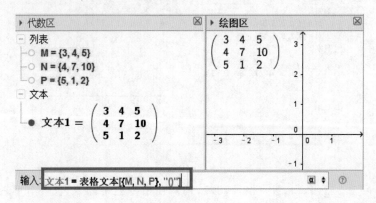

图 20-32

(2)若 M={3,4,5},N={4,7,10},P={5,1,2},在指令栏中输入"文本 1=表格文本 [{M,N,P},"c|_"]",按 Enter 键,可以在绘图区产生表格文本,如图 20-33 所示。

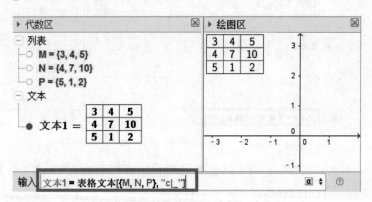

图 20-33

(3) 若 M={3,4,5},N={4,7,10},P={5,1,2},在指令栏中输入"文本 1=表格文本[{M, N,P},"||"]",按 Enter 键,可以在绘图区产生行列式表格文本,如图 20-34 所示。

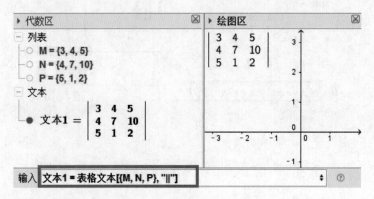

图 20-34

(4)若 M={3,4,5},N={4,7,10},P={5,1,2},在指令栏中输入"文本 1＝表格文本[{M,N,P},"/|_v""],按 Enter 键,可以在绘图区产生表格文本,如图 20-35 所示。

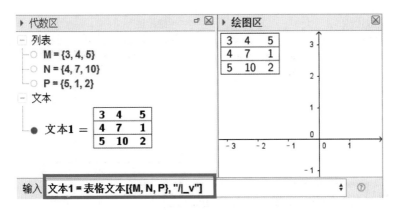

图 20-35

(5)若 M={3,4,5},N={4,7,10},P={5,1,2},在指令栏中输入"文本 1＝表格文本[{M,N,P},"－/|_v""],按 Enter 键,可以在绘图区产生表格文本,如图 20-36 所示。

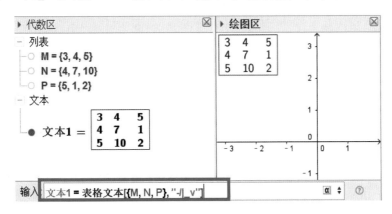

图 20-36

(6) 若 M={3,4,5},N={4,7,10},P={5,1,2},在指令栏中输入"文本 1＝表格文本[{M,N,P},"|1101_1101h""],按 Enter 键,可以在绘图区产生表格文本,如图 20-37 所示。

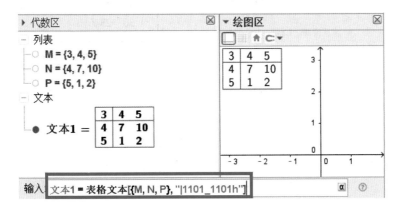

图 20-37

(7)利用指令"表格文本$[\{\{"3x+2y=4","2x-y=1"\}\},"\{v\}"]$"可产生方程组,如图 20-38所示。

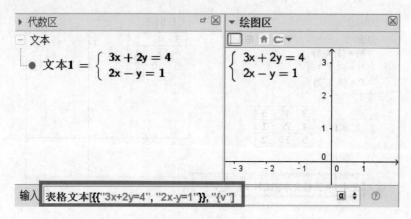

图 20-38

20.6 文本

20.6.1 分数文本

在指令栏中输入"分数文本[⟨数字⟩]"或"分数文本[⟨点⟩]"可得到对象的分数形式文本,例如:

(1)若 $A=(0.98,1.84)$,在指令栏中输入"文本 1=分数文本$[A]$",按 Enter 键,将得到分数文本,如图 20-39 所示。

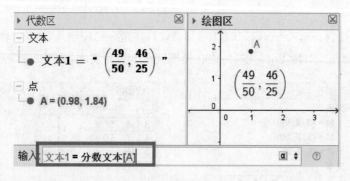

图 20-39

(2)若 $a:y=3.4x+1$,在指令栏中输入"文本 1=分数文本$[$斜率$[a]]$",按 Enter 键,将得到分数文本,如图 20-40 所示。

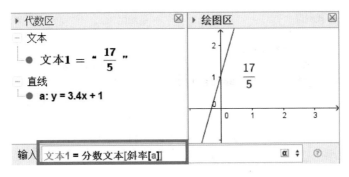

图 20-40

20.6.2　根式文本

(1)利用指令"根式文本[⟨点⟩]"或"根式文本[⟨数值⟩]"可将点或数化成根式文本,如图 20-41 所示。

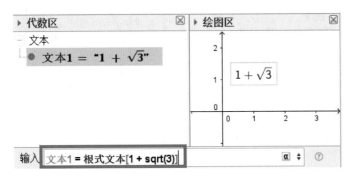

图 20-41

(2)利用指令"根式文本[⟨数值⟩,⟨列表⟩]"可创建数字文本为列表(集合)的常数倍,如图 20-42 所示。

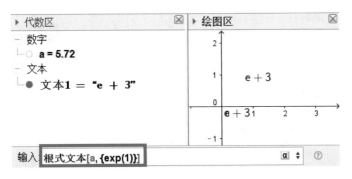

图 20-42

(3)利用指令"根式文本[⟨数值⟩,⟨列表⟩]"可创建数字文本为列表(集合)的常数倍,如图 20-43 所示。

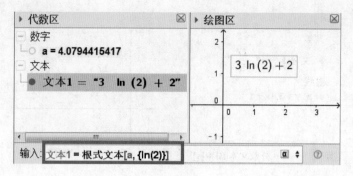

图 20-43

20.6.3 公式文本

(1)利用指令"公式文本[〈对象〉]"可产生公式文本,如图 20-44 所示。

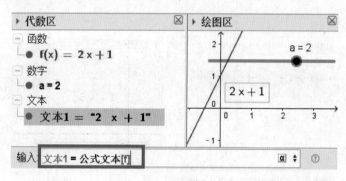

图 20-44

(2)利用指令"公式文本[〈对象〉,〈是否替换变量? true|false〉]"可产生公式文本,如图 20-45 所示。

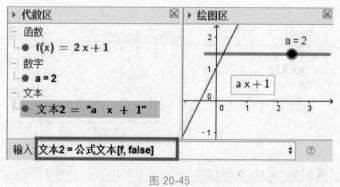

图 20-45

(3)利用指令"公式文本[〈对象〉,〈是否替换变量? true|false〉,〈是否显示名称? true|false〉]"可产生公式文本,如图 20-46 所示。

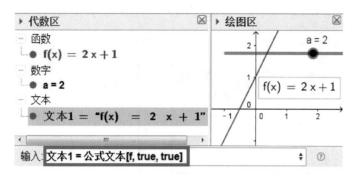

图 20-46

也可以直接用鼠标将代数区的数学对象拖曳到绘图区,从而产生公式文本。

20.6.4 科学记数法

利用指令"科学记数法[〈数字〉]"或"科学记数法[〈数字〉,〈有效数字位数〉]"可产生科学记数法文本,如图 20-47 所示。

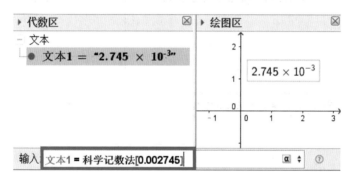

图 20-47

20.6.5 连分式

(1)利用指令"连分式[〈数字〉]"可产生连分式,如图 20-48 所示。

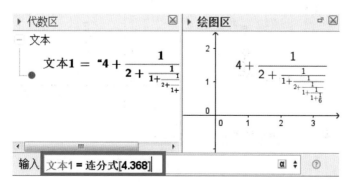

图 20-48

(2)利用指令"连分式[〈数字〉,〈层级〉]"可产生连分式,如图 20-49 所示。

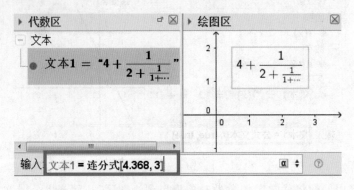

图 20-49

(3)利用指令"连分式[〈数字〉,〈层级〉,〈速记? true | false〉]"可产生连分式,如图 20-50 所示。

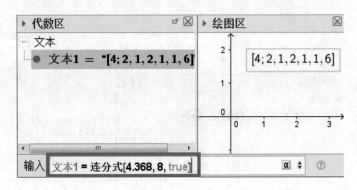

图 20-50

20.6.6　竖排文本

利用指令"竖排文本["〈文本〉"]"或"竖排文本["〈文本〉",〈点〉]"可产生竖排文本,如图 20-51 所示。

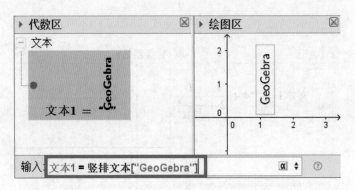

图 20-51

20.6.7　旋转文本

利用指令"旋转文本["〈文本〉",〈角度|弧度〉]"可产生旋转文本,如图 20-52 所示。

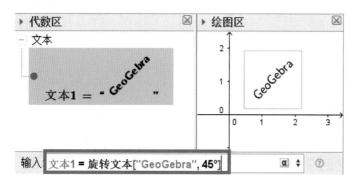

图 20-52

第 21 章　3D 绘制立体几何

21.1　空间几何体

21.1.1　空间几何体的截面

以绘制正六面体的截面为例,其绘制步骤为:激活正六面体工具 ![icon],在坐标平面 xOy 内依次选择 A 和 B 两个点,产生正六面体 a,即 ABCD-EFGH,连接 AG。激活点工具 ![icon],在 AB、AD 和 AG 上分别绘制点 M、L 和 I。激活平面工具 ![icon],依次单击点 M、L 和 I,产生过该三点的平面 b。激活相交曲线工具 ![icon],依次单击平面 b 及正六面体 a(可以在代数区点选 a 和 b),即可产生正六面体的截面"多边形 1"。打开 3D 绘图区样式栏,隐藏坐标系和坐标平面。然后在正六面体 a 上右击,打开属性对话框,在"高级"选项卡中的动态颜色虚实内输入数值 0.01。隐藏平面 b,设置截面"多边形 1"的颜色。拖动点 I,M 和 L,观察动态效果。

具体的绘制步骤如表 21-1 所示。

表 21-1

序号	名称	图标	描述	定义
1	点 A	![icon]		A=(−2,−2,0)
2	点 B	![icon]		B=(2,−2,0)
3	正六面体 a	![icon]	正六面体[A,B]	正六面体[A,B]
4	线段 f	![icon]	端点为 A、G 的线段	线段[A,G]
5	点 I	![icon]	f 上的点	描点[f]
6	点 J	![icon]	棱 AD 上的点	描点[棱 AD]
7	点 K	![icon]	棱 AB 上的点	描点[棱 AB]
8	平面 b	![icon]	经过 I、K 和 J 三点的平面	平面[I,K,J]
9	多边形 多边形 1	![icon]	b 与 a 的交集	相交路径[b,a]

绘制结果如图 21-1 所示。

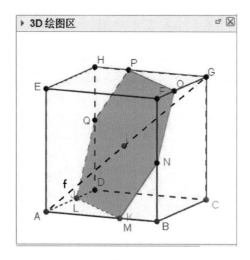

图 21-1

21.1.2 空间几何体体积

(2012 年高考江西卷第 10 题)如图 21-2 所示,已知
正四棱锥 S-ABCD 所有的棱长都为 1,点 E 是侧棱 SC 上
的一个动点,过点 E 垂直于 SC 的截面将正四棱锥分成
上、下两部分,即 SE＝x(0＜x＜1),截面下面部分的体
积为 V(x),则函数 y＝V(x)的图像大致为图 21-3 中的
哪一个?

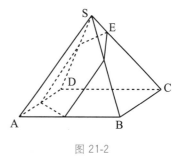

图 21-2

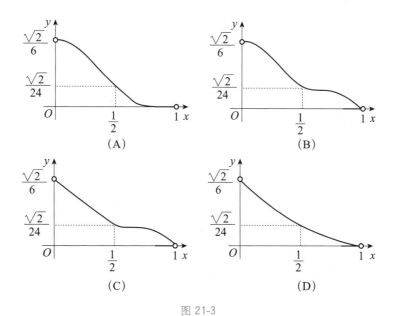

图 21-3

作图过程如表 21-2 所示。

表 21-2

序号	名称	图标	描述	定义
1	点 A	● A		A＝(1,0)
2	点 B	● A		B＝(1,1)
3	点 C	● A		C＝(0,1)
4	点 D	● A		D＝(0,0)
5	点 S	● A		S＝(0.5,0.5,0.70711)
6	棱锥 a		棱锥[A,B,C,D,S]	棱锥[A,B,C,D,S]
7	点 E	● A	棱 CS 上的点	描点[棱 CS]
8	平面 b		经过点 E 且垂直于 棱 CS 的平面	垂面[E,棱 CS]
9	多边形 多边形 1		b 与 a 的交集	相交路径[b,a]
10	棱锥 h		棱锥[多边形 1,S]	棱锥[多边形 1,S]
11	线段 j		端点为 S、E 的线段	线段[S,E]
12	点 L	✕	棱 BE 与 棱 FS_1 的交点	交点[棱 BE,棱 FS_1]
13	三角形 多边形 2		多边形 A,G,F	多边形[A,G,F]
14	点 K	✕	棱 BE 与 棱 CE 的交点	交点[棱 BE,棱 CE]
15	棱锥 i		棱锥[多边形 2,S]	棱锥[多边形 2,S]
16	五边形 多边形 3		多边形 A,B,F,G,D	多边形[A,B,F,G,D]
17	棱锥 k		棱锥[面 BCE,S]	棱锥[面 BCE,S]
18	棱锥 l		棱锥[多边形 3,S]	棱锥[多边形 3,S]
19	数字 体积 a		体积[a]	体积[a]
20	点 点 a_1	● A	a 上的点	描点[a]
21	数字 体积 h		体积[h]	体积[h]
22	点 点 h	● A	h 上的点	描点[h]
23	数字 体积 i		体积[i]	体积[i]
24	点 点 i_1	● A	i 上的点	描点[i]
25	数字 m		体积[i]	体积[i]
26	点 点 i	● A	i 上的点	描点[i]
27	数字 n		体积[a]	体积[a]
28	点 点 a	● A	a 上的点	描点[a]
29	数字 体积 l		体积[l]	体积[l]
30	点 点 l	● A	l 上的点	描点[l]
31	点 N		(j,如果[j ≤ 0.5,体积 a－体积 h－体积 i,体积 a－体积 h－体积 l])	(j,如果[j ≤ 0.5,体积 a－体积 h－体积 i,体积 a－体积 h－体积 l])

在点 N 上右击,选择"跟踪"命令,拖动点 E,观察动态效果。在 3D 绘图区的空白处按住鼠标右键并拖动,可以从不同的视图方向观看图形,如图 21-4 所示。

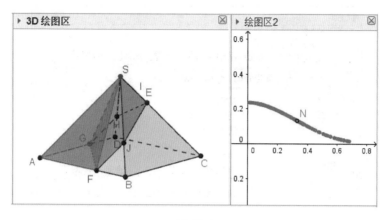

图 21-4

21.1.3　三棱锥体积

将三棱柱分成三个三棱锥,说明棱锥体积与棱柱体积的关系,绘制过程如表 21-3 所示。

表 21-3

序号	名称	图标	描述	定义
1	点 A	•ᴬ		A=(−2,−1,0)
2	点 B	•ᴬ		B=(2,−2,0)
3	点 C	•ᴬ		C=(1,2,0)
4	点 D	•ᴬ		D=(−2,0,3)
5	棱柱 a		棱柱[A,B,C,D] 即 ABC-DEF	棱柱[A,B,C,D]
6	点 G	✕	y 轴与 z 轴的交点	交点[y 轴,z 轴]
7	点 H	•ᴬ		H=(4,−4,0)
8	向量 u	✎	向量[G,H]	向量[G,H]
9	点 I	✕	y 轴与 z 轴的交点	交点[y 轴,z 轴]
10	点 J	•ᴬ		J=(2,1,2)
11	向量 v	✎	向量[G,J]	向量[G,J]
12	点 K	•ᴬ		K=(−2,−2,2)
13	向量 w	✎	向量[G,K]	向量[G,K]
14	棱锥 b		棱锥[A,B,C,E]	棱锥[A,B,C,E]
15	棱锥 c		棱锥[D,E,F,A]	棱锥[D,E,F,A]
16	棱锥 d		棱锥[C,E,F,A]	棱锥[C,E,F,A]
17	数字 t		数值滑杆 t 的范围为[0,4]	t=0
18	数字 t1		数字 t1 的范围为[0,1]	t1=0
19	数字 t2		数字 t2 的范围为[0,1]	t2=0
20	数字 t3		数字 t3 的范围为[0,1]	t3=0
21	棱锥 b′		b 按向量 向量[(0,0)+t1 u] 平移	平移[b,向量[(0,0)+t1 u]]
22	棱锥 c′		c 按向量 向量[(0,0)+t3 w] 平移	平移[c,向量[(0,0)+t3 w]]
23	棱锥 d′		d 按向量 向量[(0,0)+t2 v] 平移	平移[d,向量[(0,0)+t2 v]]

打开滑杆 t 的属性对话框,设置滑杆 t 的脚本,如图 21-5 所示。

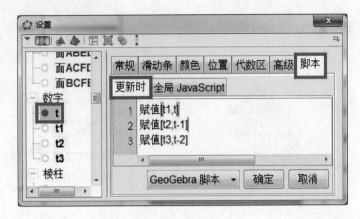

图 21-5

隐藏向量 u、v 和 w,隐藏所有点,同时隐藏棱柱 a、棱锥 b、棱锥 c 和棱锥 d,将得到如图 21-6所示的图形。

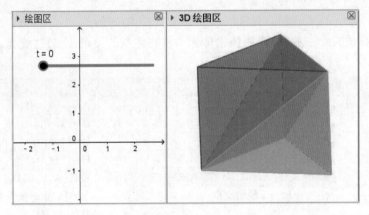

图 21-6

拖动滑杆 t,即可将三棱柱分成三个三棱锥,如图 21-7 所示。

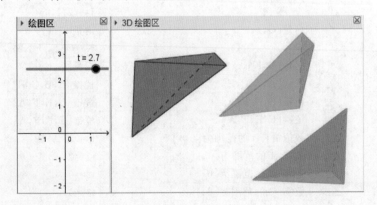

图 21-7

在 3D 绘图区内按住鼠标右键并拖动,可以从不同的视图方向观察三棱锥,进而说明三棱锥的体积 $V = \dfrac{1}{3}Sh$。

21.2　空间几何体三视图

案例:绘制点 A=(2,0,0),B=(2,2,0),C=(0,1,0),D=(0,0,2),利用多面体工具 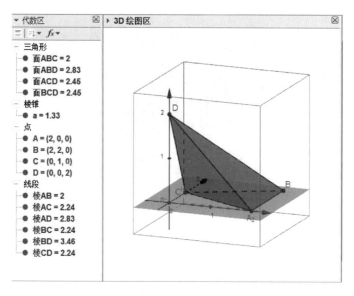 绘制多面体 D-ABC,如图 21-8 所示。

图 21-8

打开 3D 绘图区样式栏中的视图方向按钮,分别单击 xOy 平面视图、xOz 平面视图和 yOz 视图,即可得到几何体的三视图,如图 21-9 所示。

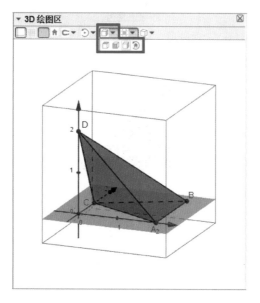

图 21-9

xOy 平面视图如图 21-10 所示。

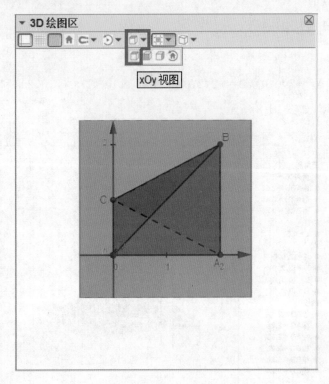

图 21-10

xOz 平面视图如图 21-11 所示。

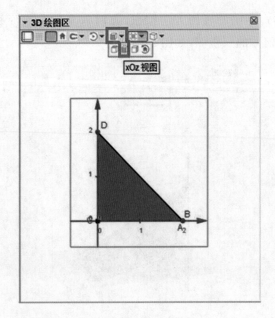

图 21-11

yOz 平面视图如 21-12 所示。

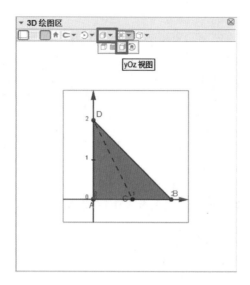

图 21-12

单击视图方向中的最后一个按钮 🏠，即可恢复到默认的视图方向。

21.3　空间点、线、面的位置关系

21.3.1　点到直线的距离

（2013 年北京理科第 14 题）如图 21-13 所示，在棱长为 2 的正方体 $ABCD\text{-}A_1B_1C_1D_1$ 中，E 为 BC 的中点，点 P 在线段 D_1E 上，点 P 到直线 CC_1 的距离的最小值为_____.

作图过程如表 21-4 所示。

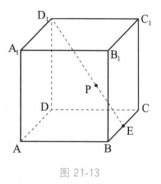

图 21-13

表 21-4

序号	名称	图标	描述	定义
1	点 A	• A		$A=(-1,-1,0)$
2	点 B	• A		$B=(1,-1,0)$
3	正六面体 a	🧊	正六面体 $ABCD\text{-}A_1B_1C_1D_1$（需重新命名）	正六面体[A,B,xOy 平面]
4	点 E	••	棱 BC 的中点	中点[棱 BC]
5	线段 b	✎	端点为 D_1、E 的线段	线段[D_1,E]
6	线段 c	✎	端点为 D、E 的线段	线段[D,E]
7	点 P	• A	b 上的点	描点[b]
8	直线 d	🖊	在 3D 空间经过点 P 且与棱 CC_1 垂直相交的直线	垂线[P,棱 CC_1,space]

续表

序号	名称	图标	描述	定义
9	点 F	✕	棱 CC_1 与 d 的交点	交点[棱 CC_1,d]
10	线段 e	✎	端点为 P、F 的线段	线段[P,F]
11	角度 α	⊿	∠CFP	角度[C,F,P]
12	直线 f	⊿	在 3D 空间经过点 P 且与 c 垂直相交的直线	垂线[P,c,space]
13	点 G	✕	c 与 f 的交点	交点[c,f]
14	线段 g	✎	端点为 C、G 的线段	线段[C,G]
15	线段 h	✎	端点为 P、G 的线段	线段[P,G]
16	数字 i	a=2	在绘图区 2 内作整数滑杆 i 的范围为 [0,5]	i=5
17	按钮 按钮1	OK	在绘图区 2 内 按钮 1	
18	按钮 按钮2	OK	在绘图区 2 内 按钮 2	
19	圆柱 j	▦	圆柱[C_1,C,e]	圆柱[C_1,C,e]
20	布尔值 n	☑	在绘图区 2 内作复选框按钮	n=false

　　隐藏直线 d 和 f,设置按钮 1 和按钮 2 的样式及脚本。打开按钮属性,在"样式"中选择按钮图像为左右方向箭头,在按钮 1 的"脚本单击时"选项内输入"i=i+1",在按钮 2 的"脚本单击时"选项内输入"i=i−1"。设置对象的显示条件,线段 e 和点 F 的显示条件为 i≥1;线段 c 的显示条件为 i≥2;线段 h 和点 G 的显示条件为 i≥3;线段 g 的显示条件为 i≥4。设置复选框(布尔值 n),控制圆柱 j 的显示与隐藏,如图 21-14 所示。

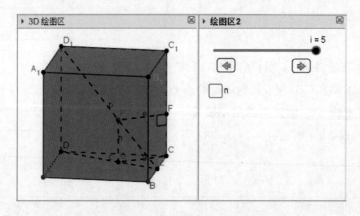

图 21-14

　　拖动点 P,观察不变性,通过俯视图分析,当 CG 垂直 DE 时,点 P 到直线 CC_1 的距离的最小值为 $\dfrac{2\sqrt{5}}{5}$。还可以通过俯视图分析出,当圆柱 j 与直线 D_1E 相切时,距离最小。

21.3.2　二面角的平面角

　　二面角的平面角的作图步骤如表 21-5 所示,作图结果如图 21-15 所示。

表 21-5

序号	名称	图标	描述	定义
1	点 A	•ᴬ		A＝(−3,−3,0)
2	点 B	•ᴬ		B＝(3,−3,0)
3	点 C	•ᴬ		C＝(3,3,0)
4	点 D	•ᴬ		D＝(−3,3,0)
5	点 E	•ᴬ	x 轴上的点	描点[x 轴]E＝(−3,0,0)
6	点 F	•ᴬ	x 轴上的点	描点[x 轴]F＝(3,0,0)
7	线段 f	╱	端点为 E、F 的线段	线段[E,F]
8	角度 α	▬a=2	角度滑杆 a 的范围为[0°,180°]	α＝68°
9	点 C′	⯅•	C 绕 f 旋转 α	旋转[C,α,f]
10	点 D′	⯅•	D 绕 f 旋转 α	旋转[D,α,f]
11	四边形 多边形 1	⯅	多边形 A,B,F,E	多边形[A,B,F,E]
12	四边形 多边形 2	⯅	多边形 F,C′,D′,E	多边形[F,C′,D′,E]
13	点 G	•ᴬ	f 上的点	描点[f]
14	直线 h		经过点 G,垂直于 f 且与"多边形 1"平行的直线	垂线[G,f,多边形 1]
15	直线 i		经过点 G,垂直于 f 且与"多边形 2"平行的直线	垂线[G,f,多边形 2]
16	点 H	✕	c′ 与 i 的交点	交点[c′,i]
17	点 I	✕	a 与 h 的交点	交点[a,h]
18	向量 u	╱	向量[G,H]	向量[G,H]
19	向量 v	╱	向量[G,I]	向量[G,I]
20	角度 β	⯅	u 与 v 的夹角	角度[u,v]

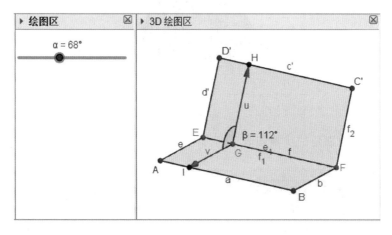

图 21-15

拖动 3D 绘图区、滑杆 α 或点 G,即可观察动态效果。

21.3.3 二面角

(1)利用三垂线定理求二面角的步骤如表 21-6 所示。

表 21-6

序号	名称	图标	描述	定义
1	点 A	•ᴬ	x 轴上的点	描点[x 轴]　A=(2,0,0)
2	点 B	•ᴬ		B=(1,2,0)
3	点 C	•ᴬ	y 轴上的点	描点[y 轴]　C=(0,2,0)
4	点 D	✕	y 轴与 x 轴的交点	交点[y 轴,x 轴]　D=(0,0,0)
5	点 E	•ᴬ		E=(1,1,2)
6	棱锥 a	🔺	棱锥[A,B,C,D,E]	棱锥[A,B,C,D,E]
7	直线 f	✕	经过点 E 且垂直于面 ABCD 的直线	垂线[E,面 ABCD]
8	点 F	✕	交点[f,面 ABCD]	交点[f,面 ABCD]
9	直线 g		在 3D 空间经过点 F 且与棱 AB 垂直相交的直线	垂线[F,棱 AB,space]
10	点 G	✕	棱 AB 与 g 的交点	交点[棱 AB,g]
11	线段 h	•	端点为 E、G 的线段	线段[E,G]
12	角度 α		∠FGE	角度[F,G,E]　α=77.4°

作图结果如图 21-16 所示。

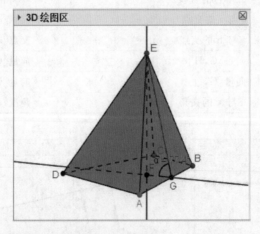

图 21-16

(2)用法向量求二面角的步骤如表 21-7 所示。

表 21-7

序号	名称	图标	描述	定义	数值
1	点 A	•ᴬ	x 轴上的点	描点[x 轴]	A=(2,0,0)
2	点 B	•ᴬ			B=(1,2,0)
3	点 C	•ᴬ	y 轴上的点	描点[y 轴]	C=(0,2,0)

续表

序号	名称	图标	描述	定义	数值
4	点 D		y 轴与 x 轴的交点	交点[y 轴,x 轴]	D=(0,0,0)
5	点 E				E=(1,1,2)
6	棱锥 a		棱锥[A,B,C,D,E]	棱锥[A,B,C,D,E]	a=2
7	向量 u		面 ABCD 的法向量	法向量[面 ABCD]	u=(0,0,2)
8	向量 v		面 ABE 的法向量	法向量[面 ABE]	v=(4,2,1)
9	角度 α		v 与 u 的夹角	角度[v,u]	α=77.4°

作图结果如图 21-17 所示。

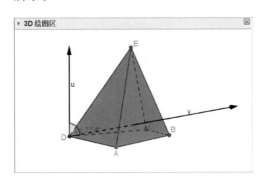

图 21-17

(3)利用向量叉积确定二面角法向量的步骤如表 21-8 所示。

表 21-8

序号	名称	图标	描述	定义	数值
1	点 A		x 轴上的点	描点[x 轴]	A=(2,0,0)
2	点 B				B=(1,2,0)
3	点 C		y 轴上的点	描点[y 轴]	C=(0,2,0)
4	点 D		y 轴与 x 轴的交点	交点[y 轴,x 轴]	D=(0,0,0)
5	点 E				E=(1,1,2)
6	棱锥 a		棱锥[A,B,C,D,E]	棱锥[A,B,C,D,E]	a=2
7	向量 u		向量[A,E]	向量[A,E]	u=(-1,1,2)
8	向量 v		向量[A,B]	向量[A,B]	v=(-1,2,0)
9	向量 w		向量[A,D]	向量[A,D]	w=(-2,0)
10	向量 b		v ⊗ u	v ⊗ u	b=(4,2,1)
11	向量 c		w ⊗ u	w ⊗ u	c=(0,4,-2)
12	角度 α		b 与 c 的夹角	角度[b,c]	α=72.98°
13	数字 d		(v ⊗ w)u/6	(v ⊗ w)u/6	d=4/3

两个向量的叉积的向量方向符合右手系,当二面角的两个面的法向量一个指向内部,另一个指向外部时,这两个向量的夹角即为二面角大小,如图 21-18 所示。

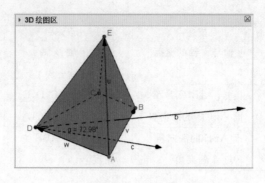

图 21-18

（4）直接求二面角的两个平面所成角度的步骤如表 21-9 所示。

表 21-9

序号	名称	图标	描述	定义	数值
1	点 A	•ᴬ	x 轴上的点	描点[x 轴]	A=(2,0,0)
2	点 B	•ᴬ			B=(1,2,0)
3	点 C	•ᴬ	y 轴上的点	描点[y 轴]	C=(0,2,0)
4	点 D	✕	y 轴与 x 轴的交点	交点[y 轴,x 轴]	D=(0,0,0)
5	点 E	•ᴬ			E=(1,1,2)
6	棱锥 a	▲	棱锥[A,B,C,D,E]	棱锥[A,B,C,D,E]	a=2
7	平面 b	▨	经过 A,B,E 三点的平面	平面[A,B,E]	b：$4x+2y+z=8$
8	平面 c	▨	经过 A,D,E 三点的平面	平面[A,D,E]	c：$2y-z=0$
9	角度 α	◿	c 与 b 的夹角	角度[c,b]	α=72.98°

作图结果如图 21-19 所示。

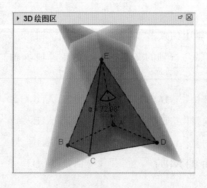

图 21-19

21.3.4 定长线段中点的轨迹

在棱长为 2 的正方体 ABCD-EFGH 中，当点 M 和 L 分别在线段 AC 和 FH 上滑动，且满足 $ML=\sqrt{6}$ 时，求线段 ML 中点 N 的轨迹。其作图过程如表 21-10 所示。

表 21-10

序号	名称	图标	描述	定义
1	点 A	•ᴬ		A＝(−1,−1,0)
2	点 B	•ᴬ		B＝(1,−1,0)
3	点 C		圆形[B,距离[A,B],线段[A,B]]上的点	描点[圆形[B,距离[A,B],线段[A,B]]]
4	正六面体 a		正六面体 ABCD-EFGH	正六面体[A,B,C]
5	线段 f		端点为 A、C 的线段	线段[A,C]
6	线段 g		端点为 H、F 的线段	线段[H,F]
7	线段 h		端点为 D、B 的线段	线段[D,B]
8	点 I	✕	y 轴与 h 的交点	交点[y 轴,h]
9	圆 c		经过 A、B、C 三点的圆	圆形[A,B,C]
10	点 J	•ᴬ	c 上的点	描点[c]
11	直线 i		在 3D 空间经过点 J 且与 f 垂直相交的直线	垂线[J,f,space]
12	直线 j		在 3D 空间经过点 J 且与 h 垂直相交的直线	垂线[J,h,space]
13	点 K	✕	j 与 h 的交点	交点[j,h]
14	点 L	✕	i 与 f 的交点	交点[i,f]
15	线段 k		端点为 L、K 的线段	线段[L,K]
16	直线 l		经过点 K 且垂直于面 EFGH 的直线	垂线[K,面 EFGH]
17	点 M	✕	g 与 l 的交点	交点[g,l]
18	线段 m		端点为 M、L 的线段	线段[M,L]
19	点 N	✕	m 的中点	中点[m]
20	线段 n		端点为 E、G 的线段	线段[E,G]
21	点 O	✕	g 与 n 的交点	交点[g,n]
22	线段 p		端点为 O、I 的线段	线段[O,I]
23	点 P	•ᐟ	k 的中点	中点[k]
24	线段 q		端点为 N、P 的线段	线段[N,P]
25	线段 r		端点为 P、I 的线段	线段[P,I]
26	点 Q	•ᐟ	p 的中点	中点[p]
27	线段 s		端点为 N、Q 的线段	线段[N,Q]
28	数字 t	ᵃ⁼²	整数滑杆 t 的范围为[0,5]	t＝5
29	线段 b		端点为 M、K 的线段	线段[M,K]
30	按钮 按钮 1	OK	按钮 1	
31	按钮 按钮 2	OK	按钮 2	
32	布尔值 d	☑•		d＝false
33	按钮按钮 3	OK	按钮 3	

　　隐藏直线 i、j 和 l,隐藏曲线 c 和点 J。在对象属性的"高级"选项卡中设置显示条件:点 K 和线段 b 的显示条件为 t≥1,线段 k 的显示条件为 t≥2,点 P 和线段 q 的显示条件为 t≥3,线段 r 的显示条件为 t≥4,点 Q 和线段 s 的显示条件为 t≥5,作图结果如图 21-20 所示。

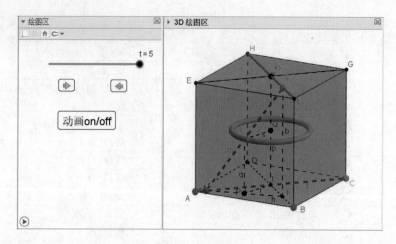

图 21-20

设置按钮 1 和按钮 2 的脚本属性，如图 21-21 所示。

图 21-21

设置按钮 3 动画按钮的脚本属性，如图 21-22 所示。

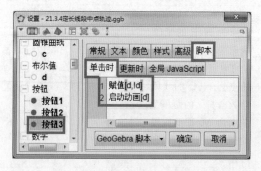

图 21-22

单击按钮 1 和按钮 2，在点 N 上右击，选择"跟踪"命令，再单击按钮 3，即可观察动画效果。

21.3.5 高考试题探究

如图 21-23 所示，正方形 AMDE 的边长为 2，点 B 和点 C 分别为 AM 和 MD 的中点。

在五棱锥 P-ABCDE 中,F 为棱 PE 的中点,平面 ABF 与棱 PD 和 PC 分别交于点 G 和点 H。

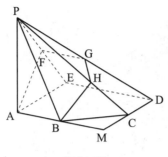

图 21-23

(Ⅰ)求证:AB∥FC;

(Ⅱ)若 PC⊥底面 ABCDE,且 PA＝AE,求直线 BC 与平面 ABF 所成角度的大小,并求线段 PH 的长。

作图过程如表 21-11 所示。

表 21-11

序号	名称	图标	描述	定义	数值
1	点 A	A		A＝(0,0,0)	
2	点 B	A		B＝(1,0,0)	
3	点 M	A		M＝(2,0,0)	
4	点 C	A		C＝(2,1,0)	
5	点 D	A		D＝(2,2,0)	
6	点 E	A		E＝(0,2,0)	
7	点 P	A		P＝(0,0,2)	
8	五边形 多边形 1		多边形 A,B,C,D,E	多边形[A,B,C,D,E]	多边形 1＝3.5
9	棱锥 f		棱锥[多边形 1,P]	棱锥[多边形 1,P]	f＝2.33
10	线段 m		端点为 M、C 的线段	线段[M,C]	m＝1
11	线段 n		端点为 M、B 的线段	线段[M,B]	n＝1
12	点 F		棱 EP 的中点	中点[棱 EP]	F＝(0,1,1)
13	平面 g		经过 F、B、A 三点的平面	平面[F,B,A]	g：y－z＝0
14	多边形 多边形 2		g 与 f 的交集	相交路径[g,f]	多边形 2＝1.65
15	角度 α		线段 BC 与 g 的夹角	角度[b,g]	α＝30°
16	数字 距离 PH	cm	P 与 H 间的距离	距离[P,H]	距离 PH＝2
17	文本 文本 PH	ABC	名称[P]＋(名称[H])＋"＝"＋距离 PH	名称[P]＋(名称[H])＋"＝"＋距离 PH	PH＝2

作图结果如图 21-24 所示。

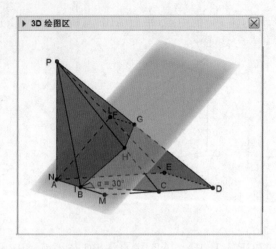

图 21-24

21.4 空间曲线的画法

21.4.1 利用指令绘制曲线

利用指令"曲线[〈x(t)〉,〈y(t)〉,〈z(t)〉,〈参变量 t〉,〈t-起始值〉,〈t-终止值〉]"可绘制空间曲线,例如,在指令栏中输入"曲线[3t^0.12 cos(t),3t^0.12 sin(t),0.5t,t,0,30]",按Enter 键,即可绘制空间曲线,如图 21-25 所示。

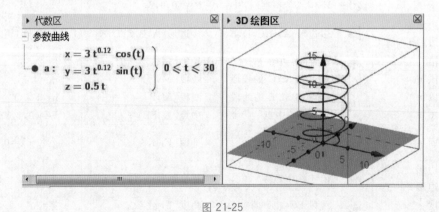

图 21-25

21.4.2 空间曲线切向量序列

若 $f(x)=\cos(x)$,$g(x)=\sin(2x)$,$h(x)=\sin(x)$,数值滑杆 b 的范围为 $[0,5]$,曲线 $a=$ 曲线$[f(t),g(t),h(t),t,0,2\pi]$,在指令栏中输入"序列[向量[(f(t),g(t),h(t)),(f(t)+

$f'(t),g(t)+g'(t),h(t)+h'(t))]$,t,0,$2\pi$,b]”，按 Enter 键，即可产生如图 21-26 所示的曲线切线向量序列。

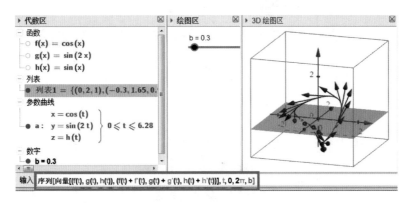

图 21-26

21.4.3　空间曲线序列

若数值滑杆 a 的范围为$[0,5]$，在指令栏中输入“序列$[$曲线$[3\sin(u+v)\cos(u-v)$，$3\cos(u+v)\cos(u-v),3\sin(u+v),u,0,40],v,0,40,a]$，即可产生曲线序列，如图 21-27 所示。

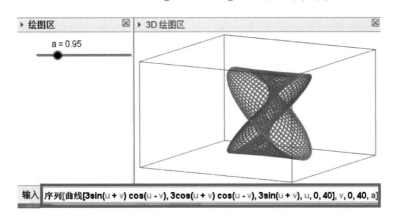

图 21-27

21.5　空间曲面的画法

21.5.1　空间平面

1. 直接输入方程绘制平面

例如，在指令栏中输入“$x+y+z=2$”，按 Enter 键，即可绘制指定方程的平面，如

图 21-28所示。

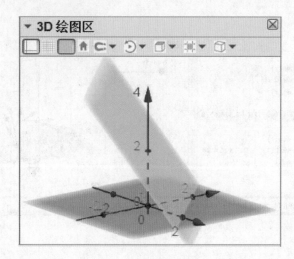

图 21-28

2. 利用指令绘制动态平面

在绘图区分别绘制角度滑杆 α 和 β,范围均为 0°～360°,再绘制数值滑杆 a,范围为[−5, 5]。在指令栏中输入"f:cos(α)cos(β)x+cos(α)sin(β)y+zsin(α)+a=0",然后按 Enter 键,即可得到平面 f,如图 21-29 所示。拖动滑杆 α、β 和 a 观察动态效果。

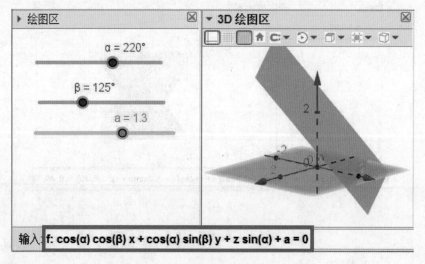

图 21-29

21.5.2　直接输入二元函数绘制空间曲面

案例 1:绘制曲面 $f(x,y)=\sin(x\,y)$。在 3D 绘图区的输入栏中输入"$f(x,y)=\sin(x\,y)$",按 Enter 键即可,如图 21-30 所示。

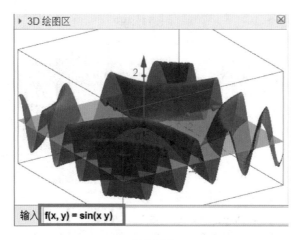

图 21-30

案例 2：绘制曲面 f(x,y)＝2cos((x^2＋y^2)^2)e^(−(x^2＋y^2))。直接在指令栏中输入"f(x,y)＝2cos((x^2＋y^2)^2)e^(−(x^2＋y^2))"，然后按 Enter 键即可，如图 21-31 所示。

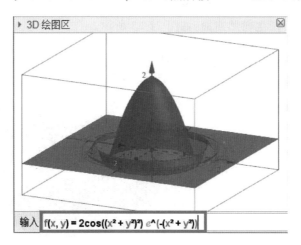

图 21-31

21.5.3　利用指令绘制曲面

利用指令"曲面[⟨x 表达式⟩,⟨y 表达式⟩,⟨z 表达式⟩,⟨参变量 1⟩,⟨起始值⟩,⟨终止值⟩,⟨参变量 2⟩,⟨起始值⟩,⟨终止值⟩]"可绘制曲面。

案例 1：在指令栏中输入"a＝曲面[u＋v,u−v,log(2,u² ＋v²),u,−5,5,v,−5,5]"，即可产生曲面，如图 21-32 所示。

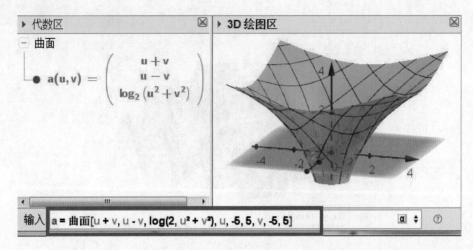

图 21-32

案例 2：在绘图区分别制作滑杆参数 R 和 r，范围分别为 $[1,10]$ 和 $[0,5]$，在指令栏中输入"曲面$[R \cos(u) + r \cos(v) \cos(u), R \sin(u) + r \cos(v) \sin(u), r \sin(v), u, 0, 2\pi, v, 0, 2\pi]$"，按 Enter 键，即可产生轮胎曲面，如图 21-33 所示。

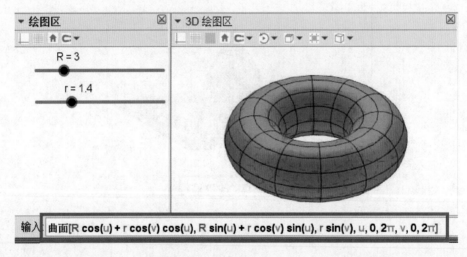

图 21-33

拖动滑杆 R 和 r，即可观察动态效果。

21.5.4 莫比乌斯带

在绘图区分别制作滑杆参数 r 和 a，范围分别为 $[0,5]$ 和 $[0,5]$，在指令栏中输入"曲面$[r \cos(u) + a \, v \cos(a \, u) \cos(u), r \sin(u) + a \, v \cos(a \, u) \sin(u), a \, v \sin(a \, u), u, 0, 2\pi, v, -a, a]$"，按 Enter 键即可产生如图 21-34 所示的图形。

拖动滑杆 r 和 a，即可观察动态效果。

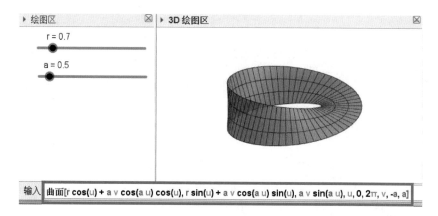

图 21-34

21.5.5   空间曲面围成的图形

例如,在指令栏中输入如表 21-12 所定义的数学对象,绘制曲面,如图 21-35 所示。

表 21-12

序号	名称	定义
1	函数 f	$f(x)=-x^2+3$
2	函数 g	$g(x)=x+1$
3	曲面 a	曲面$[u,g(u)+t(f(u)-g(u)),0,t,0,1,u,-2,1]$
4	曲面 b	曲面$[u,g(u)+t(f(u)-g(u)),f(u)-g(u),t,0,1,u,-2,1]$
5	曲面 c	曲面$[u,g(u),t(f(u)-g(u)),t,0,1,u,-2,1]$
6	曲面 d	曲面$[u,f(u),t(f(u)-g(u)),t,0,1,u,-2,1]$

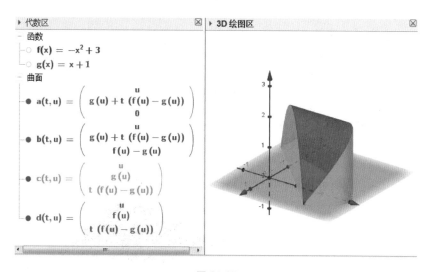

图 21-35

拖动 3D 绘图区,可从不同视图方向观察图形。

21.6　空间几何图形序列

21.6.1　点序列

利用多层序列指令绘制点序列。

案例 1：在指令栏中输入"列表 1＝序列[序列[序列[(u,v,w),u,1,3],v,1,3],w,1,3]"，按 Enter 键即可产生如图 21-36 所示的点序列。

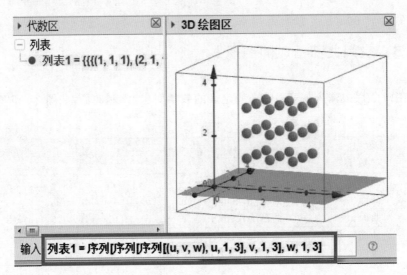

图 21-36

案例 2：在指令栏中输入"列表 1＝序列[序列[序列[(u,v,w),u,1＋w,7－w],v,1＋w,7－w],w,0,3]"，按 Enter 键，即可产生如图 21-37 所示的点序列。

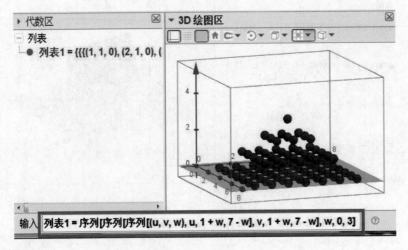

图 21-37

21.6.2　空间动态四面体形球序列

利用多层序列指令绘制球序列。

案例：在指令栏中输入"列表 1＝序列［序列［序列［球面［（（2u－1＋v－1）r，r＋sqrt(3)（v－1－2（w－1)/3)r，r＋2sqrt(6)/3（w－1)r），r］，u，1，n－v］，v，w，n－1］，w，1，n－1］"，按 Enter 键，即可产生如图 21-38 所示的球序列。

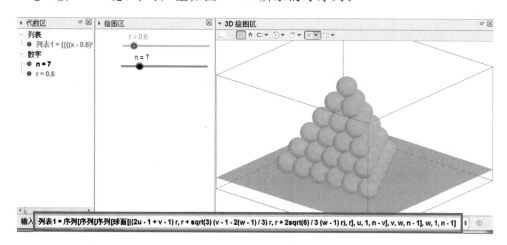

图 21-38

第 22 章　统计与概率

22.1　直方图

打开"视图"菜单中表格区导入的统计数据,框选导入的数据,然后单击单变量分析工具 ,在弹出的对话框中单击"分析"按钮,如图 22-1 所示。

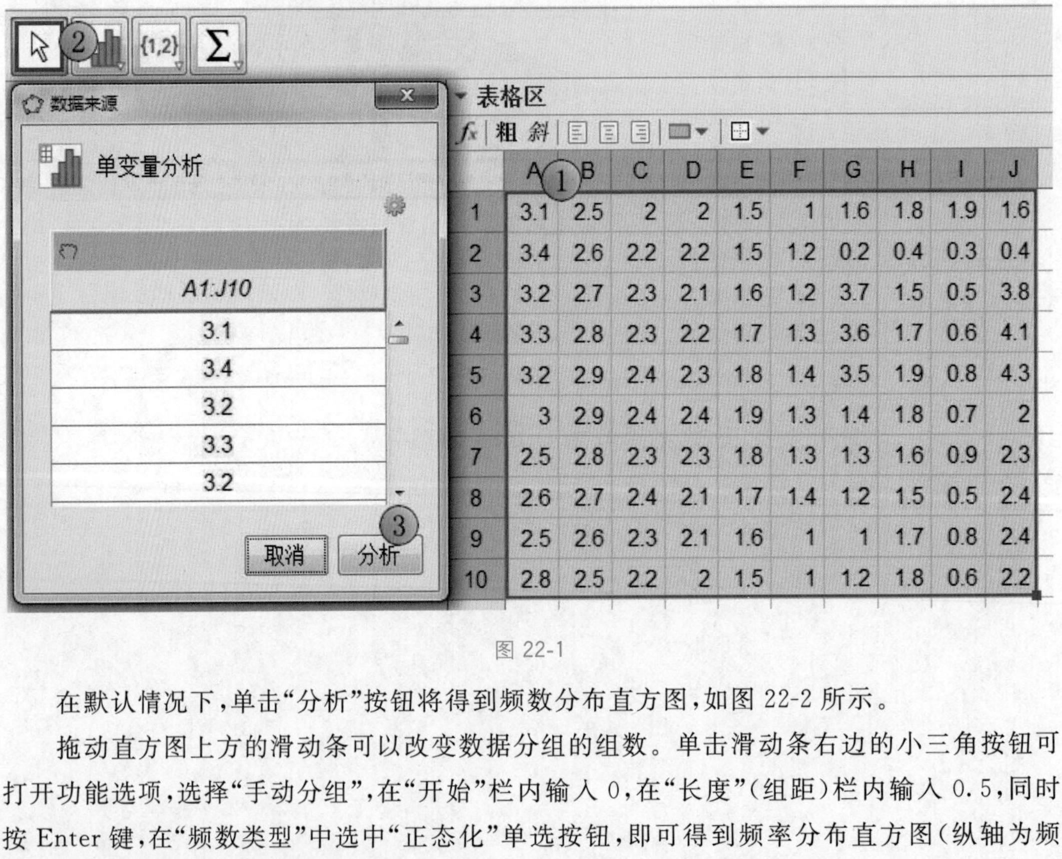

图 22-1

在默认情况下,单击"分析"按钮将得到频数分布直方图,如图 22-2 所示。

拖动直方图上方的滑动条可以改变数据分组的组数。单击滑动条右边的小三角按钮可打开功能选项,选择"手动分组",在"开始"栏内输入 0,在"长度"(组距)栏内输入 0.5,同时按 Enter 键,在"频数类型"中选中"正态化"单选按钮,即可得到频率分布直方图(纵轴为频率/组距),如图 22-3 所示。

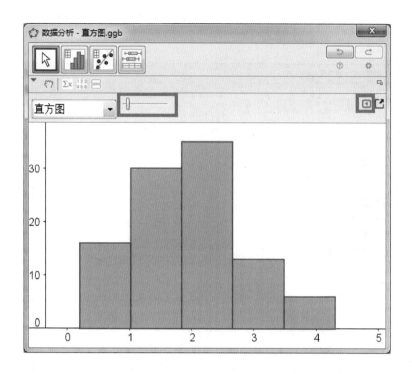

图 22-2

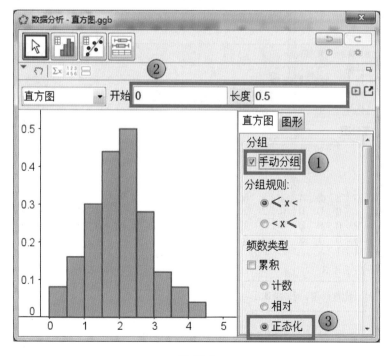

图 22-3

　　若在"频数类型"中选中"相对"单选按钮,则可得到纵轴为频率的直方图。单击靠边框
处的小箭头按钮 ,可以将绘制的直方图复制到绘图区或导出到其他文件中。

　　单击对话框内直方图选项右边的小三角按钮,可以选择条形图、茎叶图和点阵图等,绘制的效果分别如图 22-4～图 22-6 所示。

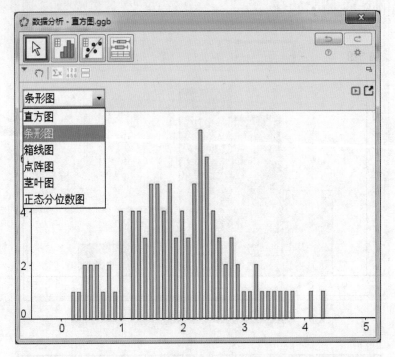

图 22-4

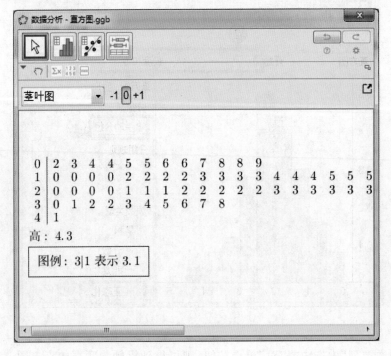

图 22-5

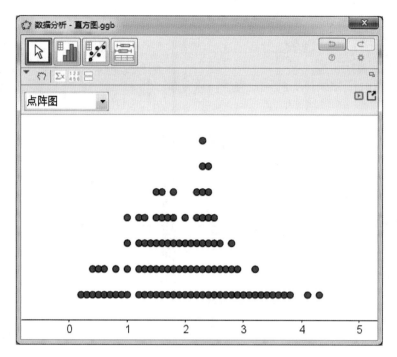

图 22-6

22.2 双变量回归分析

人体的脂肪百分比与所对应的年龄如表 22-1 所示。

表 22-1

年龄	23	27	39	41	45	49	50
脂肪	9.5	17.8	21.2	25.9	27.5	26.3	28.2
年龄	53	54	56	57	58	60	61
脂肪	29.6	30.2	31.4	30.8	33.5	35.2	34.6

根据上述数据,人体的脂肪含量与年龄之间有怎样的关系?

打开"视图"菜单中表格区导入的统计数据,并将导入的数据进行框选,单击双变量回归分析工具，在弹出的对话框中单击"分析"按钮,如图 22-7 所示。

可见,人体的脂肪含量与年龄之间是成正相关关系的。

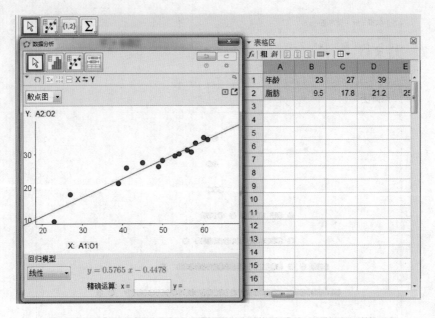

图 22-7

22.3 二项分布

在"视图"菜单中打开概率统计计算器,在"分布"选项卡中选择"二项分布",并设置"试验次数 n"和"成功概率 p",即可求出落在指定区间的概率,如图 22-8 所示。

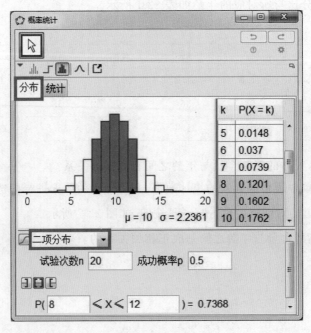

图 22-8

22.4 正态分布

在"视图"菜单中打开概率统计计算器,在"分布"选项卡中选择"正态分布",并设置"平均数 μ"和"标准差 σ",即可求出落在指定区间的概率,如图 22-9 所示。

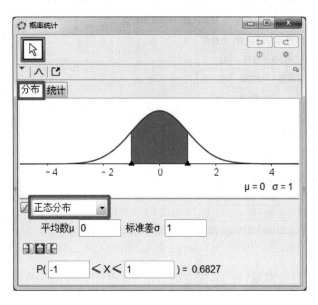

图 22-9

22.5 卡方检验

吸烟与患肺癌的列联表如表 22-2 所示(单位:人)。

表 22-2

	不患肺癌	患肺癌	总计
不吸烟	7775	42	7817
吸烟	2099	49	2148
总计	9874	91	9965

那么吸烟是否对患肺癌有影响?

H_0:吸烟与患肺癌没有关系。

在"视图"菜单中打开概率统计计算器,在"统计"选项卡中选择"卡方检验",设置行与列的数目,输入 2×2 列联,并按 Enter 键,即可求出卡方值和其对应的概率,如图 22-10 所示。

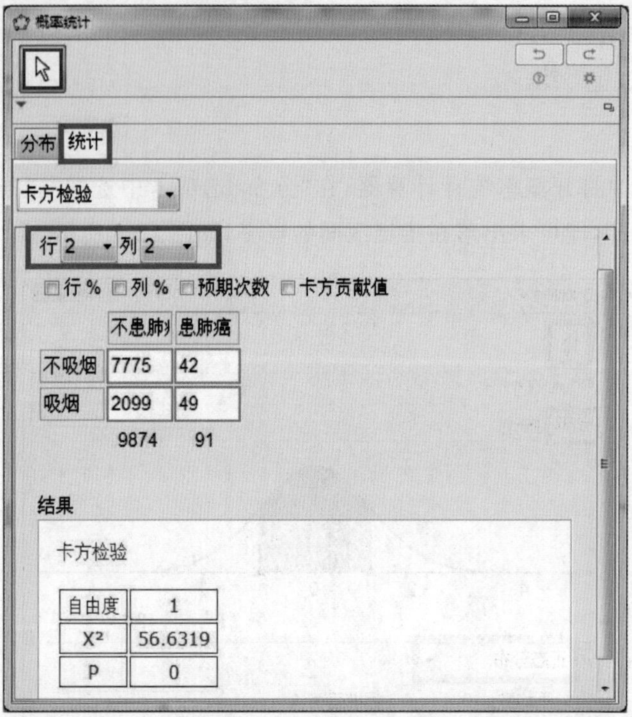

图 22-10

统计学家经过研究后发现，在 H_0 成立的情况下，$P(K^2 \geqslant 6.635) \approx 0.01$。现在 K^2 的观测值 $k \approx 56.6319$，远远大于 6.635，所以有理由断定 H_0 不成立，即认为吸烟与患肺癌有关系。

第 23 章　矩　　阵

23.1　建立矩阵

用指令"{{ },{ },{ },…}"可产生矩阵,例如,在指令栏中输入"A={{1,2,3},{4,5,6},{7,8,9}}",按 Enter 键,可以产生 3×3 矩阵,如图 23-1 所示。

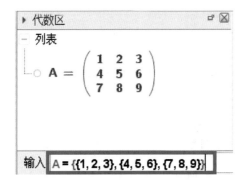

图 23-1

用表格区产生矩阵的详细内容请参见第 8.5.2 节。

23.2　矩阵的运算

23.2.1　矩阵加法

例如,先建立矩阵 M 和 N,然后在指令栏中输入"矩阵 1=M+N",按 Enter 键,即可产生 M、N 的和,如图 23-2 所示。

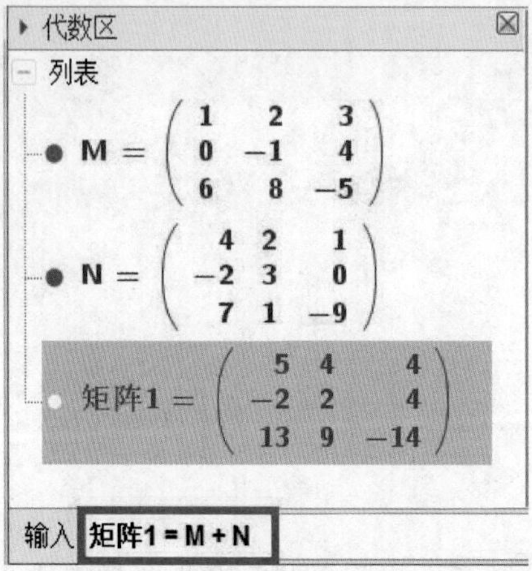

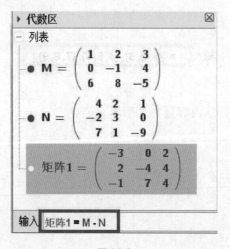

图 23-2

23.2.2　矩阵减法

例如,先建立矩阵 M 和 N,然后在指令栏中输入"矩阵 1＝M－N",按 Enter 键,即可产生 M、N 的差,如图 23-3 所示。

代数区

列表

$$M = \begin{pmatrix} 1 & 2 & 3 \\ 0 & -1 & 4 \\ 6 & 8 & -5 \end{pmatrix}$$

$$N = \begin{pmatrix} 4 & 2 & 1 \\ -2 & 3 & 0 \\ 7 & 1 & -9 \end{pmatrix}$$

$$矩阵1 = \begin{pmatrix} -3 & 0 & 2 \\ 2 & -4 & 4 \\ -1 & 7 & 4 \end{pmatrix}$$

输入　矩阵1＝M－N

图 23-3

23.2.3　矩阵乘法

例如,先建立矩阵 M 和 N,然后在指令栏中输入"矩阵 1＝M＊N",按 Enter 键,即可产生 M、N 的积,如图 23-4 所示。

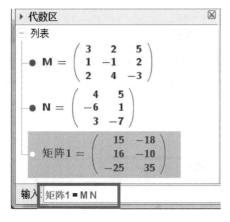

图 23-4

23.2.4　矩阵乘方

例如,先建立矩阵 M,然后在指令栏中输入"矩阵 1＝M^2",按 Enter 键,即可产生 M 的平方,如图 23-5 所示。

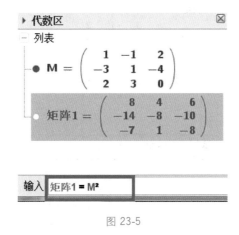

图 23-5

23.2.5　矩阵零次方

例如,先建立矩阵 M,然后在指令栏中输入"矩阵 1＝M^0",按 Enter 键,即可产生 M 的 0 次方,如图 23-6 所示。

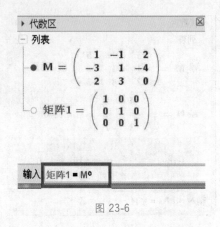

图 23-6

23. 2. 6　矩阵数乘运算

例如,先建立矩阵 M,然后在指令栏中输入"矩阵 $1=3*M$",按 Enter 键,即可将矩阵 M 的所有元素变为原来的 3 倍,如图 23-7 所示。

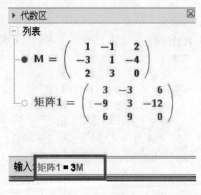

图 23-7

在指令栏中输入"矩阵 $1=M^3-2M+M^0$",然后按 Enter 键,即可得到混合运算的结果,如图 23-8 所示。

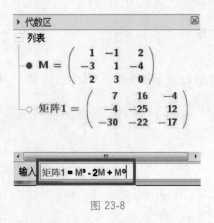

图 23-8

23.3　矩阵的秩和逆矩阵

23.3.1　矩阵的秩

例如,先建立矩阵 M,然后在指令栏中输入"a＝矩阵的秩［M］",按 Enter 键,即可得到矩阵 M 的秩,如图 23-9 所示。

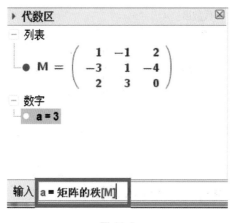

图 23-9

23.3.2　矩阵的逆矩阵

例如,先建立矩阵 M,然后在指令栏中输入"矩阵 1＝逆反［M］",按 Enter 键,即可得到矩阵 M 的逆矩阵,如图 23-10 所示。

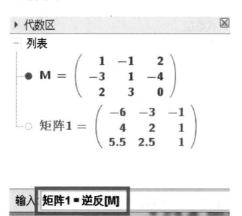

图 23-10

23.4 单位矩阵和转置矩阵

23.4.1 单位矩阵

例如,在指令栏中输入"矩阵1=单位矩阵[4]",然后按 Enter 键,即可得到 4×4 单位矩阵,如图 23-11 所示。

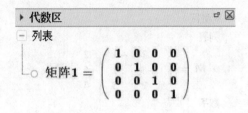

图 23-11

23.4.2 转置矩阵

例如,先建立矩阵 M,然后在指令栏中输入"矩阵1=转置[M]",按 Enter 键,即可得到矩阵 M 的转置矩阵,如图 23-12 所示。

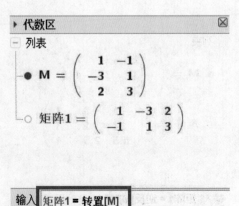

图 23-12

23.5　行列式的值

例如，先建立矩阵 M，然后在指令栏中输入"a＝行列式［M］"，按 Enter 键，即可得到行列式的值，如图 23-13 所示。

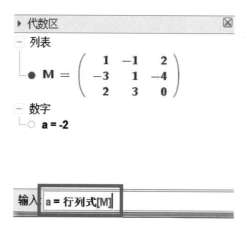

图 23-13

23.6　解方程组

例如，先建立矩阵 M，然后在指令栏中输入"矩阵 1＝简化行梯阵式［M］"，按 Enter 键，即可求得方程组，如图 23-14 所示。$\begin{cases} x+3y+4z=6, \\ 2x+5y+3z=1, \\ x+2y+z=2 \end{cases}$ 的解为 $x=11.5, y=-6.5, z=3.5$.

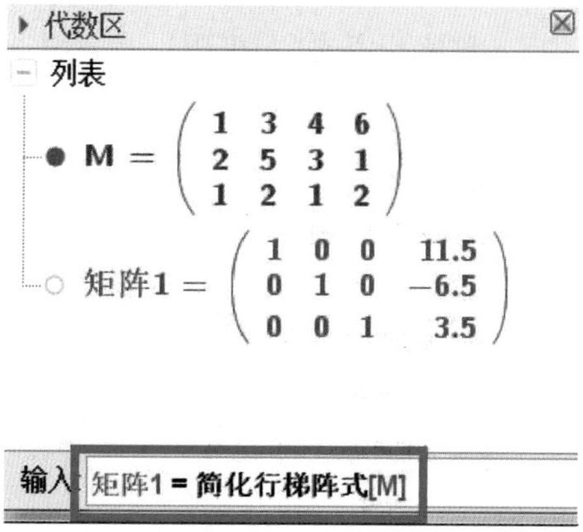

图 23-14

第 24 章 微 积 分

24.1 极限、左极限和右极限

24.1.1 极限

用指令"极限[〈表达式〉,〈数值〉]"或"极限[〈表达式〉,〈变量〉,〈数值〉]"可求极限,如图 24-1 所示。

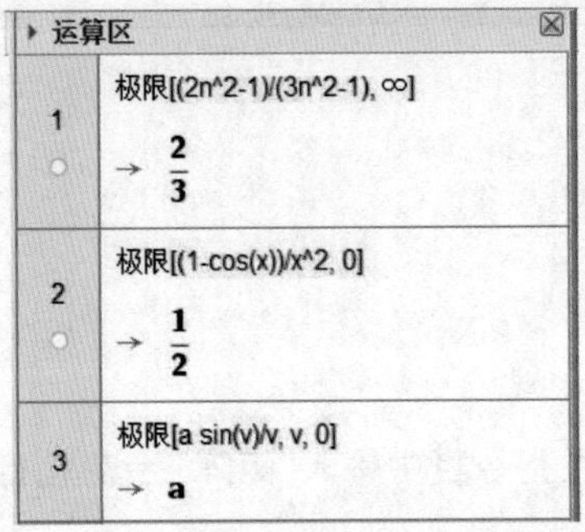

图 24-1

24.1.2 左极限

用指令"左极限[〈表达式〉,〈数值〉]"或"左极限[〈表达式〉,〈变量〉,〈数值〉]"可求极限,如图 24-2 所示。

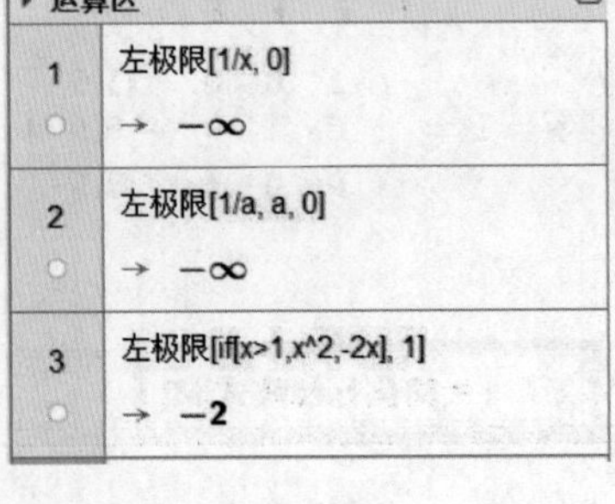

图 24-2

24.1.3　右极限

用指令"右极限[〈表达式〉,〈数值〉]"或"右极限[〈表达式〉,〈变量〉,〈数值〉]"可求极限,如图 24-3 所示。

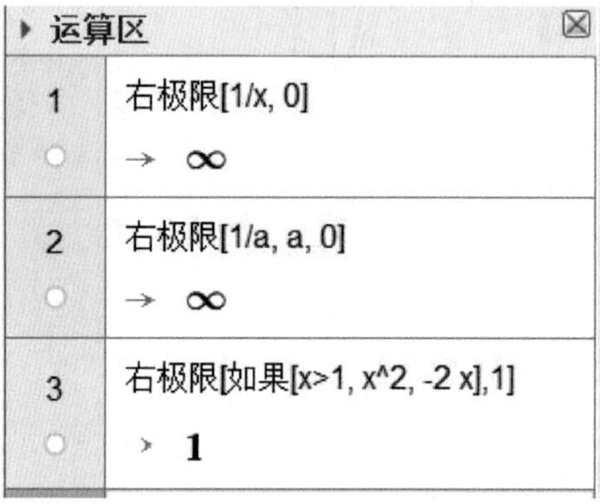

图 24-3

24.2　导数

24.2.1　用导数指令求导

用指令"导数[〈函数〉]""导数[〈函数〉,〈阶数〉]""导数[〈函数〉,〈变量〉]""导数[〈函数〉,〈变量〉,〈阶数〉]""导数[〈曲线〉]"或"导数[〈曲线〉,〈阶数〉]"可求导数,例如,在指令栏中分别输入如下指令:

- 导数[x ln(x)]　结果 $f(x)=\ln(x)+1$
- 导数[x ln(x),3]　结果 $g(x)=-1/x^2$
- 导数[$x^3 y^2+y^3+x y$,y]　结果 $a(x,y)=2x^3 y+3y^2+x$
- 导数[$x^3 y^2+y^3+x y$,x]　结果 $b(x,y)=3x^2 y^2+y$
- 导数[曲线[cos(t),t sin(t),t,0,2π]]　结果 $c:(\sin(t)(-1),\cos(t)t+\sin(t))$
- 导数[曲线[cos(t),t sin(t),t,0,2π],t,2]　结果 $d:(-\cos(t),\cos(t)+\sin(t)(-1)t+\cos(t))$

函数和导数的解析式及图像如图 24-4 所示。

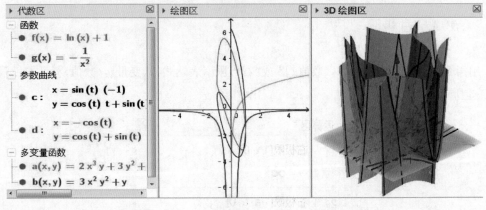

图 24-4

在运算区可以求含字母参数的导数,例如,导数[a x^3,a]=x^3。

24.2.2　用导数符号求导

若函数 $f(x) = x \ln(x)$,在指令栏中分别输入如下指令:

● 输入"$f'(x)$",按 Enter 键,即可得到函数 $f(x)$ 的一阶导数 $f'(x) = \ln(x) + 1$。

● 输入"$f''(x)$",按 Enter 键,即可得到函数 $f(x)$ 的二阶导数 $f''(x) = 1/x$。

● 输入"$f'''(x)$",按 Enter 键,即可得到函数 $f(x)$ 的三阶导数 $f'''(x) = -1/x^2$。

函数和导数的解析式及图像如图 24-5 所示。

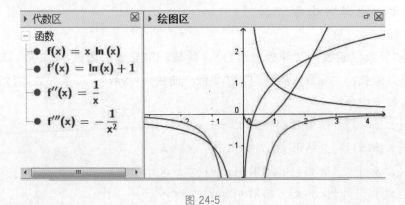

图 24-5

24.3　拐点

用指令"拐点[〈多项式〉]"可求多项式函数的拐点,例如,若 $f(x) = x^4 - x^3 - 2x^2 - x + 2$,在指令栏中输入"拐点[f]",按 Enter 键,即可得到函数 $f(x)$ 的拐点,如图 24-6 所示。

329 第 24 章 微积分 \ 329

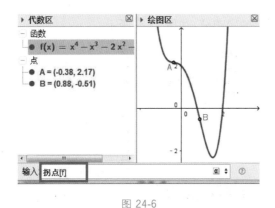

图 24-6

24.4 积分

24.4.1 不定积分

用指令"积分[〈函数〉]"或"积分[〈函数〉,〈变量〉]"可求函数积分,例如,在指令栏中分别输入如下指令。

- 输入"积分[ln(x)]",按 Enter 键,即可得到 $f(x) = x\ln(x) - x$。
- 输入"积分[$x^3 + 3xy, x$]",按 Enter 键,即可得到 $a(x,y) = 1/4\ x^4 + 3/2\ x^2 y$。

函数的不定积分函数解析式及图像如图 24-7 所示。

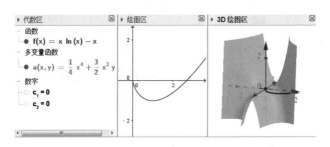

图 24-7

改变 c_1、c_2 的值即可观察动态效果。

若在运算区输入"积分[cos(a t), t]",按 Enter 键,即可得到结果 $\dfrac{\sin(a\ t)}{a} + c_1$。

24.4.2 定积分

用指令"积分[〈函数〉,〈x － 积分下限〉,〈x － 积分上限〉]"或"积分[〈函数〉,〈x － 积分下限〉,〈x － 积分上限〉,〈是否给出积分值? true|false〉]"可求函数定积分。

例如,若函数 $f(x) = x^2 - \ln(x)$,在指令栏中输入"积分[f, 0.2, 2]",按 Enter 键,即可求

得函数 f(x) 在指定区间上的定积分,如图 24-8 所示。

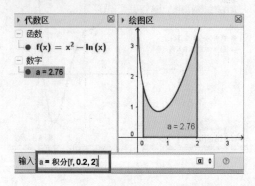

图 24-8

若在运算区输入"积分[sin(t),t,a,b]",按 Enter 键,即可得到结果 cos(a)−cos(b)。

24.5　区域面积

利用指令"区域积分[〈函数 1〉,〈函数 2〉,〈x−积分下限〉,〈x−积分上限〉]"可绘制两个函数图像之间的区域面积,例如,若函数 $f(x)=x^2-6x+1$,$g(x)=-x^2-2x+7$,在指令栏中输入"区域积分[f,g,−1,3]"可以产生函数 f(x) 和 g(x) 之间的图形有向面积 $\int_{-1}^{3}(f(x)-g(x))dx$,如图 24-9 所示。

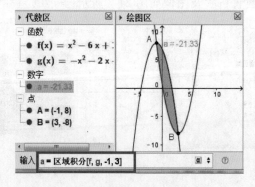

图 24-9

24.6　上和、下和与梯形和

24.6.1　上和

用指令"上和[〈函数〉,〈x−起始值〉,〈x−终止值〉,〈矩形数量〉]"可绘制函数 f(x) 的上和。

例如,若函数 $f(x) = x^2$,在指令栏中输入"a = 上和$[f, -2, 2, 10]$",按 Enter 键,即可得到函数 $f(x)$ 的上和,即将 $[-2, 2]$ 区间分成 10 等份,以每一份中的最大函数值为矩形的高,绘制 10 个矩形,其面积总和为 $a = 7.04$,如图 24-10 所示。

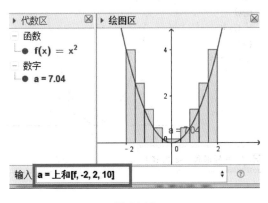

图 24-10

24.6.2 下和

用指令"下和$[\langle$函数$\rangle, \langle x-$起始值$\rangle, \langle x-$终止值$\rangle, \langle$矩形数量$\rangle]$"可绘制函数 $f(x)$ 的下和。

例如,若函数 $f(x) = x^2$,在指令栏中输入"a = 下和$[f, -2, 2, 10]$",按 Enter 键,即可得到函数 $f(x)$ 的下和,即将 $[-2, 2]$ 区间分成 10 等份,以每一份中的最小函数值为矩形的高,绘制 10 个矩形,其面积总和为 $a = 3.84$,如图 24-11 所示。

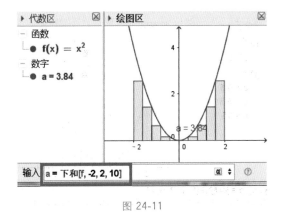

图 24-11

24.6.3 梯形和

用指令"梯形和$[\langle$函数$\rangle, \langle x-$起始值$\rangle, \langle x-$终止值$\rangle, \langle$梯形数量$\rangle]$"绘制函数 $f(x)$ 的梯

形和。

例如,若函数 $f(x)=x^2$,在指令栏中输入"a＝梯形和[f,－2,2,10]",按 Enter 键,即可得到函数 $f(x)$ 的梯形和 5.44,如图 24-12 所示。

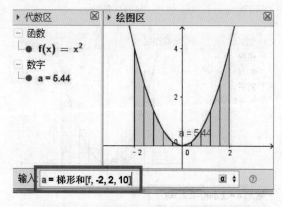

图 24-12

24.7 黎曼和

用指令"矩形和[〈函数〉,〈x－起始值〉,〈x－终止值〉,〈矩形数量〉,〈矩形起始位置 0_左和—1_右和〉]"可绘制函数黎曼和。

例如,若函数 $f(x)=x^2$,整数滑杆 n 的范围为[1,30],数值滑杆 a 的范围为[0,1],在指令栏中输入"b＝矩形和[f,－2,2,n,a]",按 Enter 键,即可得到函数 $f(x)$ 的黎曼和b＝5.31,如图 24-13 所示。

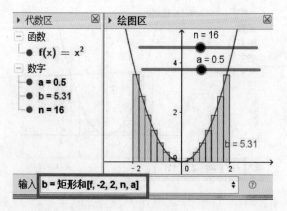

图 24-13

拖动整数滑杆 n 和数值滑杆 a 来观察动态效果。参数 a 是用来设定每个等份所要取的点的相对位置。

24.8　泰勒展开式

利用指令"泰勒公式[〈函数〉,〈横坐标 x 值〉,〈阶数〉]"可以将可导函数在某点附近用多项式逼近,例如,若函数 $f(x)=\cos(x)$,整数滑杆 n 的范围为 $[1,30]$,在指令栏中输入"$g(x)$＝泰勒公式$[f,0,n]$",按 Enter 键,即可得到函数 $f(x)$ 在 $x=0$ 处的阶数为 n 的泰勒展开式,如图 24-14 所示。

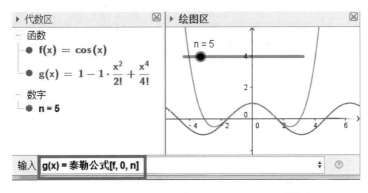

图 24-14

24.9　斜率场

用指令"斜率场[〈f(x,y)〉]""斜率场[〈f(x,y)〉,〈数字 n〉]""斜率场[〈f(x,y)〉,〈数字 n〉,〈长度倍增器 a〉]"或"斜率场[〈f(x,y)〉,〈数字 n〉,〈长度倍增器 a〉,〈x 最小值〉,〈y 最小值〉,〈x 最大值〉,〈y 最大值〉]"可以产生斜率为 $\dfrac{\mathrm{d}y}{\mathrm{d}x}=f(x,y)$ 的斜率场。

例如,在指令栏中输入"斜率场 1＝斜率场$[x-y]$",按 Enter 键,即可得到斜率为 $x-y$、默认由 40×40 个小线段构成的斜率场,如图 24-15 所示。

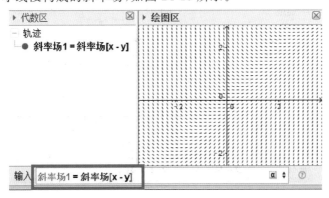

图 24-15

例如,在指令栏中输入"斜率场 1＝斜率场[x－y,n]",按 Enter 键,即可得到斜率为 x－y、由 n×n 个小线段构成的斜率场,如图 24-16 所示。

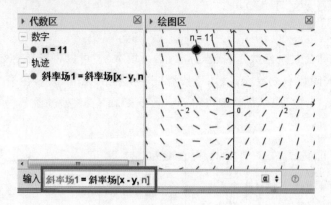

图 24-16

例如,在指令栏中输入"斜率场 1＝ 斜率场[x－y,n,a]",按 Enter 键,即可得到斜率为 x－y、由长度缩放比为 a 的 n×n 个小线段构成的斜率场,如图 24-17 所示。

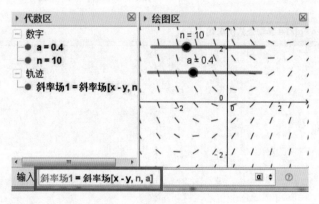

图 24-17

例如,在指令栏中输入"斜率场 1＝斜率场[x－y,n,a,－2,－1,2,3]",按 Enter 键,即可得到斜率为 x－y、在 $\{(x,y)|-2\leqslant x\leqslant 2,-1\leqslant y\leqslant 3\}$ 内、由长度缩放比为 a 的 n×n 个小线段构成的斜率场,如图 24-18 所示。

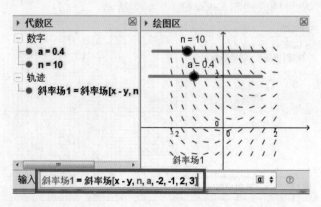

图 24-18

24.10 常微分方程

用指令"解常微分方程$[\langle f'(x,y)\rangle]$"求常微分方程$\dfrac{dy}{dx}=f'(x,y)$的解。

例如,在指令栏中输入"$f(x)=$解常微分方程$[x-y]$",按 Enter 键,即可得到其解,如图 24-19所示。

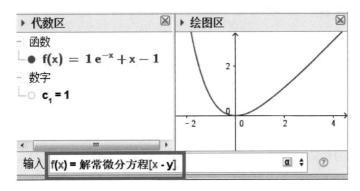

图 24-19

第 25 章　财　务

25.1　未来值

未来值的用途是基于固定利率及等额分期付款方式，返回某项投资的未来值。语法指令为"未来值[〈利率〉,〈期数〉,〈每期付款额〉,〈现值（可选）〉,〈类型（可选）1_期初|0_期末〉]"，其中：

〈利率〉：各期利率。

〈期数〉：年金的付款总期数。

〈每期付款额〉：各期所应支付的金额，其数值在整个年金期间保持不变。通常该项包括本金和利息，但不包括其他费用或税款。如果省略该项，则必须包括现值参数。

〈现值（可选）〉：现值，或一系列未来付款的当前值的累积和。如果省略该项，则假设其值为 0（零），并且必须包括每期付款额参数。

〈类型（可选）1_期初|0_期末〉：数字 0 或 1，用以指定各期的付款时间是在期初还是期末。若省略该项，则假设其值为 0，支付时间为期末时值为 0，支付时间为期初时值为 1。

案例 1：期初存入银行 10000 元，年利率为 10％，每年复利一次，请问 6 年后可以领回多少元？

在指令栏中输入"a ＝ 未来值 [0.1, 6, 0, － 10000, 1]"，按 Enter 键，可得到结果 a＝17715.61。

案例 2：每年均于年终存入银行 1000 元，总共存了 6 年，年利率为 10％，每年复利一次，到了第六年年终时共可以领回多少元？

在指令栏中输入"b ＝ 未来值 [0.1, 6, － 1000, 0, 0]"，按 Enter 键，即可得到结果 b＝7715.61。

案例 3：每年均于年初存入银行 1000 元，总共存了 6 年，年利率为 10％，每年复利一次，到了第六年年终时总共可以领回多少元？

在指令栏中输入"c ＝ 未来值 [0.1, 6, － 1000, 0, 1]"，按 Enter 键，即可得到结果 c＝8487.17。

案例 4：张三向朋友借了 10 万元，双方同意以年利率 10％ 计息，借期两年，以复利计算，请问到期时张三应还多少钱？

在指令栏中输入"d ＝ 未来值 [0.1, 2, 0, 100000]"，按 Enter 键，即可得到结

果 d＝－121000。

案例 5：零存整取，张三每月期初均存入银行 1 万元，年利率为 2％，每月计算复利一次，请问 3 年后可以拿回多少钱？

在指令栏中输入"e＝未来值[0.02/12,12(3)，－10000,0,1]"，按 Enter 键，即可得到结果 e＝371318.92。

案例 6：贷款余额。张三有一笔 100 万元的 10 年贷款，年利率为 10％，每月支付 13215.074 元，请问第 5 年年底贷款余额为多少？

在指令栏中输入"f＝未来值[0.1/12,12(5)，－13215.074,1000000]"，按 Enter 键，即可得到结果 f＝－621972.3。

25.2　每期付款额

用指令"每期付款额[〈利率〉，〈期数〉，〈现值〉，〈未来值(可选)〉，〈类型(可选)1_期初|0_期末〉]"求每期付款额。

案例：张三有一笔 100 万元的 10 年贷款，年利率为 10％，请问每期付款余额为多少？

在指令栏中输入"a＝每期付款额[0.1/12,12(10)，1000000,0,0]"，按 Enter 键，即可得到结果 a ＝－13215.074，或输入"b＝每期付款额[0.1/12，12(10)，1000000]＝－13215.074"。

25.3　利率

用指令"利率[〈期数〉，〈每期付款额〉，〈现值〉，〈未来值(可选)〉，〈类型(可选)1_期初|0_期末〉，〈预期利率(可选)_0－1〉]"求年金每期的利率。

其中，"〈预期利率(可选)_0－1〉"为可选。如果省略预期利率，则假定其值为 10％。

如果利率不能收敛，请尝试不同的预期利率值。如果预期利率为 0～1，利率通常会收敛。

案例：如果张三在银行贷款 100 万元，期限为 10 年，每月期末还款 13215.074，那么银行的利率为多少？

在指令栏中输入"a＝利率[10(12)，－13215.074,1000000]"，按 Enter 键，即可得到月利率结果 a＝0.00833，年利率为 a×12＝0.1。

25.4　现值

用指令"现值[〈利率〉，〈期数〉，〈每期付款额〉，〈未来值(可选)〉，〈类型(可选)1_期初

|0_期末〉]"求现值。

案例 1:在指令栏中输入"a＝现值[0.1/12,10(12),－13215.074]",按 Enter 键,即可得到现值结果 a ＝1000000.02。

案例 2:某企业计划在 5 年后获得一笔 1000000 元的资金,假设年投资报酬率为 10％,问现在应该一次性投入多少资金?

在指令栏中输入"b ＝ 现值[0.1,5,0,1000000]",按 Enter 键,即可得到现值结果b＝－620921.32。

案例 3:计算普通年金现值。购买一项基金,购买成本为 80000 元,该基金可以在以后 20 年内于每月月末回报 600 元。若要求的最低年回报率为 8％,问投资该项基金是否合算?

在指令栏中输入"c ＝ 现值[0.08/12,12(20),－600]",确认后,结果自动显示为 71732.58 元。71732.58 元为应该投资金额,如果实际购买成本为 80000 元,那么投资该项基金是不合算的。

案例 4:计算预付年金现值。有一笔 5 年期分期付款购买设备的业务,每年年初付 500000 元,银行实际年利率为 6％,问该项业务分期付款总额相当于现在一次性支付多少价款?

在指令栏中输入"d＝现值[0.06,5,－500000,0,1]",按 Enter 键确认后,结果自动显示为 2232552.81 元,即该项业务分期付款总额相当于现在一次性支付 2232552.81 元。

25.5　期数

用指令"期数[〈利率〉,〈每期付款额〉,〈现值〉,〈未来值(可选)〉,〈类型(可选)1_期初|0_期末〉]"可求基于固定利率及等额分期付款方式的某项投资的总期数。

例如,在指令栏中输入"a＝期数[0.12/12,－100,－1000,10000,1]",按 Enter 键得到总期数结果 a＝59.67;输入"b＝期数[0.12/12,－100,－1000,10000]",按 Enter 键得到总期数结果 b＝60.08 ,不包括在期初的支付。

第 26 章 数学艺术欣赏

26.1 曲线艺术

26.1.1 多边形对角线

多边形对角线的作图过程如表 26-1 所示。

表 26-1

序号	名称	图标	描述	定义
1	数字 n	a=2	整数滑杆 n 的范围为[3,30]	n=17
2	数字 r	a=2	数值滑杆 r 的范围为[0,5]	r=3
3	列表 列表1		序列[(r; 360° k/n),k,0,n−1]	序列[(r; 360° k/n),k,0,n−1]
4	列表 列表2		序列[序列[线段[元素[列表 1,i],元素[列表 1,j]],i,1,n],j,1,n]	序列[序列[线段[元素[列表 1,i],元素[列表 1,j]],i,1,n],j,1,n]

作图结果如图 26-1 所示。

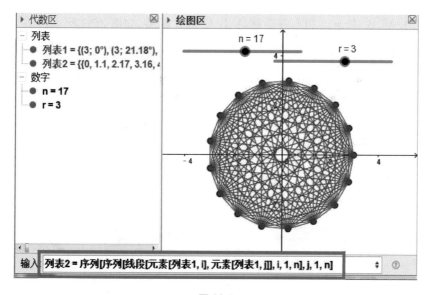

图 26-1

拖动滑杆 n 和 r,即可观察动态变化。

26.1.2 圆的内外摆线

圆的内外摆线的作图过程如表 26-2 所示。

表 26-2

序号	名称	图标	描述	定义
1	数字 a	a=2	滑杆 a 的范围为[0,100]	a＝35
2	数字 b	a=2	滑杆 b 的范围为[0,a]	b=0.8
3	点 A	A		A=(1.02,−0.16)
4	点 B	A		B=(5.32,0.18)
5	圆 c	⊙	圆心为 A 且经过 B 的圆	圆形[A,B]
6	点 B′		B 旋转(a 180)°	旋转[B,(a 180)°,A]
7	射线 f		端点为 A 且经过点 B′ 的射线	射线[A,B′]
8	点 C	A	f 上的点	描点[f]
9	圆 d	⊙	圆心为 C 且经过 B′ 的圆	圆形[C,B′]
10	点 B′₁		B 旋转(b 180)°	旋转[B,(b 180)°,A]
11	数字 e		仿射比 λ[B′,C,A]	仿射比 λ[B′,C,A]
12	点 B″		B′旋转 −((e a 180)°)	旋转[B′,−((e a 180)°),C]
13	直线 g		经过点 C,B″的直线	直线[C,B″]
14	数字 h		仿射比 λ[B′,A,C]	仿射比 λ[B′,A,C]
15	点 A′		A 以点 B′₁ 为中心缩放 h 倍	位似[A,h,B′₁]
16	点 D		B′₁旋转 −((e b 180)°)	旋转[B′₁,−((e b 180)°),A′]
17	轨迹 轨迹 1		轨迹[D,b]	轨迹[D,b]
18	线段 r		端点为 C、B′ 的线段	线段[C,B′]
19	文本 文本 1		公式文本[r,true,true]	公式文本[r,true,true]

隐藏 e、h、A′、B′、D、g、r 和 f,并隐藏 A、B、C 和 B″标签,如图 26-2 所示。

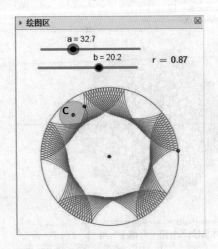
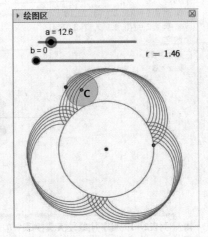

图 26-2

拖动红色点 C 或滑杆 a,即可观察动态效果。

26.1.3　曲线花

例如,牡丹花的作图过程如表 26-3 所示。

表 26-3

序号	名称	图标	描述	定义
1	曲线 a_1		曲线$[4\cos(4t)\cos(t),4\cos(4t)\sin(t),$ $t,0,6.28]$	曲线$[4\cos(4t)\cos(t),4\cos(4t)\sin(t),$ $t,0,6.28]$
2	数字 a	a=2	滑杆 a 的范围为$[0,5]$	$a=3.4$
3	曲线 b		曲线$[2(1+\cos(4t)^2)\cos(t),2(1+$ $\cos(4t)^2)\sin(t),t,0,6.28]$	曲线$[2(1+\cos(4t)^2)\cos(t),2(1+$ $\cos(4t)^2)\sin(t),t,0,6.28]$
4	数字 n	a=2	整数滑杆 n 的范围为$[1,30]$	$n=4$
5	角度 α	a=2	角度滑杆 α 的范围为$[0°,360°]$	$\alpha=58°$
6	数字 r		$a\sin(n\,\alpha)$	$a\sin(n\,\alpha)$
7	点 A		$(r\cos(\alpha),r\sin(\alpha))$	$(r\cos(\alpha),r\sin(\alpha))$
8	轨迹 轨迹 1		轨迹$[A,\alpha]$	轨迹$[A,\alpha]$
9	数字 c	a=2	滑杆 c 的范围为$[0,5]$	$c=2.5$
10	数字 d		$\cos(n\,\alpha)$	$\cos(n\,\alpha)$
11	数字 i	a=2	整数滑杆 i 的范围为$[1,30]$	$i=4$
12	点 B		$(c\cos(i\,\alpha)\cos(\alpha),c\cos(i\,\alpha)\sin(\alpha))$	$(c\cos(i\,\alpha)\cos(\alpha),c\cos(i\,\alpha)\sin(\alpha))$
13	轨迹 轨迹 2		轨迹$[B,\alpha]$	轨迹$[B,\alpha]$
14	数字 e	a=2	滑杆 e 的范围为$[0,5]$	$e=1.1$
15	数字 j	a=2	整数滑杆 j 的范围为$[1,30]$	$j=10$
16	点 C		$(e\sin(j\,\alpha)\cos(\alpha),e\sin(j\,\alpha)\sin(\alpha))$	$(e\sin(j\,\alpha)\cos(\alpha),e\sin(j\,\alpha)\sin(\alpha))$
17	轨迹 轨迹 3		轨迹$[C,\alpha]$	轨迹$[C,\alpha]$

作图结果如图 26-3 所示。

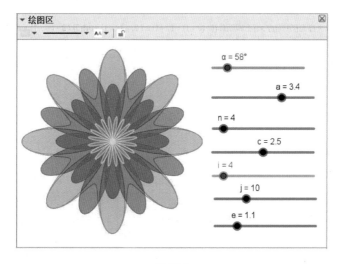

图 26-3

拖动滑杆,即可观察动态效果。

26.2 曲面艺术

26.2.1 正四面体序列

可利用多层序列绘制正四面体序列。

例如,在绘图区绘制整数滑杆 n,其范围为[1,10],绘制数字滑杆 a,其范围为[0,5],在指令栏中输入"列表1=序列[序列[序列[正四面体[(a(u−1)+(v−1)a/2,a(v−1)sqrt(3)/2−(w−1)a sqrt(3)/3,(w−1)a sqrt(6)/3),(a(u−1)+(v−1)a/2+a,a(v−1)sqrt(3)/2−(w−1)a sqrt(3)/3,(w−1)a sqrt(6)/3),(a(u−1)+(v−1)a/2+a/2,a(v−1)sqrt(3)/2−(w−1)a sqrt(3)/3+sqrt(3)/2 a,(w−1)a sqrt(6)/3)],u,1,n−v],v,w,n−1],w,1,n−1]"可以产生正四面体序列,如图 26-4 所示。

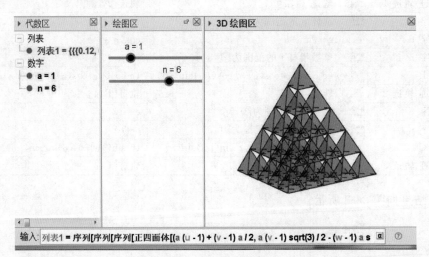

图 26-4

26.2.2 海螺

用序列制作海螺曲面的步骤如表 26-4 所示。

表 26-4

序号	名称	图标	描述	定义
1	数字 b	a=2	数值滑杆 b 的范围为[−5,20]	b=9
2	数字 c	a=2	数值滑杆 c 的范围为[−5,10]	c=9
3	曲面 a		曲面[1.15^v cos(v)(1+cos(u)), −1.15^v sin(v)(1+cos(u)), −1.15^v(1+sin(u)),u,0,6.28,v,−b,c]	曲面[1.15^v cos(v)(1+cos(u)), −1.15^v sin(v)(1+cos(u)), −1.15^v(1+sin(u)),u,0,6.28,v,−b,c]

续表

序号	名称	图标	描述	定义
4	曲面 e		曲面[1.15^v cos(v)(1＋cos(u)), −1.15^v sin(v)(1＋cos(u)), −1.15^v(1＋sin(u)),u,0,6.28,v,−b＋ 0.01,c−0.01]	曲面[1.15^v cos(v)(1＋cos(u)), −1.15^v sin(v)(1＋cos(u)), −1.15^v(1＋sin(u)),u,0,6.28,v,−b＋ 0.01,c−0.01]

作图结果如图 26-5 所示。

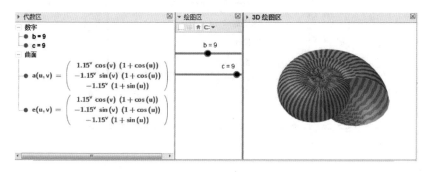

图 26-5

26.3　分形艺术

26.3.1　斯坦纳圆链

斯坦纳圆链的作图过程如表 26-5 所示。

表 26-5

序号	名称	图标	描述	定义
1	数字 n	a=2	整数滑杆 n 的范围为[1,30]	n＝14
2	数字 B1	a=2	数值滑杆 B1 的范围为[0,10]	B1＝1
3	数字 A1	a=2		A1＝0
4	数字 A2		A1＋1	A1＋1
5	列表 C1		序列[圆形[(B1；k 360°/n＋A1(180°)/ n),B1 sin(180°/n)],k,0,n−1]	序列[圆形[(B1；k 360°/n＋A1(180°)/ n),B1 sin(180°/n)],k,0,n−1]
6	数字 q		(cos（180°/n）＋ sin（180°/n)² − sin(180°/n) sqrt（2cos（180°/n）＋ 1))/cos(180°/n)²	(cos（180°/n）＋ sin（180°/n)² − sin(180°/n)sqrt(2cos（180°/n）＋1))/ cos(180°/n)²
7	数字 B2		B1 q	B1 q
8	列表 C2		序列[圆形[(B2；k 360°/n＋A2(180°)/ n),B2 sin(180°/n)],k,0,n−1]	序列[圆形[(B2；k 360°/n＋A2(180°)/ n),B2 sin(180°/n)],k,0,n−1]

在 C1 属性的"高级"选项卡中设置动态颜色,如图 26-6 所示。

图 26-6

在表格区中选择 C1,拖动其右下角的小方块到 C2,得到对象 C2,框选 A2、B2 和 C2,用鼠标左键拖动其右下角的小方块到 A13、B13 和 C13,释放鼠标,如图 26-7 所示。

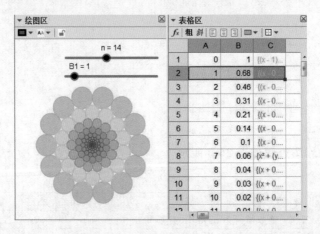

图 26-7

拖动滑杆 n 和 B1,即可观察动态效果。

26.3.2 宾斯基三角形

宾斯基三角形的作图过程如表 26-6 所示。

表 26-6

序号	名称	图标	描述	定义
1	点 A	•A		$A = (0, 0, 0)$
2	点 B	•A		$B = (4, 0, 0)$

序号	名称	图标	描述	定义
3	正四面体 a		正四面体 ABCD	正四面体[A,B,xOy 平面]
4	列表 list1		{{A,B,C,D}}	{{A,B,C,D}}
5	列表 list2		合并[序列[序列[{元素[元素[list1, i],j],中点[元素[元素[list1,i],j], 元素[元素[list1,i],余式[j,4]+ 1]],中点[元素[元素[list1,i],j],元 素[元素[list1,i],余式[j+1,4]+ 1]],中点[元素[元素[list1,i],j],元 素[元素[list1,i],余式[j+2,4]+ 1]]},j,1,4],i,1,条件计数[x≠4, list1]]]	合并[序列[序列[{元素[元素[list1, i],j],中点[元素[元素[list1,i],j],元 素[元素[list1,i],余式[j,4]+1]],中 点[元素[元素[list1,i],j],元素[元素 [list1,i],余式[j+1,4]+1]],中点 [元素[元素[list1,i],j],元素[元素 [list1,i],余式[j+2,4]+1]]},j,1, 4],i,1,条件计数[x≠4,list1]]]
6	列表 seir1		序列[棱锥[元素[元素[list1,i],1], 元素[元素[list1,i],2],元素[元素 [list1,i],3],元素[元素[list1,i], 4]],i,1,条件计数[x≠3,list1]]	序列[棱锥[元素[元素[list1,i],1], 元素[元素[list1,i],2],元素[元素 [list1,i],3],元素[元素[list1,i], 4]],i,1,条件计数[x≠3,list1]]
7	列表 seir2		序列[棱锥[元素[元素[list2,i],1], 元素[元素[list2,i],2],元素[元素 [list2,i],3],元素[元素[list2,i], 4]],i,1,条件计数[x≠3,list2]]	序列[棱锥[元素[元素[list2,i],1], 元素[元素[list2,i],2],元素[元素 [list2,i],3],元素[元素[list2,i], 4]],i,1,条件计数[x≠3,list2]]
8	列表 list3		合并[序列[序列[{元素[元素[list2, i],j],中点[元素[元素[list2,i],j], 元素[元素[list2,i],余式[j,4]+ 1]],中点[元素[元素[list2,i],j],元 素[元素[list2,i],余式[j+1,4]+ 1]],中点[元素[元素[list2,i],j],元 素[元素[list2,i],余式[j+2,4]+ 1]]},j,1,4],i,1,条件计数[x≠4, list2]]]	合并[序列[序列[{元素[元素[list2, i],j],中点[元素[元素[list2,i],j],元 素[元素[list2,i],余式[j,4]+1]],中 点[元素[元素[list2,i],j],元素[元素 [list2,i],余式[j+1,4]+1]],中点 [元素[元素[list2,i],j],元素[元素 [list2,i],余式[j+2,4]+1]]},j,1, 4],i,1,条件计数[x≠4,list2]]]
9	列表 list4		合并[序列[序列[{元素[元素[list3, i],j],中点[元素[元素[list3,i],j], 元素[元素[list3,i],余式[j,4]+ 1]],中点[元素[元素[list3,i],j],元 素[元素[list3,i],余式[j+1,4]+ 1]],中点[元素[元素[list3,i],j],元 素[元素[list3,i],余式[j+2,4]+ 1]]},j,1,4],i,1,条件计数[x≠4, list3]]]	合并[序列[序列[{元素[元素[list3, i],j],中点[元素[元素[list3,i],j],元 素[元素[list3,i],余式[j,4]+1]],中 点[元素[元素[list3,i],j],元素[元素 [list3,i],余式[j+1,4]+1]],中点 [元素[元素[list3,i],j],元素[元素 [list3,i],余式[j+2,4]+1]]},j,1, 4],i,1,条件计数[x≠4,list3]]]
10	列表 seir3		序列[棱锥[元素[元素[list3,i],1], 元素[元素[list3,i],2],元素[元素 [list3,i],3],元素[元素[list3,i], 4]],i,1,条件计数[x≠3,list3]]	序列[棱锥[元素[元素[list3,i],1], 元素[元素[list3,i],2],元素[元素 [list3,i],3],元素[元素[list3,i], 4]],i,1,条件计数[x≠3,list3]]

续表

序号	名称	图标	描述	定义
11	列表 seir4		序列[棱锥[元素[元素[list4,i],1],元素[元素[list4,i],2],元素[元素[list4,i],3],元素[元素[list4,i],4]],i,1,条件计数[x≠3,list4]]	序列[棱锥[元素[元素[list4,i],1],元素[元素[list4,i],2],元素[元素[list4,i],3],元素[元素[list4,i],4]],i,1,条件计数[x≠3,list4]]
12	数字 n	a=2	整数滑杆 n 的范围为[1,7]	n=4

将列表 seir1、列表 seir12、列表 seir3 和列表 seir4 属性的"高级"选项卡中的"显示条件"分别设置为 $n\overset{?}{=}1$、$n\overset{?}{=}2$、$n\overset{?}{=}3$ 和 $n\overset{?}{=}4$。完成以上步骤即可得到宾斯基三角形,如图 26-8 所示。

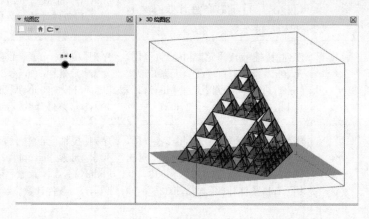

图 26-8

拖动滑杆 n 观察动态变化。

26.4　多边形迭代

多边形迭代的作图过程如表 26-7 所示。

表 26-7

序号	名称	图标	描述	定义
1	点 A1		x 轴 与 y 轴的交点	交点[x轴,y轴]
2	点 B1			B1=(6,0)
3	多边形 多边形 1		多边形 A1,B1,C1,D1(需要从新命名)	多边形[A1,B1,4]
4	数字 a	a=2	滑杆 a 的范围为[0,1]增量为 0.05	a=0.08
5	点 A2		B1 以点 A1 为中心缩放 a 倍	位似[B1,a,A1]
6	点 B2		C1 以点 B1 为中心缩放 a 倍	位似[C1,a,B1]
7	点 C2		D1 以点 C1 为中心缩放 a 倍	位似[D1,a,C1]
8	点 D2		A1 以点 D1 为中心缩放 a 倍	位似[A1,a,D1]
9	四边形 E2		多边形 A2,B2,C2,D2	多边形[A2,B2,C2,D2]

在 E2 属性的"高级"选项卡中设置动态颜色,如图 26-9 所示。

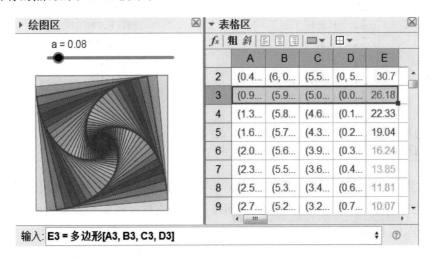

图 26-9

在表格区中框选 A2:E2,然后选中右下角的小方块,向下拖曳到 A60:E60,释放鼠标,将隐藏所有的点,如图 26-10 所示。

图 26-10

拖动滑杆 a,即可观察动态效果。

26.5　镶嵌艺术

多边形镶嵌的作图过程如表 26-8 所示。

表 26-8

序号	名称	图标	描述	定义
1	点 A			A=(0.88,−5.02)
2	点 B			B=(−1.47,−4.31)
3	点 C			C=(1.77,−4.97)
4	点 A′		A 旋转 120°	旋转[A,120°,B]
5	点 A′₁		A 旋转 −(120°)	旋转[A,−(120°),C]
6	点 D		A′₁旋转 30°	旋转[A′₁,30°,A′]
7	点 A″		A′旋转 −(30°)	旋转[A′,−(30°),A′₁]
8	直线 f		经过点 A′₁、A″ 的直线	直线[A′₁,A″]
9	直线 g		经过点 A′、D 的直线	直线[A′,D]
10	点 E		f 与 g 的交点	交点[f,g]
11	六边形 多边形1		多边形 A,C,A′₁,E,A′,B	多边形[A,C,A′₁,E,A′,B]
12	点 F			F=(−0.87,−5.05)
13	点 G			G=(0.13,−4.61)
14	点 H			H=(1.26,−4.13)
15	点 I			I=(1.72,−3.55)
16	点 J			J=(0.54,−2.85)
17	点 K			K=(−0.16,−3.15)
18	点 F′		F 旋转 120°	旋转[F,120°,B]
19	点 G′		G 旋转 120°	旋转[G,120°,B]
20	点 H′		H 旋转 120°	旋转[H,120°,C]
21	点 I′		I 旋转 120°	旋转[I,120°,C]
22	点 J′		J 旋转 120°	旋转[J,120°,E]
23	点 K′		K 旋转 120°	旋转[K,120°,E]
24	多边形 多边形2		多边形 B,F,G,A,I′,H′,C,H,I, A′₁,K′,J′,E,J,K,A′,G′,F′	多边形[B,F,G,A,I′,H′,C,H,I, A′₁,K′,J′,E,J,K,A′,G′,F′]

　　将多边形 2 分别绕点 B、C 和 E 旋转 120°,再将得到多边形分别绕点 B、C 和 E 的映射点旋转 120°,如此下去,可得到多边形的镶嵌图形。隐藏直线 f 和 g 并隐藏所有点对象,拖动点 A、B、C、F、G、H、I、J 和 K,即可观察动态效果,如图 26-11 和图 26-12 所示。

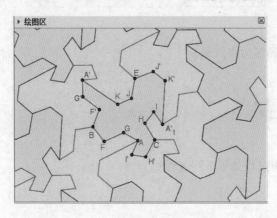

图 26-11

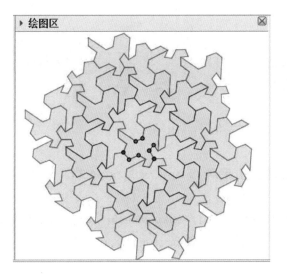

图 26-12

参 考 文 献

［1］GeoGebra 5.0 官网使用手册.http：//wiki. geogebra. org/zh/％E6％89％8B％E5％86％8A.

［2］GeoGebra 5.0 官网教程.https：//wiki. geogebra. org/zh/課程％3A 首頁.

［3］GeoGebra 官网论坛.https：//forum. geogebra. org/.

［4］GeoGebra 使用说明 3.2.

［5］罗骥韡.GeoGebra 几何与代数的美丽邂逅.

［6］GeoGebra 官网素材.http：//tube. geogebra. org/.

［7］百度官网搜索图片素材.https：//www. baidu. com/.